网络空间安全丛书

隐私保护计算实战

Privacy Preserving Computing in Practice

■ 刘西蒙　熊金波　薛佳晔◎著

人民邮电出版社
北京

图书在版编目（CIP）数据

隐私保护计算实战 / 刘西蒙，熊金波，薛佳晔著
. -- 北京 : 人民邮电出版社，2024.6
（网络空间安全丛书）
ISBN 978-7-115-63947-9

Ⅰ. ①隐… Ⅱ. ①刘… ②熊… ③薛… Ⅲ. ①计算机网络－网络安全 Ⅳ. ①TP393.08

中国国家版本馆CIP数据核字(2024)第053452号

内容提要

本书对隐私保护计算领域知识进行了系统化总结，对该领域知识进行重新整理、形成体系，以隐私保护计算框架为核心，系统阐述相关关键技术与实际应用案例，主要内容包括以下方面：绪论，包括背景与概念、相关技术，以及隐私保护计算的发展历程、技术特点与应用场景；基础知识，包括密码学数学基础、安全模型概述、安全多方计算技术概述；框架概述，包括秘密共享框架与同态加密框架；隐私保护计算原语，包括隐私保护基础运算的设计；安全多方计算框架及其改进框架的实际应用案例。

本书可作为网络空间安全相关专业的博士生、硕士生、高年级本科生的参考书，也可作为从事网络空间安全研究的科研工作者、从事网络安全系统研发的工程技术人员的参考书。

◆ 著　　刘西蒙　熊金波　薛佳晔
责任编辑　王　夏
责任印制　马振武

◆ 人民邮电出版社出版发行　　北京市丰台区成寿寺路 11 号
邮编　100164　　电子邮件　315@ptpress.com.cn
网址　https://www.ptpress.com.cn
北京七彩京通数码快印有限公司印刷

◆ 开本：700×1000　1/16
印张：16.25　　2024 年 6 月第 1 版
字数：319 千字　　2024 年 11 月北京第 3 次印刷

定价：149.80 元

读者服务热线：(010)53913866　印装质量热线：(010)81055316
反盗版热线：(010)81055315
广告经营许可证：京东市监广登字 20170147 号

序

在当今数字化时代，随着机器学习技术在各领域展现出巨大的经济价值，隐私保护技术也经历了从无到有、从理论到实践的巨大变革。机器学习的安全已经成为国家人工智能战略背景下提升国家竞争力、维护国家安全的重大战略。出版《隐私保护计算实战》是对机器学习效用和隐私保护安全两者平衡关系的一次有益探索。

目前，隐私保护计算作为人工智能安全新兴的技术手段，在确保数据不泄露隐私的前提下可对数据内容本身进行操作，而对于该技术如何用、怎么用、在哪用的研究还处于空白。《隐私保护计算实战》的出版为解决上述问题指引了方向。作者在隐私保护计算领域深耕多年，在相关领域的理论研究和技术应用方面具有丰富的经验，相信本书对学术界、工业界的机器学习安全工作都有借鉴意义。

本书聚焦于隐私保护计算的关键技术，以底层基础理论、中层实现技术和上层前沿方法为主线，不仅介绍了隐私保护计算的理论基础和算法原理，还提供了多个机器学习安全的实际案例，并配有详尽的代码实现，具有极强的可操作性，有助于研究者夯实人工智能安全基础和拓宽思路。

《隐私保护计算实战》一方面可为计算机科学或信息安全专业的学生快速入门机器学习安全领域提供指引；另一方面可为隐私保护计算领域的研究工作提供支撑。

李东
国家自然科学基金委员会信息中心
2024 年 3 月

前 言

随着数字化时代的到来，人工智能服务已经深入我们工作和生活的各个角落，对数字技术的安全需求和挑战也随之出现。目前，保障网络空间的安全已经成为国家安全战略的重要组成部分，涵盖了信息在产生、传输、存储、处理中的各个环节，涉及信息的保密性、完整性和可用性。可以说，数据安全成为整个网络空间安全防护的关键。

隐私保护计算技术作为一种重要的数据保护技术，可以在不泄露数据内容的情况下，实现资源和服务的合法使用，并有效地防止未经授权的用户对数据进行窃取和利用。这项技术弥补了传统加密技术的不足，解决了加密数据无法在远端利用的问题，实现“万物互通，安全偕行”。

本书的亮点在于将理论与实践相结合，条理清晰且内容新颖，通过深入剖析各种技术的理论和实现细节，为读者提供了一份极为丰富和深入的参考资料。例如，在面向分子性质预测模型的安全多方计算框架中，设计了采用位分解方法的多方协议，搭建消息传递神经网络的高精度安全分子预测框架。在面向神经网络训练模型的安全多方计算框架中，结合现有框架的底层逻辑，提升框架的整体性能，可以适应多种神经网络训练模型的计算。这些框架在一种或多种加密模式下，实现了对复杂数据的各种运算，为未来数据安全处理与隐私信息服务模式的新发展提供了方向。

全书共 6 章，主要内容如下。

第 1 章为绪论，从多个角度对隐私保护计算进行系统阐述，旨在让读者深入了解隐私保护计算的背景、概念与相关技术，了解发展历程和技术特点，明确隐私保护计算在不同领域的应用场景和挑战；还探讨了隐私保护计算的发展趋势和发展建议，引导读者对隐私保护计算技术进行进一步探索。

第 2 章介绍了隐私保护计算的基础理论知识，包括密码学相关的数学基础、安全模型和安全多方计算技术概述等。本章明确了这些基础知识概念、性质、算法原理，为认识隐私保护计算相关框架，构造隐私保护计算算法提供理论基础与技术支撑。

第 3 章主要从环境配置、整体架构和部署场景 3 个方面深入分析代表性的计算框架，根据不同隐私保护技术进行分类，对秘密共享框架和同态加密框架进行了探讨。这些框架具有一定的使用量和较高的更新频率，具备实际的使用价值。

第 4 章主要结合现有计算原语的相关实现，对线性隐私保护计算、非线性隐私保护计算和其他隐私保护计算方法进行深入分析。加密方法主要涉及密码学基础知识以及计算机基本原理，并围绕秘密共享技术和同态加密技术进行理论分析与实现代码展示。

第 5 章设计了安全乘法、安全比较等计算子协议的相关算法并展示相应代码，提出了一种面向分子性质预测模型安全多方计算框架，该框架在通信效率方面相较于传统安全多方计算框架有所提高，计算误差方面有所降低。

第 6 章详细介绍了如何将现有的协议整合融入已有的隐私保护计算框架，并展示相应代码与隐私保护计算框架的改进流程。

本书主要由刘西蒙研究员、熊金波教授完成，是刘西蒙研究员的团队多年来在隐私保护计算领域的研究成果。感谢人民邮电出版社的大力支持，并对本书出版的所有相关人员的辛勤工作表示感谢！本书的出版得到了国家自然科学基金项目（No.62072109）、福建省自然科学基金项目（No.2021J06013）、福建省“闽江学者”特聘教授奖励支持计划、福建省“雏鹰计划”青年拔尖人才的支持和资助。

由于没有类似书籍和固定的范式可供参考，在撰写的过程中，作者参考了相关专著、学术论文、综述文章、维基百科等，在此，对资源的分享者和著作者表示感谢。如果作者标注的引用内容有疏忽或遗漏，望相关文献著作者指出。由于作者水平有限，书中难免有不妥之处，敬请各位读者指正！

刘西蒙
福州大学
2024 年 1 月

目 录

第1章 绪论

随着互联网和计算机技术的快速发展，个人数据和敏感信息面临越来越严峻的隐私泄露风险。为了保护这些信息以维护用户的隐私权，隐私保护计算应运而生。隐私保护计算是一种利用加密和隐私保护技术的计算方法，它确保在计算过程和计算结果中不会暴露原始数据或其他敏感信息。相较于传统计算方式，隐私保护计算能够保护数据的隐私性、安全性和可控性，为数据处理和分析提供更安全、高效、可信的解决方案。隐私保护计算技术已被广泛应用于金融、医疗、电子商务等领域，成为保护用户隐私的重要手段，对未来数字社会的发展具有重要意义。

本章从多个角度对隐私保护计算进行了系统阐述，旨在让读者深入了解隐私保护计算的基本概念和原理，掌握其中的关键技术，并了解其发展历程和技术特点。此外，本章还探讨了隐私保护计算在不同领域的应用场景和面临的挑战。通过本章，读者将深刻认识和全面理解该领域的重要性和发展潜力。同时，本章展望了隐私保护计算的未来发展趋势，并提供相应的建议，以推动该技术的进一步发展和应用。

1.1 背景与概念

隐私保护计算作为一种新兴的计算模式，源于对隐私安全的需求。在传统计算模式下，数据通常由数据所有者集中管理和处理，但是这种模式在数据规模逐渐增大，数据来源复杂多样的今天，越来越难以满足数据安全和隐私保护的需求。例如，在医疗健康领域，患者的病历和病情数据需要保密，但是医生需要访问这些数据来进行诊断和治疗。在传统计算模式下，这些数据需要被转移至医生的机器上进行分析处理，这样会带来很高的数据泄露风险。类似的例子还有金融领域的个人账户数据、政府部门的公民信息数据等。

为了解决上述隐私安全问题，隐私保护计算应运而生。隐私保护计算将数据移动到不同的计算参与方之间，然后进行分析处理，并将数据分散存储在各方的设备上，通过密码学技术和安全协议来保障计算过程的安全，从而实现对数据的隐私保护。隐私保护计算主要利用密码学的技术手段，包括哈希算法、零知识证明等，以及多方计算（MPC）的协议，如安全多方计算（SMC）协议和同态加密协议等，来实现对数据的保护。

隐私保护计算的出现，使个人隐私信息在数据处理和计算中得到了更好的保护，也为多方数据处理和计算提供了更好的解决方案。该技术不仅能够保障数据的隐私安全，还能够为数据的共享和分析提供更多的可能性，推动了跨机构、跨边界数据共享和合作的发展，促进了数字经济的繁荣和社会进步。

1.2 相关技术

隐私保护计算技术可以通过多种方式来实现，包括秘密共享、同态加密、混淆电路、差分隐私、不经意传输等。这些技术的出现，解决了现实生活中许多隐私数据不能够直接处理的问题，从而使更多的数据可以被用于数据分析、数据挖掘、人工智能等领域。

1.2.1 秘密共享

秘密共享是将一个秘密信息分成多份，分配给多个参与方的技术。每个参与方只能获得其分配的部分，而不知道整个秘密信息。秘密共享共有两种形式：加性秘密共享和乘性秘密共享。该技术可以用于实现安全多方计算、秘密身份认证等应用。

加性秘密共享是秘密共享的一种形式。它将一个秘密信息拆分成多个子秘密信息，并将这些子秘密信息分配给多个参与方，这些子秘密信息的和等于原始秘密信息。举例来说，假设要将一个数字“10”进行加性秘密共享，可以将其拆分成“4”“4”和“2”3 个子秘密信息，并分别分配给 3 个参与方，这样只有拥有全部子秘密信息的参与方才能计算出原始的秘密数字“10”。

乘性秘密共享是秘密共享的另一种形式。它将一个秘密信息拆分成多个子秘密信息，并将这些子秘密信息分配给多个参与方，这些子秘密信息的乘积等于原始秘密信息。举例来说，假设要将一个数字“10”进行乘性秘密共享，可以将其拆分成“2”“5”和“1”3 个子秘密信息，并分别分配给 3 个参与方，这样只有拥有全部子秘密信息的参与方才能计算出原始的秘密数字“10”。

秘密共享的应用场景很多，例如，在多方计算中，每个参与方可以拥有一个输入，利用秘密共享技术可以保证计算结果的正确性和秘密性；在秘密身份认证中，每个用户可以拥有一个秘密信息片段，只有当所有用户的秘密信息片段被收集后才能进行认证。

总之，秘密共享是一种非常重要的隐私保护计算技术，它可以将一个秘密信息分配给多个参与方，从而保证信息的安全性和隐私性。加性秘密共享和乘性秘密共享是两种秘密共享形式，它们在不同的场景中可以发挥重要的作用。

1.2.2 同态加密

同态加密保证了在密文状态下，对加密数据计算的结果再进行同态解密后的明文结果，与对明文数据加密再解密的处理结果一致。由于任何计算都可以通过加法和乘法门电路构造，因此加密算法只要同时满足乘法同态和加法同态特性就称其满足全同态特性。

1978 年，Rivest、Adleman 和 Dertouzos[1]提出了同态加密的构想，其成为密码学研究领域的一个公开难题。同态加密算法主要分为半同态加密和全同态加密两种。如果一个密码学算法只满足有限运算同态性，而不满足任意运算同态性的加密算法，称为半同态加密。半同态加密主要包括以 RSA 算法[2]和 ElGamal 算法[3]为代表的乘法同态加密，以 Paillier 算法[4]为代表的加法同态加密，以及以 Boneh-Goh-Nissim 方案[5]为代表的有限次数全同态加密；满足任意运算同态性的加密算法，称为全同态加密（Fully Homomorphic Encryption，FHE）。全同态加密算法主要包括以 Gentry 方案[6-7]为代表的第一代方案，以 BGV 方案[8]和 BFV 方案[9-10]为代表的第二代方案，以 GSW 方案[11]为代表的第三代方案，以及支持浮点数近似计算的 CKKS 方案[12]等。

目前，全同态加密算法仍处于以研究为主的发展阶段，现有方案均存在计算和存储开销大等无法规避的性能问题，距高效的工程应用还有很大距离，此外，还面临国际和国内相关标准缺失的问题。因此，在尝试同态加密落地应用时，可考虑利用加法同态加密算法（如 Paillier 算法）等较成熟且性能较好的半同态加密算法，解决只存在加法或数乘同态运算需求的应用场景，或通过将复杂计算需求转化为只存在加法或数乘运算的形式，来实现全同态场景的近似替代。

1.2.3 混淆电路

混淆电路（Garbled Circuit），又称姚氏电路，是由姚期智教授于 1986 年针对“百万富翁问题”提出的解决方案。它的核心技术是将两方参与的安全计算函数编译成布尔电路的形式，并将真值表加密打乱，从而实现电路的正常输出而不泄露参与计算的双方私有信息。由于任何安全计算函数都可转换成对应的布尔电路形式，相较其他的安全计算方法具有较高的通用性，因此引起了业界较高的关注度。

混淆电路的实现方式有很多种，但它们的基本思想是相似的，即通过在电路中添加混淆元件，使攻击者很难通过分析电路来了解电路的具体功能。混淆元件可以是逻辑门、随机数发生器、模拟电路等。这些元件的功能与电路本身的功能没有任何关系，只是用来干扰攻击者的分析。在混淆电路中，混淆元件通常是随机生成的。这些元件的位置、数量和种类都是随机的。因此，攻击者很难通过逆向工程来了解电路的操作原理。混淆电路的优点是可以增强电路的安全性和防御攻击者的能力。它可以有效地防止攻击者对电路进行逆向工程和仿制。混淆电路还可以保护电路中的敏感信息，例如密码、私钥和其他重要数据。然而，混淆电路也存在一些缺点。由于混淆电路中混淆元件的随机性和复杂性，电路的设计和测试变得更加困难和昂贵。此外，混淆电路可能会影响电路的性能和功耗，因此需要在设计时进行权衡。

混淆电路的优化可以分为两个方面：一是电路优化，主要是减少编译后电路的规模；二是执行阶段优化，即将原来电路的产生与执行两个阶段转换成一个阶段，一边产生，一边执行电路，从而提高安全计算的效率。相较其他安全计算方案，混淆电路是一种比较通用的解决方案，安全性相对高，但其性能一般。尤其是当运算参与方数目超过 3 个，且数据量较大时，安全计算的过程中通信量会比较大，特别不适合带宽受限或广域网（Wide Area Network，WAN）环境下使用，所以业内给混淆电路的评价是“有效但计算代价比较高”。

1.2.4 差分隐私

差分隐私（Differential Privacy）由 Dwork 于 2008 年提出。通过严格的数学证明，使用随机应答方法确保数据集在输出信息时，受单条记录的影响始终低于某个阈值，从而使第三方无法根据输出的变化判断单条记录的更改或增删。差分隐私被认为是目前基于扰动的隐私保护方法中安全级别最高的方法。差分隐私保护用于避免数据源中一点微小的改动导致的隐私泄露。

传统的完全差分隐私基于最严格的假设：最大背景攻击，即假设攻击者拥有除了某一条记录的所有背景信息，但在实际情况中，这是罕见的。因此完全差分隐私对于隐私性的保护过于严苛，极大影响了数据的可用性。目前在实际场景中主要采用的是带有松弛机制的近似差分隐私。

目前，差分隐私的分类有 4 种。客户端采用的差分隐私机制一般被称为本地化差分隐私，通过可信中间节点进行扰动的被称为分布式差分隐私，由服务器完成扰动的被称为中心化差分隐私，融合了上述两种或两种以上方法的被称为混合差分隐私。

差分隐私的主要优点如下：提供了一种形式化的、可量化的隐私保护方法；不需要事先知道攻击者的背景知识和攻击手段，可以有效地保护隐私信息；与其他隐私保护计算技术结合使用，提高隐私保护水平。差分隐私的缺点如下：在数

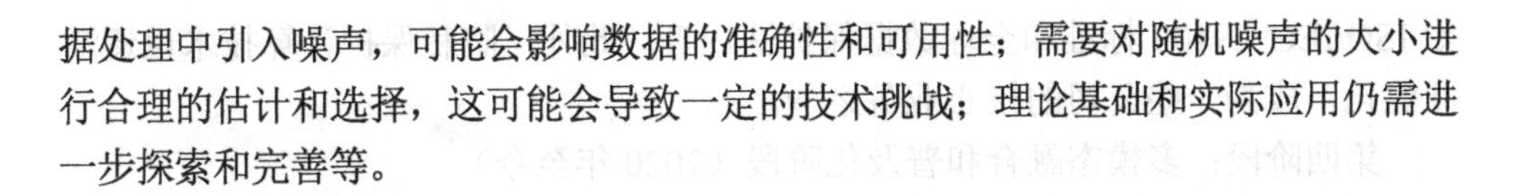

据处理中引入噪声，可能会影响数据的准确性和可用性；需要对随机噪声的大小进行合理的估计和选择，这可能会导致一定的技术挑战；理论基础和实际应用仍需进一步探索和完善等。

1.2.5 不经意传输

不经意传输是一种可保护隐私的双方通信协议，接收者的隐私不被发送者所知道，它使通信双方以一种选择模糊化的方式传送消息。

1:1 模型于 1981 年由 Rabin 提出[13]，该模型含义如下：Alice 发送一条信息给 Bob，而 Bob 以 1/2 的概率接收到信息。在协议结束后，Alice 并不知道 Bob 是否收到了信息，而 Bob 能确定自己是否收到了信息。2:1 模型于 1983 年由 Even 等[14]提出。该模型含义如下：Alice 每次发两条信息给 Bob，Bob 提供一个输入，并根据输入获得输出信息。在协议结束后，Bob 得到了自己想要的那条信息，而 Alice 并不知道 Bob 最终得到的是哪条信息。n:1 模型于 1984 年由 Bennett 等[15]提出。该模型含义如下：Alice 每次发 n 条信息给 Bob，Bob 提供一个输入，并根据输入获得输出信息。在协议结束后，Bob 得到了自己想要的那条信息，而 Alice 并不知道 Bob 最终得到的是哪条信息。

1.3 隐私保护计算发展历程

隐私保护计算作为一种保护数据隐私的技术，已经经历了多个发展阶段。下面按时间顺序介绍隐私保护计算发展的主要阶段。

第一阶段：基础技术研究阶段（1970—2000 年）

在计算机科学领域的早期，隐私保护计算的概念并未引起足够的重视，而是集中在对加密算法和协议的研究上。20 世纪 80 年代，秘密共享被提出，成为隐私保护计算领域的一个重要基础。20 世纪 90 年代，人们开始研究同态加密和混淆电路等新的隐私保护计算技术，为后续的隐私保护计算技术研究打下基础。

第二阶段：应用场景探索阶段（2000—2010 年）

随着互联网技术的不断发展，人们越来越关注数据隐私的保护。在这一时期，隐私保护计算开始进入应用场景的探索阶段。数据隐私保护成为金融、医疗、电子商务等行业的热点问题。同时，新的隐私保护计算技术也不断涌现，如差分隐私和安全多方计算等。

第三阶段：标准化和商业化阶段（2010—2020 年）

随着隐私保护计算技术的不断发展，人们开始考虑如何标准化这些技术，以便更好地实现数据隐私保护。在这一时期，相关的国际标准和技术规范开始出现，

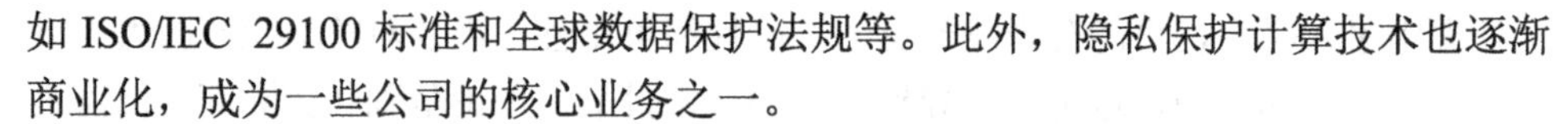

如 ISO/IEC 29100 标准和全球数据保护法规等。此外，隐私保护计算技术也逐渐商业化，成为一些公司的核心业务之一。

第四阶段：多模态融合和普及化阶段（2020 年至今）

随着人工智能、物联网和区块链等技术的不断发展，数据的规模和多样性也在不断增加，这对隐私保护计算技术提出了新的挑战，同时也带来了新的机遇。在这一时期，隐私保护计算开始向多模态融合和普及化方向发展。多模态隐私保护计算技术可以处理不同类型和来源的数据，并保护数据的隐私。

1.4 隐私保护计算技术特点

隐私保护计算技术是一种以保护数据隐私为主要目的的计算方法，具有以下 4 个特点。

（1）隐私保护性强。隐私保护计算技术的核心目标就是保护数据的隐私，通过对数据进行加密、切割、混淆等操作，使数据在计算过程中不会被泄露。相比于传统的计算方法，隐私保护计算技术具有更高的隐私保护性。

（2）计算结果正确。隐私保护计算技术能够在保护数据隐私的同时，确保计算结果的正确性。无论是同态加密、差分隐私、混淆电路还是秘密共享，这些技术都能够保证计算结果的准确性。

（3）计算效率较低。隐私保护计算技术需要对数据进行加密、混淆、切割等操作，因此计算效率相对较低。尤其是全同态加密算法，在计算效率方面表现较为糟糕，这也是目前隐私保护计算技术面临的一个主要挑战。

（4）应用场景广泛。隐私保护计算技术可以应用于许多领域，如金融、医疗、教育等。随着人们隐私保护意识的增强和数据安全问题的日益突出，隐私保护计算技术的应用场景将会越来越广泛。

1.5 隐私保护计算应用场景

随着政策与需求的双重推动，隐私保护计算技术和产品的成熟度迅速提升，从 2018 年起逐渐由研发阶段转化到实施阶段。根据隐私计算联盟统计[16]，隐私保护计算产品实施部署阶段的比例如图 1-1 所示，产品已部署服务器数量和产品已支持数据规模如图 1-2 所示。进入实施阶段的产品比例逐年提升。截至 2021 年年底，进入实施阶段的产品比例由 2020 年的 38%上升至 48%，部分产品能够支持较大规模的应用。

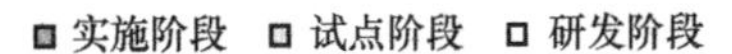

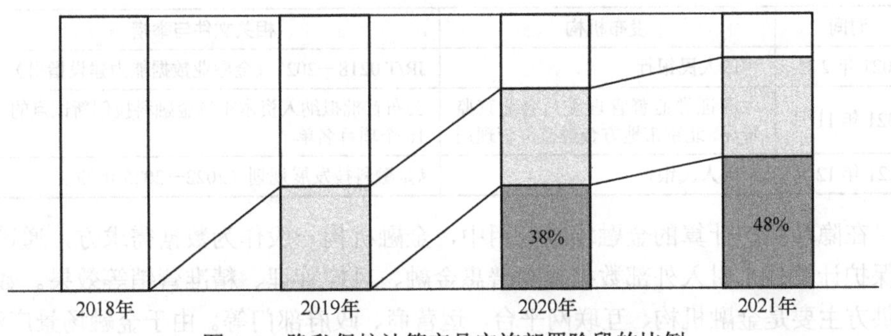

图 1-1　隐私保护计算产品实施部署阶段的比例

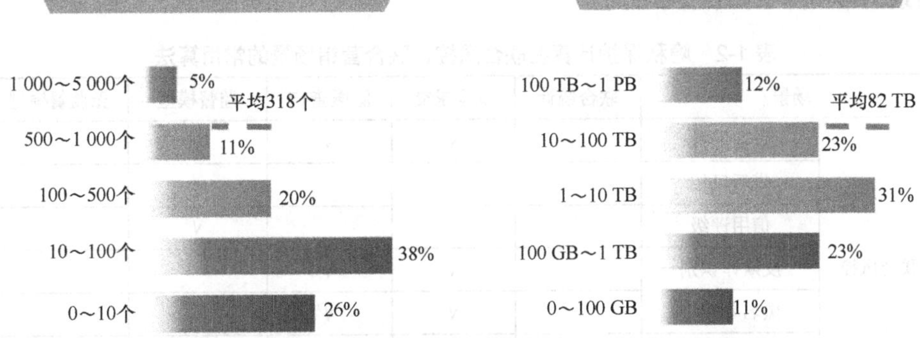

图 1-2　产品已部署服务器数量和产品已支持数据规模

隐私保护计算应用场景进一步丰富，覆盖金融、医疗、政务等场景，探索数据资源开放共享，进一步释放数据价值。

1.5.1　金融场景

金融行业作为数字化应用最广泛的行业之一，在数据采集、生产、挖掘中有着丰富的积累与需求，数据价值贯穿于金融风控、营销、运营等全业务流程。随着数据合规、信息安全、隐私保护的要求趋严，在政策举措[17-19]指引下，隐私保护计算在金融行业呈现出较大的应用空间。金融行业的隐私保护计算相关文件与举措如表 1-1 所示。

表 1-1　金融行业的隐私保护计算相关文件与举措

时间	发布机构	相关文件与举措
2019 年 9 月	中国人民银行	《金融科技（FinTech）发展规划（2019—2021 年）》
2019 年 12 月	中国人民银行	启动金融科技创新监管试点工作
2020 年 11 月	中国人民银行	JR/T 0196—2020《多方安全计算金融应用技术规范》

续表

时间	发布机构	相关文件与举措
2021年2月	中国人民银行	JR/T 0218—2021《金融业数据能力建设指引》
2021年11月	中国证券监督管理委员会北京监管局、北京市地方金融监督管理局	公布首批拟纳入资本市场金融科技创新试点的16个项目名单
2021年12月	中国人民银行	《金融科技发展规划（2022—2025年）》

在隐私保护计算的金融场景应用中，金融机构一般作为数据需求方，通过隐私保护计算技术引入外部数据提高普惠金融、风控管理、精准营销等效果。数据提供方主要是金融机构、互联网平台、运营商、政府部门等。由于金融场景广泛、复杂，以联合风控、联合营销两大场景为例，不同细分场景的业务逻辑及目标不同，可通过不同的隐私保护计算算法完成。隐私保护计算在联合风控、联合营销场景的常用算法如表1-2所示。

表1-2 隐私保护计算在联合风控、联合营销场景的常用算法

场景		联合统计	安全求交	隐匿查询	监督模型	无监督模型
联合风控	贷前风控		√	√	√	
	贷后风控				√	
	信用评级				√	
	反欺诈识别		√	√		
	黑名单查询		√	√		
	合格投资者认证	√				
	供应链金融			√	√	
联合营销	纳新拓客			√	√	√
	存量客户营销				√	
	客户画像				√	
	信用评级				√	
	个性化广告				√	
	名单共享		√	√		

不同金融场景下，选用算法不同，数据规模也不同。根据中国信息通信研究院的调研统计，应用数据量在100万以下的占比为36%，多为金融机构与政务或其他金融机构数据联合计算的场景；应用数据量在1亿以上的占比为36%，多为金融机构与通信、互联网数据联合计算的场景。隐私保护计算在金融场景应用中数据量占比如图1-3所示。总体来看，应用的数据量在100万以下、100万～1 000万、1 000万～1亿、1亿以上4个区间分布，反映目前隐私保护计算在金融场景应用中不均衡、不充分。

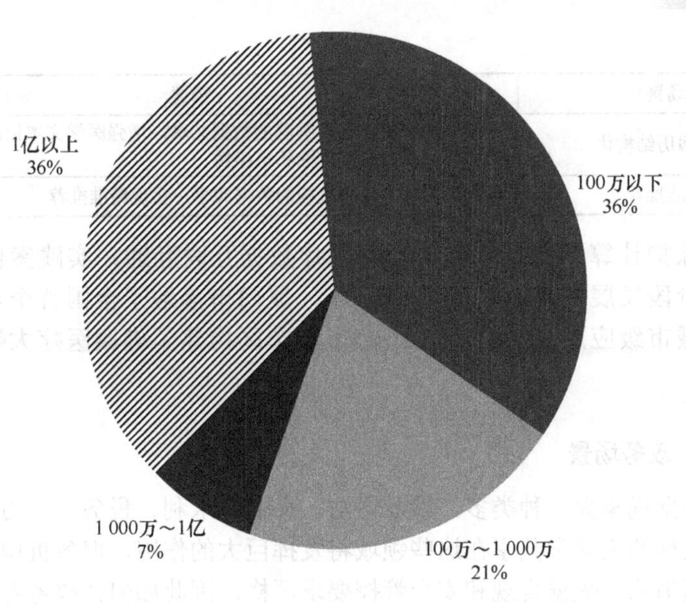

图 1-3 隐私保护计算在金融场景应用中数据量占比

1.5.2 医疗场景

医学研究、临床诊断、医疗服务和基因分析等工作依赖大量的数据累积，这些数据多是个人健康数据，分散在各个医疗机构和业务系统内，数据开放共享和联合应用难度大[20]。因此，机构间数据如何安全流通，实现医疗应用场景的创新是当前面临的难题。

在隐私保护计算医疗应用场景中，数据融合应用主要有两种形式：一是跨医疗机构的数据共享流通；二是医疗开放数据与政企等单位数据的融合应用。数据提供方多是医疗机构、基因测序机构、科研机构等；数据使用方则是医疗机构、科研机构、制药企业等，数据主要用于基因组学分析、群体遗传学分析、临床医学研究、药物研发、临床辅助诊断等方面。目前，隐私保护计算主要的医疗应用场景如表 1-3 所示。

表 1-3 隐私保护计算主要的医疗应用场景

场景	描述
基因组学分析	基于联合建模识别基因组中的潜在疾病风险
临床医学研究	基于跨国、跨机构多个医学中心数据的联合建模，通过增加样本量（如罕见病）和数据特征维度，实现前瞻性的研究分析
医疗诊断相关分组付费预测	基于多家医疗机构的诊疗数据，预测医疗诊断相关分组，实现疾病精准控费
临床辅助诊断	基于联合建模（深度学习、机器学习）实现简单疾病的精准快速辅助诊断，如糖尿病性视网膜疾病、肺炎

续表

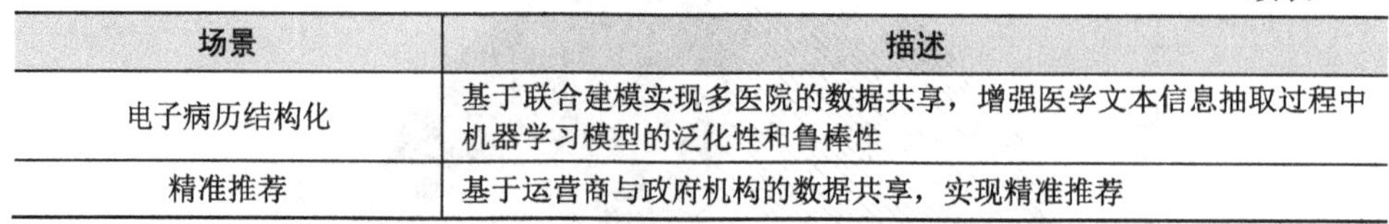

场景	描述
电子病历结构化	基于联合建模实现多医院的数据共享，增强医学文本信息抽取过程中机器学习模型的泛化性和鲁棒性
精准推荐	基于运营商与政府机构的数据共享，实现精准推荐

隐私保护计算发挥技术优势助力医疗数据互联互通，实践案例正逐步从概念验证阶段发展到落地阶段。2020 年，厦门市落地了全国首个基于隐私保护计算的城市级应用；2021 年，上海市长宁区构建了健康医疗大数据应用开放平台。

1.5.3 政务场景

政务数据规模大、种类多，涉及司法、交通、水利、税务、电力、环境等领域。政务数据的流通和共享在这些领域将发挥巨大的作用，但各机构间的数据孤岛难以快速消除，数据合规和安全管控要求严格，因此如何让政务各部门间、政务与企业间进行数据共享应用，是当前面临的主要问题[21]。

隐私保护计算政务应用场景中主要有政务数据共享（如使用公共数据平台）和政务数据开放两种形式。数据提供方多是政府、医疗机构、金融机构、运营商等；数据使用方则是政府、医疗机构、金融机构等，数据主要用于金融风控、商业选址、健康医疗等方面。目前，隐私保护计算主要的政务应用场景如表 1-4 所示。

表 1-4　隐私保护计算主要的政务应用场景

场景	描述
政务数字化	基于联合建模、联合统计，实现政务数据开放，提高行政审批业务流程的自动化和公共服务能力
中小微企业融资	金融机构联合社保、税务等政务数据，多维度精准企业画像
疫情防控	联合医疗、人口流动等数据提高疫情实时分析能力
智慧人口流动分析	基于运营商用户业务数据、人力资源与社会保障厅数据，联合建模劳动力人口的态势分析
电信反诈骗	基于运营商用户业务数据、公安诈骗号码库，联合建模实现电信欺诈预测
城市电动汽车负荷分析与预测	基于电力数据和电动汽车数据融合，构建充电/用电画像，联合建模实现电动汽车负荷预测

在政策和技术的推动下，政务数据的实践案例显著增多，应用场景种类丰富，省市级创新场景非常突出。例如，南京市应用隐私保护计算技术建立了群租房识别系统，中山市应用隐私保护计算打造了政府数据开放共享的统一渠道，珠海市应用安全多方计算首创驾培资金监管新模式，山东省上线国内首个省级政务数据隐私保护计算平台。

1.5.4 新兴场景

除以上集中应用场景，隐私保护计算技术应用也向多行业、多场景扩散，在物流运输、公共安全、智慧能源和数据交易所等场景均有探索性应用。

（1）多方数据打造安全物流新模式：物流数据与银行卡数据联合，建立散单客户风险识别模型，降低收款坏账风险，提升收派效能，推动“先寄后付模式”落地。

（2）多方数据助力公共安全精准画像：公安数据与运营商数据，联合建模区域安全态势感知模型，预防和管控恶性事件发生；多地公安数据结合，精准画像嫌疑人，辅助打击“黄牛”买分卖分等专项整治行动。

（3）多方数据探索智慧能源新场景：电力数据与通信数据联合建模，“多维度”评估客户电费回收风险，实时监测预警企业非法用工行为；电力数据与互联网数据联合，打造火力发电燃烧优化系统，提高锅炉效率，减少污染物排放。

（4）多地数据交易所变革数据流通模式：北京国际大数据交易所上线基于隐私保护计算技术的新型数据交易平台 IDeX 系统，工商银行、招商银行等多家银行的数字金融服务落地；上海数据交易所签约多家隐私保护计算企业；贵州借助包括安全多方计算平台、联邦安全计算平台在内的数据流通交易平台，形成了“数据归集–数据流通–数据交易”的体系化数据产业布局，打造全面数据产业生态。

1.6 隐私保护计算主要挑战

目前，隐私保护计算的发展具备一定优势，存在广阔应用空间，但由于技术发展不完善，因此面临一些问题，主要包括以下 4 个方面。

1. 隐私保护计算技术性能难以满足大规模商用要求

由于隐私保护计算技术的加密机理非常复杂，要求参与方进行多次交互，计算效率受到了严重的影响。当涉及大规模数据处理或复杂算法联合建模时，其性能问题就更加明显。在实际应用场景中，用户往往需要同时考虑数据隐私和计算效率两个方面，以确保隐私保护计算技术能够达到商用要求。

这个问题可以从多个角度进行分析和解决。首先，技术研发者需要在技术创新和优化上下功夫，以提高隐私保护计算技术的计算效率。例如，采用更高效的加密算法、优化协议的设计和实现、使用硬件加速等方式，都可以有效提高隐私保护计算技术的性能，使其更好地适应大规模商用需求。此外，开发对用户更加友好的隐私保护计算产品也是解决性能问题的一个方向。例如，开发易于使用的界面，提供友好的技术支持等方式，可以降低用户使用隐私保护计算技术的门槛，从而提高商用率。另外，借助云计算等技术，也可以将隐私保护计算技术应用于

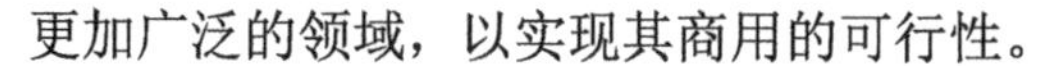

更加广泛的领域，以实现其商用的可行性。

总体来说，隐私保护计算技术的性能问题仍然需要技术创新和市场培育来解决。在这个过程中，各方需要共同努力，以推动隐私保护计算技术的发展和应用，为数据隐私和安全保障提供更加完善的解决方案。

2. 隐私保护计算技术市场难以迅速培育

隐私保护计算技术的复杂性和“黑盒化”现象给用户带来了理解和信任上的困难。隐私保护计算技术涉及多个参与方之间的数据共享和协同计算，需要使用复杂的算法和协议来实现数据的加密和隐私保护。但是，对于非专业人士来说，这些技术细节往往难以理解，更增加了用户的接受成本。此外，由于隐私保护计算技术常常呈现“黑盒化”现象，用户无法了解技术的具体实现过程，也就难以对技术进行有效的审计和监督，从而缺乏信任度。隐私保护计算技术处理的数据往往是敏感的数据资产，试错成本高，也增加了用户的接受成本。随着隐私保护计算技术应用的场景越来越广泛，其中很多场景都涉及了用户的隐私数据。对于个人或企业而言，因为数据隐私的泄露可能带来严重的后果，所以使用隐私保护计算技术存在着较高的风险。因此，许多用户对于隐私保护计算技术的接受度不高，导致市场难以迅速培育。

隐私保护计算技术虽然具有很大的市场前景，但由于市场环境的培育和技术本身的复杂性等问题，其市场发展面临着诸多挑战。因此，相关行业和企业需要在技术研发和市场推广上不断投入精力，进一步提高隐私保护计算技术的可信度和易用性，从而推动其更好地服务于人们的生产生活。

3. 目前大部分企业的数据规范性和数据质量难以支撑隐私保护计算技术

隐私保护计算技术在实际应用中面临多个挑战，其中一个是大部分企业的数据规范性和数据质量难以支撑隐私保护计算技术。隐私保护计算技术的应用需要参与方共同完成数据处理任务，而且算法的敏感度比较高，因此，对参与方的数据规范性和数据质量的要求也相应较高。如果参与方的数据不规范或者质量不高，就会影响整个数据处理的结果。此外，隐私保护计算技术多用于跨企业甚至跨行业的数据流通，对参与方的数据一致性也提出了较高要求。

为了提高隐私保护计算技术的可靠性和效率，需要参与方在数据处理前对数据进行归一化和规范化处理。这意味着，参与方需要对数据进行清洗和格式转换，以保证数据质量和规范性。此外，参与方还需要对数据进行加密处理，保证数据安全性。隐私保护计算技术在应用中需要参与方具有一定的数据处理技能，如果参与方的能力不足，就会导致数据处理不规范，从而影响隐私保护计算的结果。另外，不同的企业或行业对同一数据的定义和格式可能存在差异，这就需要参与方在数据处理前进行协调，以保证数据的一致性。此外，数据在不同的系统和平台上存在格式和编码的差异，这也需要参与方进行数据转换和格式转换处理。这些过程需要参与方具备一定的协作和沟通能力，如果参与方之间的协作和沟通不充分，会导致数据不一致，从而影响隐私保护计算的结果。因此，在推广隐私保护计算技术的同时，也需要注重参与方的技能提升，以促进隐私保护计算技术的广泛应用。

4. 现有法律法规未对隐私保护计算地位进行明确定位

在实践中，隐私保护计算技术通常涉及数据的收集、使用、共享和处理等环节。在这些环节中，隐私保护计算技术与法律法规之间存在一些矛盾和不协调之处。在这种情况下，企业很难评估使用隐私保护计算技术所带来的法律风险。此外，隐私保护计算技术涉及的领域比较广泛，例如医疗、金融、政府等。在这些领域，对个人隐私和敏感信息的保护尤为重要。目前，这些领域的相关法律法规还不够完善，对于隐私保护计算技术的使用和规范也没有详细的指导。这也给隐私保护计算技术的应用和推广带来了一定的不确定性。

针对这些问题，加强法律法规建设和政策支持是解决隐私保护计算技术法律问题的关键。政府可以通过制定相关法律法规和标准，明确隐私保护计算技术的使用范围和规范，规范企业的行为。同时，政府还可以加强对隐私保护计算技术的监管，确保企业合法合规地使用该技术。此外，加强对隐私保护计算技术的推广和普及，提高公众对该技术的认知和理解，也是解决隐私保护计算技术法律问题的重要方法。

1.7 隐私保护计算发展趋势

随着互联网和数字化技术的迅猛发展，未来，隐私保护计算将朝着以下 4 个方向发展。

1. 隐私保护计算将更加注重数据价值和利用

为了更好地发挥隐私保护计算的价值，未来的发展将更加注重数据价值和利用。首先，未来的隐私保护计算将更加注重数据价值。具体来说，隐私保护计算将更多地关注数据的质量、可用性和可信度，通过对数据进行清洗、挖掘和分析，提取出数据中蕴含的价值信息，为企业和组织提供更加精准的业务决策支持。此外，隐私保护计算将更多地关注数据共享和交互，通过安全可靠的数据共享和交互方式，实现多方数据的融合和互补，提升数据的价值和应用效果。其次，未来的隐私保护计算将更加注重数据利用。在保护数据隐私的同时，隐私保护计算将更加注重数据的利用价值，提升数据的应用效果。具体来说，隐私保护计算将更加注重数据的多方协同处理和联合建模，挖掘出更多的数据关联和价值信息，提升数据的应用效果。此外，隐私保护计算将更加注重数据的可视化和交互，通过数据可视化和交互方式，将数据转化为可视化的信息，提升数据的可读性和可理解性，为企业和组织提供更加直观和可靠的业务决策支持。

未来的隐私保护计算将通过更加全面、深入的数据分析和挖掘，实现数据的最大化价值和应用效果，为企业和组织提供更加精准、可靠的业务决策支持，推动隐私保护计算技术的广泛应用和发展。

2. 隐私保护计算将更加注重实用性和可扩展性

目前隐私保护计算技术在实际应用中仍面临许多挑战，包括性能、可扩展性和实用性等方面。其中，如何提高实用性和可扩展性是目前亟待解决的问题。在过去的研究中，隐私保护计算主要关注如何保护数据的隐私和安全，但在实际应用中，它们必须能够满足用户的实际需求。

首先，实用性是指隐私保护计算技术必须能够满足用户的实际需求。例如，当用户需要处理大规模数据时，隐私保护计算技术必须能够支持高效的数据处理和计算，以满足用户的时间和资源限制。此外，隐私保护计算技术还应该考虑不同应用场景的差异。例如，对于医疗领域的应用，隐私保护计算技术必须能够支持对敏感医疗数据的保护，同时确保医疗数据的可用性和可靠性。其次，可扩展性是指隐私保护计算技术必须能够支持大规模数据和用户的处理和计算需求。在实际应用中，数据量和用户数量通常会非常庞大，因此，隐私保护计算技术必须具有良好的可扩展性，以满足不断增长的用户和数据需求。为此，未来的隐私保护计算技术应支持分布式计算和存储，以便在需要时可以轻松扩展系统的容量和性能。

在未来的研究中，可以将更多的关注点放在如何提高隐私保护计算技术的实用性和可扩展性方面，从而使这些技术更加适合实际应用场景。

3. 隐私保护计算将更加注重跨领域的应用和交互

随着数据的广泛应用，越来越多的领域都涉及数据处理和分析，因此在不同领域之间进行数据交互和共享已成为一种趋势。然而，这种跨领域数据交互和共享往往涉及隐私保护的问题，例如医疗领域中的患者隐私、金融领域中的客户隐私等。因此，隐私保护计算需要更加关注跨领域的应用和交互。

隐私保护计算的跨领域应用主要包括以下几个方面。首先是不同领域之间的数据交互和共享。在现实生活中，不同领域的数据往往需要进行交互和共享才能更好地发挥价值。隐私保护计算可以通过安全协议和加密技术等手段，实现数据在共享和交互过程中的隐私保护，从而促进不同领域之间的数据协同。其次是跨领域的数据分析和挖掘。在实际应用中，往往需要将不同领域的数据进行整合，以实现更准确的数据分析和挖掘。隐私保护计算可以通过安全的数据整合和计算方法，确保不同领域的数据在整合和计算过程中得到保护，从而实现更准确、更安全的数据分析和挖掘。最后是跨领域的安全合作。在一些领域中，数据处理和分析需要跨多个组织和机构进行。例如，安全合作可以在金融领域中实现欺诈检测，或者在医疗领域中实现疾病预测和诊断。隐私保护计算可以提供安全的数据共享和计算环境，确保不同组织和机构之间的数据隐私得到保护，从而促进跨领域的安全合作。

未来隐私保护计算将提供更加安全、高效、可扩展的隐私保护计算解决方案，实现不同领域之间的数据交互和共享，促进跨领域的数据分析和挖掘，推进跨领域的安全合作。

4. 隐私保护计算将更加注重国际合作和标准化

在不同的国家和地区，隐私保护法规和标准存在差异，这给跨国数据共享和隐私保护带来了挑战。因此，需要通过国际合作和标准化使全球范围内的数据和隐私获得安全保护。

首先，隐私保护计算需要国际合作来共同应对全球性的隐私和数据安全挑战。在跨境数据流动和共享中，涉及不同国家、地区的法律法规和文化差异，需要各国政府和企业共同合作，制定相关标准和规范，以促进全球范围内的数据安全和隐私保护。例如，在数据隐私保护方面，各国政府可以共同制定跨境数据隐私保护协议，以保护用户的个人信息不被滥用和泄露。其次，隐私保护计算需要国际标准化组织来规范技术和产品，以确保数据隐私保护技术和产品的可信度和互操作性。国际标准化组织和其他标准化机构可以制定标准和规范，确保隐私保护计算技术和产品具有一致的规范和质量，避免因技术不一致或不兼容带来的安全风险。另外，隐私保护计算的国际合作和标准化还可以促进技术创新和交流。各国政府和企业可以通过合作，共享技术和经验，促进技术的快速发展和创新。例如，中国和欧盟在隐私保护计算方面的合作，可以促进技术和产品方面的交流和合作，推动隐私保护计算技术的发展和应用。

因此，隐私保护计算将更加注重国际合作和标准化，以应对全球范围内的数据安全和隐私保护挑战。国际合作可以促进不同国家和地区之间的数据安全和隐私保护，标准化则可以确保隐私保护计算技术和产品具有一致的规范和质量，从而促进技术的创新和交流。

1.8 隐私保护计算发展建议

隐私保护计算是当前和未来的一个热门领域，虽然已经取得了很多进展，但仍然存在一些问题。以下是隐私保护计算发展的建议。

（1）加强国际合作和标准化。在隐私保护计算领域，各国之间需要加强合作和交流，制定更加统一的标准和规范。这将有助于解决不同国家之间数据交换和数据共享的问题，并促进隐私保护计算的国际化发展。

（2）提高基础性能和可扩展性。在隐私保护计算领域，基础性能和可扩展性仍然是需要解决的关键问题。未来需要进一步提高算法性能，支持更加复杂和具有挑战性的算法，同时提高系统的可扩展性，支持更加广泛的应用场景和业务需求。

（3）加强安全保障和可信性。在隐私保护计算领域，安全保障和可信性是非常重要的问题。未来需要加强对隐私保护计算系统的安全保障和可信性的研究，制定更加完善的安全保障措施和机制，确保数据的安全性和可信性。

（4）推广应用场景和业务模式。隐私保护计算技术需要与实际业务场景和模式相结合，推广应用场景和业务模式的创新。未来需要进一步推广隐私保护计算在医疗、金融、电商等领域的应用，并探索新的应用场景和业务模式。

（5）加强人才培养和交流。隐私保护计算需要具备较高的理论和实践能力，未来需要加强人才培养和交流，提高隐私保护计算领域的专业化和技术水平，推动隐私保护计算的快速发展。

综上所述，隐私保护计算的发展需要加强国际合作和标准化，提高基础性能和可扩展性，加强安全保障和可信性，推广应用场景和业务模式，加强人才培养和交流等。这些措施将有助于推动隐私保护计算技术的发展和应用，为人类社会的可持续发展做出更大的贡献。

参考文献

[1] RIVEST R L, ADLEMAN L, DERTOUZOS M L. On data banks and privacy homo morphisms[J]. Foundations of Secure Computation, 1978, 4(11): 169-180.

[2] RIVEST R L, SHAMIR A, ADLEMAN L. A method for obtaining digital signatures and public-key cryptosystems[J]. Communications of the ACM, 1978, 21(2): 120-126.

[3] ELGAMAL T. A public key cryptosystem and a signature scheme based on discrete logarithms[J]. IEEE Transactions on Information Theory, 1985, 31(4): 469-472.

[4] PAILLIER P. Public-key cryptosystems based on composite degree residuosity classes[C]//Proceedings of Advances in Cryptology — EUROCRYPT. Berlin: Springer, 1999: 223-238.

[5] BONEH D, GOH E J, NISSIM K. Evaluating 2-DNF formulas on ciphertexts[C]//Proceedings of Theory of Cryptography. Berlin: Springer, 2005: 325-341.

[6] GENTRY C. Fully homomorphic encryption using ideal lattices[C]//Proceedings of the Forty-First Annual ACM Symposium on Theory of Computing. New York: ACM Press, 2009: 169-178.

[7] GENTRY C, HALEVI S. Implementing gentry’s fully-homomorphic encryption scheme[C]//Proceedings of Advances in Cryptology – EUROCRYPT 2011. Berlin: Springer, 2011: 129-148.

[8] BRAKERSKI Z, GENTRY C, VAIKUNTANATHAN V. Fully homomorphic encryption without bootstrapping[C]//Proceedings of the 3rd Innovations in Theoretical Computer Science Conference. New York: ACM Press, 2012: 309-325.
[9] BRAKERSKI Z. Fully homomorphic encryption without modulus switching from classical GapSVP[C]//Proceedings of Annual Cryptology Conference. Berlin: Springer, 2012: 868-886.
[10] FAN J, VERCAUTEREN F. Somewhat practical fully homomorphic encryption[J]. IACR Cryptology ePrint Archive, 2012: 144.
[11] GENTRY C, SAHAI A, WATERS B. Homomorphic encryption from learning with errors: conceptually-simpler, asymptotically-faster, attribute-based[C]//Proceedings of Annual Cryptology Conference. Berlin: Springer, 2013: 75-92.
[12] CHEON J H, KIM A, KIM M, et al. Homomorphic encryption for arithmetic of approximate numbers[C]//Proceedings of International Conference on the Theory and Application of Cryptology and Information Security. Berlin: Springer, 2017: 409-437.
[13] RABIN M O. How to exchange secrets by oblivious transfer[R]. 1981.
[14] EVEN S. A protocol for signing contracts[J]. ACM SIGACT News, 1983, 15(1): 34-39.
[15] BENNETT C H, BRASSARD G. An update on quantum cryptography[C]//Workshop on the Theory and Application of Cryptographic Techniques. Heidelberg: Springer, 1984: 475-480.
[16] 隐私计算联盟. 隐私计算行业观察[R]. 2021.
[17] 隐私计算联盟, 中国信息通信研究院. 隐私计算白皮书[R]. 2021.
[18] 交通银行股份有限公司. 隐私计算金融应用蓝皮书[R]. 2021.
[19] 北京金融科技产业联盟. 隐私计算技术金融应用研究报告[R]. 2022.
[20] 全国信息安全标准化技术委员会. 信息安全技术 健康医疗数据安全指南: GB/T 39725-2020[S]. 北京: 全国信息安全标准化技术委员会, 2020.
[21] 蒋凯元. 联邦学习在电子政务中的应用初探[C]//2020 中国网络安全等级保护和关键信息基础设施保护大会论文集. 北京: 公安部第一研究所, 2020: 281-289.

第 2 章 基础知识

隐私保护计算涉及许多的基础理论知识，包括密码学数学基础、安全模型相关概念和安全多方计算主要方法和协议等。其中，密码学数学基础为隐私保护计算提供了理论支撑；安全模型是用于评估算法强度和安全性的方法；安全多方计算则是搭建隐私保护计算框架的关键。本章将对这些基础知识进行系统梳理，明确其概念、性质、算法原理，为全面了解隐私保护计算相关技术，认识隐私保护计算相关框架，构造隐私保护计算算法提供理论基础与技术支撑。

2.1 密码学数学基础

密码学是一门基于数学的学科，其理论基础主要涉及数论、群论等离散数学领域。密码学的数学基础对于实现安全的加密算法和保护敏感信息至关重要。一方面，密码学数学基础提供了用于设计和分析加密算法的数学工具和技术；另一方面，它提供了评估加密算法强度和安全性的方法，为实现隐私保护计算提供了支持。只有掌握了密码学数学基础，才能设计和分析安全的加密算法，并保障敏感信息的安全性和隐私性。

2.1.1 整数表示

整数的表示方式通常涉及进位制。进位制是一种记数方式，可以使用有限个数字符号来表示所有的数值。一种进位制中可以使用的数字符号的数目称为这种进位制的基数或底数。若一种进位制的基数为 n，即可称之为 n 进位制，简称 n 进制。最常用的进位制是十进制，这种进位制通常使用 10 个阿拉伯数字（即 0～9）进行记数[1]。

可以用不同的进位制来表示同一个数。例如，十进制数 57（10）可以用二进制表示为 111001（2），用五进制表示为 212（5），用八进制表示为 71（8），用十

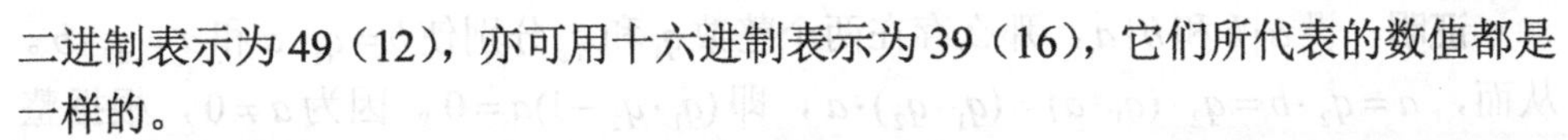

二进制表示为49（12），亦可用十六进制表示为39（16），它们所代表的数值都是一样的。

在十进制中有 10 个数字，分别为 0~9，例如，$2506 = 2\times10^3 + 5\times10^2 + 0\times 10^1 + 6\times10^0$。在十六进制中，有 16 个数字分别是 0~9 和 A~F，其中，A 代表10,B 代表 11,C 代表 12,D 代表 13,E 代表 14,F 代表 15,例如，$171\text{B} = 1\times16^3 + 7\times 16^2 + 1\times16^1 + \text{B}\times16^0$。一般说来，$b$ 进制有 b 个数字，如果 a_3,a_2,a_1,a_0 是其中 4 个数字，那么就有 $a_3a_2a_1a_0 = a_3\times b^3 + a_2\times b^2 + a_1\times b^1 + a_0\times b^0$，这里的 $a_3a_2a_1a_0$ 表示一个数字序列，而不是数字的相乘。

2.1.2 整除的概念和性质

定义 2.1 设 a,b 是任意两个整数，其中 $b\neq0$。如果存在一个整数 q 使等式 $a=q\cdot b$ 成立，就称 b 整除 a 或者 a 被 b 整除，记作 $b\,|\,a$，并把 b 叫作 a 的因数，把 a 叫作 b 的倍数，人们常将 q 写成 a/b 或 $\dfrac{a}{b}$；否则，就称 b 不能整除 a，或者 a 不能被 b 整除。

因为整数乘法运算的可交换性，又有 $a=b\cdot q$，所以 q 也是 a 的因数。此外，在不会混淆的情况下，乘法 $a\cdot b$ 常简记为 ab。

定理 2.1 设 $a,b,c\neq0$ 是 3 个整数。若 $b\,|\,a$，$c\,|\,b$，则 $c\,|\,a$。

证明 设 $b\,|\,a$ 和 $c\,|\,b$，根据整除的定义，分别存在整数 q_1 和 q_2，使 $a=q_1\cdot b$，$b=q_2\cdot c$。因此，有 $a=q_1\cdot b=q_1(q_2\cdot c)=q\cdot c$，因为 $q=q_1\cdot q_2$ 是整数，所以根据整除的定义，有 $c\,|\,a$。

定理 2.2 设 $a,b,c\neq0$ 是 3 个整数。若 $c\,|\,a$，$c\,|\,b$，则 $c\,|\,(a\pm b)$。

证明 设 $c\,|\,a$ 和 $c\,|\,b$，那么存在两个整数 q_1 和 q_2 分别使 $a=q_1\cdot c$ 和 $b=q_2\cdot c$。因此，$a\pm b=q_1\cdot c\pm q_2\cdot c=(q_1\pm q_2)\cdot c$，因为 $(q_1\pm q_2)$ 是整数，所以 $a\pm b$ 能被 c 整除。

定理 2.3 设 $a,b,c\neq0$ 是 3 个整数。若 $c\,|\,a, c\,|\,b$，则对任意整数 s 和 t，有 $c\,|\,(s\cdot a+t\cdot b)$。

证明 设 $c\,|\,a$ 和 $c\,|\,b$，那么存在两个整数 q_1 和 q_2，分别使 $a=q_1\cdot c$，$b=q_2\cdot c$。因此，$s\cdot a+t\cdot b=s\cdot(q_1\cdot c)+t\cdot(q_2\cdot c)=(s\cdot q_1+t\cdot q_2)\cdot c$。因为 $s\cdot q_1+t\cdot q_2$ 是整数，所以 $s\cdot a+t\cdot b$ 能被 c 整除。

定理 2.4 设整数 $c\neq0$，若整数 $a_1,\cdots,a_n$ 都是整数 c 的倍数，则对任意 n 个整数 $s_1,\cdots,s_n$，整数 $s_1a_1+\cdots+s_na_n$ 是 c 的倍数。

证明 对于 $1\leqslant i\leqslant n$，设 $c\,|\,a_i$，那么存在 n 个整数 q_i 使 $a_i=q_i\cdot c$。因此，$s_1a_1+\cdots+s_na_n=s_1(q_1\cdot c)+\cdots+s_n(q_n\cdot c)=(s_1q_1+\cdots+s_nq_n)\cdot c$。因为 $(s_1q_1+\cdots+s_nq_n)$ 是整数，所以 $s_1a_1+\cdots+s_na_n$ 能被 c 整除。

定理 2.5 设 a,b 都是非零整数，若 $a\,|\,b$，$b\,|\,a$，则 $a=\pm b$。

证明 设$a|b$和$b|a$，那么存在两个整数q_1和q_2分别使$b=q_1\cdot a$和$a=q_2\cdot b$。从而，$a=q_2\cdot b=q_2\cdot(q_1\cdot a)=(q_1\cdot q_2)\cdot a$，即$(q_1\cdot q_2-1)a=0$。因为$a\neq 0$，根据整数乘法的性质，有$q_1\cdot q_2=1$，但$q_1,q_2$都是整数，所以$q_1=q_2=\pm 1$，进而$a=\pm b$。

定义 2.2 设整数$n\neq 0,\pm 1$。如果除了显然因数± 1和$\pm n$，n没有其他因数，那么，n就叫作素数（或质数或不可约数）；否则，n叫作合数。当整数$n\neq 0,\pm 1$时，n和$-n$同为素数或合数。因此，若没有特别声明，素数总是指正整数，通常写成p。

定理 2.6 设n是一个正合数，p是n的一个大于1的最小正因数，则p一定是素数，且$p\leqslant\sqrt{n}$。

证明 反证法。如果p不是素数，则存在整数q使$1<q<p$，使$q|p$。但$p|n$，根据整除的传递性，有$q|n$。这与p是n的最小正因数矛盾，所以p是素数。因为n是合数，所以存在整数n_1使$n=n_1\cdot p$，$1<p\leqslant n_1<n$。可得，$p^2\leqslant n$，即$p\leqslant\sqrt{n}$。

2.1.3 最大公因数

定义 2.3 设$a_1,\cdots,a_n$是$n(n\geqslant 2)$个整数。若整数d是它们中每一个数的因数，则d就叫作$a_1,\cdots,a_n$的一个公因数。

d是$a_1,\cdots,a_n$的一个公因数的数学表达式为$d|a_1,\cdots,d|a_n$，如果整数$a_1,\cdots,a_n$不全为零，那么整数$a_1,\cdots,a_n$的所有公因数中最大的一个就叫作最大公因数，记为$(a_1,\cdots,a_n)$。特别地，当$(a_1,\cdots,a_n)=1$时，称$a_1,\cdots,a_n$互素或互质。

定理 2.7 设$a_1,\cdots,a_n$是n个不全为零的整数，则

① $a_1,\cdots,a_n$与$|a_1|,\cdots,|a_n|$的公因数相同；

② $(a_1,\cdots,a_n)=(|a_1|,\cdots,|a_n|)$。

证明 设$d|a_i$，$1\leqslant i\leqslant n$，有$d||a_i|$，$1\leqslant i\leqslant n$，故$a_1,\cdots,a_n$的公因数也是$|a_1|,\cdots,|a_n|$的公因数。

反之，设$d||a_i|$，$1\leqslant i\leqslant n$，同样有$d|a_i$，$1\leqslant i\leqslant n$。故$|a_1|,\cdots,|a_n|$的公因数也是$a_1,\cdots,a_n$的公因数。可得①成立。由①成立可得②成立。

定理 2.8 设a,b,c是3个不全为零的整数。如果$a=q\cdot b+c$，其中q是整数，则$(a,b)=(b,c)$。

证明 设$d=(a,b)$，$d'=(b,c)$，则$d|a,d|b$，$d|a+(-q)\cdot b=c$。因而，d是b,c的公因数，$d\leqslant d'$。同理，由$d'|b,d'|c$，得到$d'|q\cdot b+c=a$，d'是a,b的公因数，$d'\leqslant d$。因此$d=d'$。

2.1.4 广义欧几里得除法

设a,b是任意两个正整数，记$r_{-2}=a,r_{-1}=b$。反复运用欧几里得除法，有

$$r_{-2} = q_0 \cdot r_{-1} + r_0, 0 < r_0 < r_{-1}$$
$$r_{-1} = q_1 \cdot r_0 + r_1, 0 < r_1 < r_0$$
$$r_0 = q_2 \cdot r_1 + r_2, 0 < r_2 < r_1$$
$$\vdots$$
$$r_{n-3} = q_{n-1} \cdot r_{n-2} + r_{n-1}, 0 < r_{n-1} < r_{n-2}$$
$$r_{n-2} = q_n \cdot r_{n-1} + r_n, 0 < r_n < r_{n-1}$$
$$r_{n-1} = q_{n+1} \cdot r_n + r_{n+1}, r_{n+1} = 0$$

经过有限步骤，必然存在n使$r_{n+1} = 0$，这是因为$0 = r_{n+1} < r_n < r_{n-1} < \cdots < r_1 < r_0 < r_{-1} = b$，且$b$是有限正整数。

定理 2.9 设a,b是任意两个正整数，则$(a,b) = r_n$，其中r_n是广义欧几里得除法中最后一个非零余数，并且，当$a>b$时，计算(a,b)的时间为$O(\log a \log^2 b)$。

证明 由于

$$r_{-2} = q_0 \cdot r_{-1} + r_0, (a,b) = (r_{-2}, r_{-1}) = (r_{-1}, r_0)$$
$$r_{-1} = q_1 \cdot r_0 + r_1, (r_{-1}, r_0) = (r_0, r_1)$$
$$r_0 = q_2 \cdot r_1 + r_2, (r_0, r_1) = (r_1, r_2)$$
$$\vdots$$
$$r_{n-3} = q_{n-1} \cdot r_{n-2} + r_{n-1}, (r_{n-3}, r_{n-2}) = (r_{n-2}, r_{n-1})$$
$$r_{n-2} = q_n \cdot r_{n-1} + r_n, (r_{n-2}, r_{n-1}) = (r_{n-1}, r_n)$$
$$r_{n-1} = q_{n+1} \cdot r_n + r_{n+1}, (r_{n-1}, r_n) = (r_n, r_{n+1}) = (r_0, 0) = r_n$$

因此，计算时间为$O(\log r_{-2} \log r_{-1} + \cdots + \log r_{n-1} \log r_n) = O(n \log a \log b) = O(\log a \log^2 b)$。

2.1.5 最小公倍数

定义 2.4 设$a_1, \cdots, a_n$是n个整数。若D是这n个整数的倍数，则D叫作这n个整数的一个公倍数。$a_1, \cdots, a_n$的所有公倍数中的最小正整数叫作最小公倍数，记为$[a_1, \cdots, a_n]$。

定理 2.10 设a,b是两个互素正整数，则

① 若$a | D, b | D$，则$(a \cdot b) | D$；

② $[a,b] = a \cdot b$。

证明 ①设$b | D$，则存在整数q，使$D = q \cdot b$。又$a | D$，即$a | (q \cdot b)$，且$(a,b) = 1$，得到$a | q$。因此存在整数q'，使$q = q' \cdot a$，进而，$D = q' \cdot (a \cdot b)$。故$a \cdot b | D$，①得证。②显然$a \cdot b$是a,b的公倍数，又由①知，$a \cdot b$是a,b公倍数中的最小正整数，故$[a,b] = a \cdot b$。

关于①的直接证明。由$a | D$，$b | D$，知存在q_1，q_2，如使$D = q_1 \cdot a$，$D = q_2 \cdot b$。

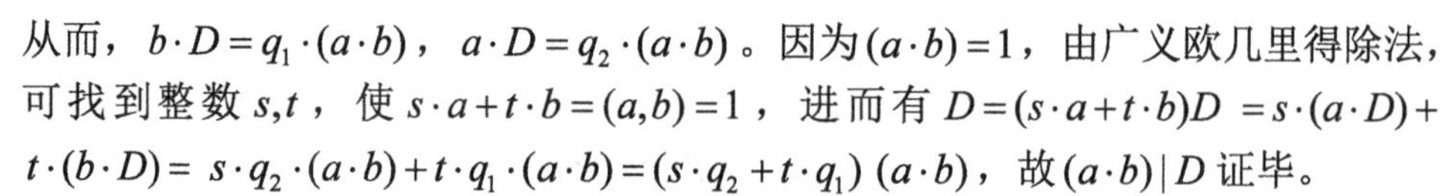

从而，$b\cdot D=q_1\cdot(a\cdot b)$，$a\cdot D=q_2\cdot(a\cdot b)$。因为$(a\cdot b)=1$，由广义欧几里得除法，可找到整数$s,t$，使$s\cdot a+t\cdot b=(a,b)=1$，进而有$D=(s\cdot a+t\cdot b)D=s\cdot(a\cdot D)+t\cdot(b\cdot D)=s\cdot q_2\cdot(a\cdot b)+t\cdot q_1\cdot(a\cdot b)=(s\cdot q_2+t\cdot q_1)(a\cdot b)$，故$(a\cdot b)\mid D$证毕。

定理 2.11 设a,b是两个正整数，则

① 若$a\mid D,b\mid D$，则$[a,b]\mid D$；

② $[a,b]=\dfrac{a\cdot b}{(a,b)}$。

证明 令$d=(a,b)$，有$\left(\dfrac{a}{d},\dfrac{b}{d}\right)=1$，则$\left[\dfrac{a}{d},\dfrac{b}{d}\right]=\dfrac{a}{d}\cdot\dfrac{b}{d}$，进而$[a,b]=\dfrac{a\cdot b}{d}$，即②成立。再由$\dfrac{a}{d}\mid\dfrac{D}{d},\dfrac{b}{d}\mid\dfrac{D}{d}$，得到$\dfrac{a}{d}\cdot\dfrac{b}{d}\mid\dfrac{D}{d}$。从而$\dfrac{a\cdot b}{d}\mid D$，即①成立。

2.1.6 同余的概念和性质

定义 2.5 给定一个正整数m和两个整数a,b，如果$a-b$被m整除，或$m\mid(a-b)$，则称a和b模m同余，记为$a\equiv b(\bmod m)$。否则，称a和b模m不同余，记为$a\not\equiv b(\bmod m)$。

定理 2.12 设m是一个正整数，a,b是两个整数，则$a\equiv b(\bmod m)$的充要条件是存在一个整数q使$a=b+q\cdot m$。

证明 根据同余的定义有$m\mid(a-b)$，又根据整除的定义，存在一个整数q使$a-b=q\cdot m$，故$a\equiv b(\bmod m)$成立。如果存在一个整数q使$a=b+q\cdot m$，则有$a-b=q\cdot m$，根据整除的定义有$m\mid(a-b)$，再根据同余的定义，可得证。

定理 2.13 设m是一个正整数，则模m同余是等价关系，即

① 自反性：对任一整数a，有$a\equiv a(\bmod m)$；

② 对称性：若$a\equiv b(\bmod m)$，则$b\equiv a(\bmod m)$；

③ 传递性：若$a\equiv b(\bmod m)$，$b\equiv c(\bmod m)$，则$a\equiv c(\bmod m)$。

证明

① 自反性：对任一整数a，$a=a+0\cdot m$，所以$a\equiv a(\bmod m)$；

② 对称性：若$a\equiv b(\bmod m)$，则存在整数q使$a=b+q\cdot m$，从而有$b=a+(-q)\cdot m$。因此，$b\equiv a(\bmod m)$；

③ 传递性：若$a\equiv b(\bmod m),b\equiv c(\bmod m)$，则分别存在整数$q_1,q_2$使$a=b+q_1\cdot m$，$b=c+q_2\cdot m$，从而$a=c+(q_1+q_2)\cdot m$。因为$q_1+q_2$是整数，所以$a\equiv c(\bmod m)$。

定理 2.14 设m是一个正整数，$d\cdot a\equiv d\cdot b(\bmod m)$。如果$(d,m)=1$，则$a\equiv b(\bmod m)$。

证明 若$d\cdot a\equiv d\cdot b(\bmod m)$，则$m\mid(d\cdot a-d\cdot b)$，即$m\mid d\cdot(a-b)$。因为$(d,m)=1$，可得$m\mid(a-b)$，所以结论成立。

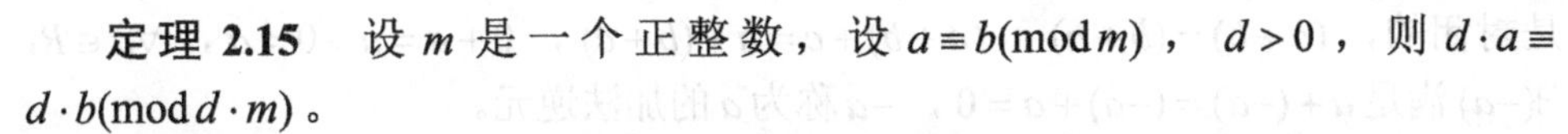

定理 2.15 设 m 是一个正整数，设 $a \equiv b(\bmod m)$ ，$d>0$ ，则 $d \cdot a \equiv d \cdot b(\bmod d \cdot m)$ 。

证明 设 $a \equiv b(\bmod m)$ ，则存在整数 q ，使 $a=b+q \cdot m$ 。进而，$d \cdot a=d \cdot b+q \cdot(d \cdot m)$ ，因此，$d \cdot a \equiv d \cdot b(\bmod d \cdot m)$ 。

定理 2.16 设 m 是一个正整数，设 $a \equiv b(\bmod m)$ 。如果整数 $d \mid (a,b,m)$ ，则 $\frac{a}{d} \equiv \frac{b}{d}\left(\bmod \frac{m}{d}\right)$ 。

证明 因为 $d \mid (a,b,m)$ ，所以存在整数 a',b',m' ，使 $a=a' \cdot d$，$b=b' \cdot d$，$m=m' \cdot d$ 。现在 $a \equiv b(\bmod m)$ ，所以存在整数 q 使 $a=b+q \cdot m$ ，即 $a' \cdot d=b' \cdot d+q \cdot m' \cdot d$ 。因此 $a'=b'+q \cdot m'$ ，也就是 $a' \equiv b'(\bmod m')$ 或者 $\frac{a}{d} \equiv \frac{b}{d}\left(\bmod \frac{m}{d}\right)$ 。

定理 2.17 设 m 是一个正整数，设 $a \equiv b(\bmod m)$ ，如果 $d \mid m$ ，则 $a \equiv b(\bmod d)$ 。

证明 因为 $d \mid m$ ，所以存在整数 q_1 使 $m=q_1 \cdot d$ 。又因为 $a \equiv b(\bmod m)$ ，所以存在整数 q_2 使 $a=b+q_2 \cdot m$ ，该式又可写成 $a=b+(q_2 \cdot q_1) \cdot d$ ，故 $a \equiv b(\bmod m)$ 。

定理 2.18 设 $m_1,\cdots,m_k$ 是 k 个正整数，设 $a \equiv b(\bmod m_i)$ ，$i=1,\cdots,k$ ，则 $a \equiv b(\bmod [m_1,\cdots,m_k])$ 。

证明 设 $a \equiv b(\bmod m_i)$ ，$i=1,\cdots,k$ ，则 $m_i \mid (a-b)$ ，$i=1,\cdots,k$ ，有 $[m_1,\cdots,m_k] \mid (a-b)$ 。

定理 2.19 设 $a \equiv b(\bmod m)$ ，则 $(a,m)=(b,m)$ 。

证明 设 $a \equiv b(\bmod m)$ ，则存在整数 q 使 $a=b+q \cdot m$ ，则 $(a,m)=(b,m)$ 。

2.1.7 群的概念和性质

定义 2.6 群 $(G,\cdot)$ 是由集合 G 和二元运算 $\cdot$ 构成的，符合以下 4 个性质（称“群公理”）的数学结构。其中，二元运算结合任何两个元素 a 和 b 形成另一个元素，记为 $a \cdot b$ ，符号 $\cdot$ 是具体的运算，比如整数加法。

群公理所述的 4 个性质为[2]：

① 封闭性：对于所有 G 中 a,b ，运算 $a \cdot b$ 的结果也在 G 中；

② 结合律：对于所有 G 中的 a,b,c ，等式 $(a \cdot b) \cdot c=a \cdot(b \cdot c)$ 成立；

③ 单位元：存在 G 中的一个元素 e ，使对于所有 G 中的元素 a ，总有等式 $e \cdot a=a \cdot e=a$ 成立；

④ 逆元：对于每个 G 中的元素 a ，存在 G 中的一个元素 b ，总有 $a \cdot b = b \cdot a = e$ ，此处 e 为单位元。

2.1.8 环的概念和性质

定义 2.7 集合 R 和定义于其上的二元运算 $+$ 和 $\cdot$ 构成的三元组 $(R,+,\cdot)$ 构成一个环，若它们满足：$(R,+)$ 形成一个交换群，其单位元称为零元，记作 0 ，即 $(R,+)$

是封闭的，$(a+b)=(b+a)$，$(a+b)+c=a+(b+c)$，$0+a=a+0=a$，$\forall a\in R$，$\exists(-a)$满足$a+(-a)=(-a)+a=0$，$-a$称为a的加法逆元。

$(R,\cdot)$形成一个半群，即$(R,\cdot)$是封闭的，$(a\cdot b)\cdot c=a\cdot(b\cdot c)$乘法关于加法满足分配律，即$a\cdot(b+c)=(a\cdot b)+(a\cdot c)$，$(a+b)\cdot c=(a\cdot c)+(b\cdot c)$。其中，乘法运算符$\cdot$常被省略，所以$a\cdot b$可简写为$ab$。此外，乘法是比加法优先的运算，所以$a+bc$其实是$a+(b\cdot c)$。

定理 2.20 $\forall a\in R$，有$a\cdot 0=0\cdot a=0$。

证明 $a\cdot 0=a\cdot(0+0)=a\cdot 0+a\cdot 0\Rightarrow a\cdot 0-a\cdot 0=a\cdot 0+a\cdot 0-a\cdot 0\Rightarrow 0=a\cdot 0$；$0\cdot a$同理。

定理 2.21 $\forall a,b\in R$，有$(-a)\cdot b=a\cdot(-b)=-(a\cdot b)$。

证明 $(-a)\cdot b=(-a)\cdot b+(a\cdot b)-(a\cdot b)=(-a+a)\cdot b-(a\cdot b)=0\cdot b-(a\cdot b)=-(a\cdot b)$；$a\cdot(-b)$同理，故$(-a)\cdot b=-(a\cdot b)=a\cdot(-b)$。

2.1.9 域的概念和性质

定义 2.8 域F是一个集合，且带有加法和乘法两种运算，这里的“运算”可以理解为映射，对$\forall a,b\in F$，映射将这两个元素对应到某元素，且满足如下性质。

① 在加法和乘法两种运算上封闭；

② $\forall a,b\in F$，$a+b$和$a*b\in F$（另一种说法：加法和乘法是F上的二元运算）；

③ 加法和乘法符合结合律，$\forall a,b,c\in F$，$(a+b)+c=a+(b+c)$，$(a*b)*c=a*(b*c)$；

④ 加法和乘法符合交换律，$\forall a,b\in F$，$a+b=b+a$，$a*b=b*a$；

⑤ 符合乘法对加法的分配律，$\forall a,b,c\in F$，$a*(b+c)=(a*b)+(a*c)$，存在加法单位；

⑥ 在F中有元素0，使$\forall a\in F$，$a+0=a$，存在乘法单位；

⑦ 在F中有不同于0的元素1，使$\forall a\in F$，$a*1=a$，存在加法逆元；

⑧ $\forall a\in F$，$\exists -a$使$a+(-a)=0$，非零元素存在乘法逆元；

⑨ $\forall a\in F$，$a\neq 0$，$\exists a^{-1}$使$a*a^{-1}=1$，其中“元素0不同于元素1”的要求，排除了平凡的只由一个元素组成的域。

由以上性质可以得出一些最基本的推论：$-(a*b)=(-a)*b=a*(-b)$，$a*0=0$，如果$a*b=0$，则要么$a=0$，要么$b=0$。

2.2 安全模型概述

安全模型在隐私保护计算中扮演着重要的角色。它能够帮助开发人员识别潜

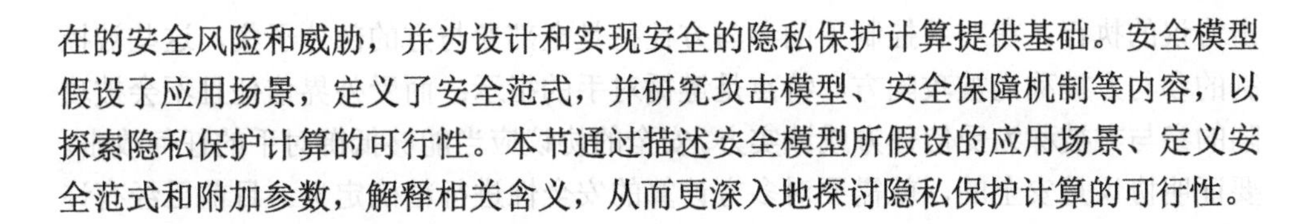

在的安全风险和威胁，并为设计和实现安全的隐私保护计算提供基础。安全模型假设了应用场景，定义了安全范式，并研究攻击模型、安全保障机制等内容，以探索隐私保护计算的可行性。本节通过描述安全模型所假设的应用场景、定义安全范式和附加参数，解释相关含义，从而更深入地探讨隐私保护计算的可行性。

2.2.1 应用场景

安全多方计算通常考虑这样一种场景。该场景中有许多相互连接且不同的计算设备，它们希望对某些功能进行联合计算。安全多方计算与分布式计算不同的地方主要有两个方面。一是应用目的不同。在分布式应用场景中，参与设备往往是持有分布式数据库系统的服务器，要计算的功能偏向于对数据库更新；安全多方计算的目的则是使各方能够以安全的方式执行分布式计算任务。二是处理问题方式不同。分布式计算通常用来处理机器崩溃和其他意外故障下的计算问题；安全多方计算则更关注敌对实体进行恶意行为的可能性。当进行安全性分析时，若执行协议的实体或参与方子集可能受到外部攻击，则这种攻击往往会导致私人信息学习不成功或计算结果不正确。因此，任何安全协议两个最重要的要求是隐私性和正确性。隐私性的要求规定，除了绝对必要的内容，参与方不应了解任何其他内容。更确切地说，各方应该了解自己的输出，而不是知晓更多其他的信息。正确性的要求规定，各方应形成正确的输出，对手的攻击不得导致计算结果偏离已设定的计算功能。

安全多方计算可在不损害隐私的情况下利用数据解决各种各样的问题。以下举两个实际应用场景的例子。一个例子是将某人的DNA与癌症患者的DNA数据库进行比较，目的是判断此人是否属于某种类型的癌症的高危人群。显然，这项任务对社会和个人都具有重要益处。然而，DNA信息高度敏感，不应向私人组织透露。这种困境可以通过运行安全多方计算来解决。在这个例子中，隐私性的要求是只披露癌症类别，而不披露任何人的DNA。正确性要求保证恶意方不能改变结果，影响准确诊断。另一个例子是考虑买卖双方提供报价和出价的拍卖场景。在这种场景下，从博弈论的角度来看，可能会有人利用报价和出价信息来提高价格或降低效用，因此不披露双方的实际报价和出价可能是有益的。此处的隐私性需要保证在交易过程中仅显示买方和卖方之间匹配的信息，以及由此产生的价格，而正确性将保证根据功能显示的价格是正确的。从这两个例子可以看出，在某些情境下的隐私性要求更加重要，如DNA示例，而有些时候正确性更重要，如交易示例。

2.2.2 定义范式

在考虑安全性时通常假设如下场景：对手控制了一部分的参与方，并希望攻击协议的执行。在对手控制下的参与方往往是全部参与方的部分子集，这些被控制的参与方被称为被攻陷方，特点是遵循对手的指示；而受外界信任且不会被攻陷的参与方被称为受信任方或诚实方。安全的协议应当能够抵御对手的任何攻击。要证明协议是安全的，就需要对多方计算的安全性进行精确定义。目前已经有许多研究者在相关研究文献中对协议安全性提出了许多不同的定义，本节主要介绍一些重要的安全属性足够通用的定义，以满足大多数的安全多方计算任务。其中的核心属性主要包括隐私、正确性、输入的独立性、保证传输、公平。

隐私：隐私属性主要描述了在安全场景中，任何一个参与方都不应了解超过规定的内容。特别需要注意的是关于其他各方的输入输出信息和传输信息，对于任何一个参与方来说，其应当了解的信息是自身持有的信息、其他参与方必要的传输数据，以及自身输出的信息。以第 2.2.1 节的拍卖场景为例，拍卖成功时只有最高出价者的出价被披露，显然，参与方可以推断出所有其他出价都低于中标者。然而，关于其他失败的出价具体信息，不应被公开。

正确性：各方需保证输出是正确的。以拍卖为例，正确性意味着出价最高的一方能够保证获胜，在场的任何一方都不能影响这一点。

输入的独立性：参与方之间的输入不存在数值上关联，即他们之间的输入是相互独立的。在安全模型中，被攻陷方的输入必须独立于诚实方的输入，这是必要的假设，否则讨论安全性将没有意义。在拍卖场景中，出价是保密的，且各参与方的出价是自主的，不依赖于他人出价。

保证传输：攻击对手不应当通过类似于拒绝服务攻击来破坏协议，即传输数据的通道应当处于理想的环境，不考虑阻止传输的攻击场景。

公平：诚实方和被攻陷方在收到输出时应当是同步的，不应允许出现被攻陷方获得输出，而诚实方未获得输出的情况。在签订合同的实际场景中，公平属性显得尤为重要。如果被攻陷方收到已签署的合同，而诚实方没有收到，那么这样的合同是有问题的。

上述属性并不构成安全性的定义，而是一组通用的安全协议要求。一种定义安全性的方法是生成一个单独需求的列表，若满足列表中的所有需求，则协议是安全的。这种方法并不理想，原因在于列表的需求内容可能存在遗漏，不同的应用程序有不同的需求，即这种方法不具有满足所有应用程序的通用性。因此，安全性定义应该足够简单，以减少面对不同可能性的对抗性攻击带来定义上的麻烦。

标准定义[3]通过以下方式正式规定了安全性。首先，考虑这样一个“理想世界”，存在一个诚实方，他愿意帮助其他参与方进行计算。在这样的世界中，各参与方只需将输入发送给诚实方，诚实方计算所需的函数，并将输出传递回指定的各参与方。由于参与方采取的唯一行动是向诚实方发送信息，因此被攻陷方的唯一选择是进行信息发送。在该理想世界中，上述所有安全属性都适用于这种理想计算。其中，隐私是有效的，因为参与方收到的唯一信息是其输出，而无法了解其他信息。正确性也同样成立，因为诚实方不能被破坏，因此将始终正确地计算函数。

当然，在“现实世界”中，没有任何一方可以被所有参与方信任。尽管如此，安全协议仍应该模仿理想世界。也就是说，一个存在于现实世界中的协议被认为是安全的，前提是没有对手可以造成比在理想世界中更大的危害。这种情况可以表述为：能够在现实世界中成功实施攻击的对手，在理想世界中都存在一个能够成功实施相同攻击效果的对手。然而，成功的对抗性攻击无法在理想世界中进行，因此得出结论，在现实世界中，所有针对协议执行的对抗性攻击也必须失败。

通过比较理想世界中的协议执行结果和真实世界中的协议执行结果，便可以得出安全的结论。在真实世界的协议执行中，对于任何对手的攻击，都对应着理想世界中的对手攻击。这样在真实世界和理想世界的执行中，如果对手和其他参与方的输入与输出分布基本相同，那么就说真实世界的协议执行对理想世界的协议执行进行了模拟。这种安全性公式被称为理想/真实模拟范式。为了进一步说明这个定义，下面将详细描述核心属性。隐私源于这样一个事实：在真实世界和理想世界的执行中，对手的输出是相同的。由于对手在理想世界的执行中除了被攻陷方的输出什么信息也获取不到，因此在真正的执行中也必须如此。正确性则源于两个方面：一方面是诚实方在真实世界的执行和输出与理想世界是相同的；另一方面是在理想世界的执行中，诚实方都会收到其他诚实方计算的正确输出。关于输入的独立性，在理想世界的执行中，所有输入都会在收到输出之前发送给诚实方，因此，被攻陷方在发送输入时，对诚实方的输入一无所知。最后，保证传输和公平在理想世界中是成立的，因为诚实方总是返回所有输出。事实上，这在现实世界中同样成立，因为诚实方在现实世界和理想世界中对输出的处理是相同的。

在某些情况下，安全性的定义应当被放宽，如可以排除公平和保证传输。将公平和保证传输排除的安全级别称为“中止安全”，其结果是对手可能能获得输出，而诚实方则不能。如此放宽定义主要有两个原因：一方面，在某些情况下，如抛硬币时，是不可能实现公平的。另一方面，当公平性得不到保证时，就会有一部分参与方能够知道更多关于协议的内容。因此，如果应用程序不要求公平，或是在只有一方收到输出的情况下，这样的定义放宽是有所帮助的。

2.2.3 附加参数

附加参数主要包括了对手能力和模块组合两个方面。

1. 对手能力

上述的安全性定义忽略了一个重要的问题，即攻击对手所拥有的攻击能力。如前文所述，对手控制了协议参与方中的部分子集，但是对于该对手拥有什么样的能力还没有一个准确的定义，原因是在不同的情境下，对手的能力假设也会存在差别。准确来说，在描述对手能力时定义了两个主要参数：允许的敌对行为和攻击策略。

允许的敌对行为：允许的敌对行为是定义对手能力最重要的参数。通常来说，攻击行为分为主动攻击和被动攻击。主动攻击常指对手可以指示被攻陷方进行恶意行为，而被动攻击常指被攻陷方被动地收集信息，对于对手的类型，主要有以下 3 种。

（1）半诚实的对手：半诚实的对手也被称为诚实但好奇的对手。在半诚实的对手模型中，即使是被攻陷方也需要遵守协议规范，并且对手获得了所有被攻陷方的内部信息，并试图利用这些信息来了解应该保密的信息。这种对抗模型的强度并不高，但具有这种安全级别的协议可以保证执行过程中不会出现无意的数据泄露。在如今的环境中，这样的安全程度通常是不够的。

（2）恶意对手：恶意对手也被称为主动对手。在这种对抗模型中，被攻陷方可以根据对手的指示任意地偏离协议规范。一般来说，恶意对手假设场景所提供的安全性是足够的，因为它可以确保任何对手攻击都不会成功。

（3）秘密对手：这种类型[4]的对手可能会恶意破坏协议，然而，可以提供的安全保证是，如果它确实尝试了这种攻击，那么它将以某种概率被检测到，这种概率可以根据应用程序进行调整。秘密对手模型与恶意对手模型的不同在于，如果未检测到对手，那么它可能会成功获取敏感信息。该模型适用的情况是现实世界中能够对被检测到的对手进行惩罚，在这种模型下，对手的综合期望应当是如果尝试进行攻击，则会在整体概率上偏向失败。

攻击策略：攻击策略涉及参与方何时发起攻击，以及如何攻击，即何时受到对手的控制，以及怎样受到对手的控制。主要有静态攻击模型、适应性攻击模型、主动安全模型 3 种。

（1）静态攻击模型：该模型的特点是在协议开始之前，对手控制的参与方是固定的。诚实的参与方始终保持诚实，被攻陷的参与方始终被攻陷。

（2）适应性攻击模型：适应性攻击模型的对手能够在计算过程中对参与方赋予被攻陷的能力，而不是拥有一组固定的被攻陷方。选择谁被攻陷，何时被攻陷，可以由对手任意决定。该策略模拟了外部黑客在执行过程中入侵机器的威胁，或最初诚实的参与方在后来变为被攻陷方的情景。在这个模型中，一个参与方一旦被攻陷，则从那时起它将一直被攻陷。

（3）主动安全模型：该模型[5-6]考虑了各参与方在一定时间内被攻陷的可能性。因此，诚实的一方可能会在整个计算过程中被攻陷，但被攻陷的参与方也可能变得诚实。如果攻击的威胁是破坏网络、侵入服务等，并且安全计算正在进行，那么主动安全模型是有意义的。当发现对手的攻击存在时，引起被攻陷的漏洞会被系统清理，对手将会失去对某些机器的控制，从而使双方再次诚实。这一情景的安全保证是，对手只能在机器被攻陷时从该机器的本地状态中了解相关内容。

人们在实际应用中考虑上述因素，通常没有标准的模型。在具体应用中，人们所使用的定义和所考虑的对手往往取决于实际应用程序和现实的威胁。

2．模块组合

实际上，安全多方计算（SMC）协议并不是孤立运行的，它往往是组成安全多方计算系统的一部分。文献[3]中证明，如果将安全多方计算协议作为计算系统中的一部分，那么它的执行和理想世界中诚实方执行计算的方式相同。在计算系统中，可以以模块化的方式使用安全子协议，从而构造更大的安全协议，这被称为模块组合。

在模块组合中，重要的问题是 SMC 协议本身是否与其他协议同时运行。在顺序模块组合的设置中，SMC 协议可以作为另一协议的子协议运行，在 SMC 协议前后可以发送任意其他消息。然而，SMC 协议本身须在不并行发送任何其他消息的情况下运行。这称为独立设置，是文献[3]中安全性基本定义所考虑的设置。文献[3]中的顺序模块组合定理指出，在这种情况下，SMC 协议的行为类似于由可信第三方执行的计算。而在某些情况下，SMC 协议会与自身的其他实例、其他 SMC 协议和其他不安全协议同时运行，这在实际上可能不会保证安全。人们提出了许多定义来处理这种情况，其中最流行的是通用可组合性[7]。根据通用可组合性定义，任何被证明是安全的协议都必须保证像理想世界中诚实方的执行一样运行，而不管与之并行运行的是什么其他协议。因此，通用可组合性可以说是 SMC 协议定义的黄金标准，同时也付出了效率和系统假设等代价。

2.2.4　相关含义

理想/真实模拟范式与其在实践中的应用。定义安全性的理想/真实模拟范式实际上对 SMC 的实践有非常重要的影响。具体地说，为了使用 SMC 协议，所有的参与方需要考虑系统的安全性。如果系统在诚实方使用 SMC 协议时是安全的，同时在适当情况下组合使用 SMC 协议，那么它也将保持安全。这意味着即使是非密码学家，人们也不需要了解 SMC 协议是如何工作的，甚至不需要了解安全性是如何定义的，也能够在系统计算中做出一定的贡献。理想/真实模拟范式提供了一个清晰易懂的概念，可供构建系统的人员使用。

任何输入都是被允许的。由于 SMC 协议的执行应当与理想世界的执行相同，因此 SMC 协议获得的安全性与理想世界的执行安全性相同。然而，在理想世界的执行中，对手可以输入其希望的任何数值，这在实际中是没有通用的方法可以防止的。例如，如果两个人希望在不透露其他信息的前提下看到谁的工资更高，而其中一个人只输入程序规定的最大值作为他的工资，然后在 SMC 协议本身中执行。这样的输出结果往往是此人工资更高。因此，如果应用程序的安全性与参与方正确的输入有关，那么必须使用其他机制来强制执行这一要求，如果可以要求使用有签名的输入，并将签名作为 SMC 协议的一部分进行验证，类似这样的机制可能会增加计算开销。

SMC 协议保护进程，但不保护输出。SMC 协议确保了计算过程的安全性，意味着计算本身不会暴露任何信息。然而，这并不意味着函数的输出不会显示敏感信息。例如，在计算两个人的平均工资时，其中一个人能够将自己的工资和平均工资相结合，得出另一个人的确切工资。因此，仅仅使用 SMC 协议并不意味着所有隐私问题都得到了解决，SMC 协议确保了计算过程的安全，而对于函数本身是否应该被计算的问题，是需要额外考虑的部分。

2.2.5 可行性分析

在已有的安全性定义下，人们希望根据已知条件知道是否有可能获得安全协议，能否为分布式计算任务提供安全协议。目前相关研究已经建立了大量的可验证性结果，在恶意对手模型的情况下，任何分布式计算任务都可以安全地计算。在其他情况中，假设 n 表示参与方的数量，t 表示被攻陷方的数量界限，且被攻陷方的身份未知，那么有以下 3 种情况。

（1）当 $t<n/3$，即不到 1/3 的参与方可能被破坏时，任何功能都可以由具有公平和保证输出两种属性的 SMC 协议实现，假设经过的信道是具有身份验证的点对点同步网络，则功能具有计算安全性[8]。假设信道是私有的，则功能具有信息论安全性[9]。

（2）当 $n/3\leqslant t<n/2$，即在保证诚实方为多数的情况下，且各方可以访问广播信道，则可以为任何具有计算和信息论安全性的功能实现具有公平和保证输出交付的 SMC 协议[10-11]。

（3）当 $t\geqslant n/2$，即当被攻陷方的数量不受限制时，在没有公平或保证传输下，可以实现安全的多方协议[10,12]，在模块组合中任何函数都可以安全地计算[7]。

总之，SMC 协议适用于任何分布式计算任务。这为它提供了巨大的潜力——任何需要计算的东西都可以安全地计算出来。然而，上述可行性结果是理论上的，这意味着在不考虑实际效率成本的情况下，它们在原则上是可能的。

2.2.6 不同场景下的安全讨论

1. 诚实多数的隐私保护计算

诚实多数的隐私保护计算协议通常使用秘密共享作为基本工具，如采用了计算降阶等优化方法的 Shamir 秘密共享方案[13-14]，只要有不到 $n/2$ 的参与方被破坏，秘密共享协议对于半诚实的对手来说是安全的。这是因为双方在计算过程中

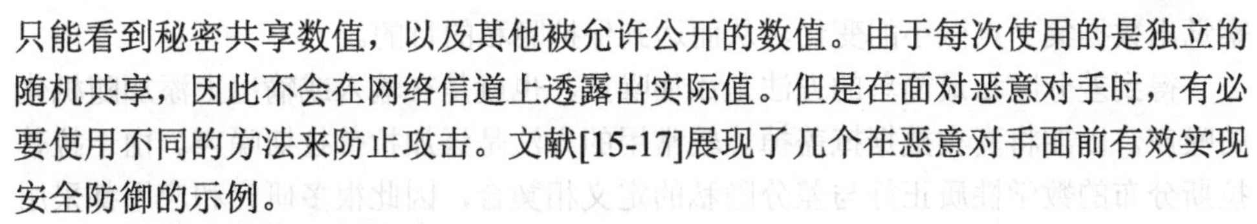

只能看到秘密共享数值，以及其他被允许公开的数值。由于每次使用的是独立的随机共享，因此不会在网络信道上透露出实际值。但是在面对恶意对手时，有必要使用不同的方法来防止攻击。文献[15-17]展现了几个在恶意对手面前有效实现安全防御的示例。

2．不诚实多数的隐私保护计算

在不诚实多数的情况下，包括两个参与方中有一方被攻陷的不诚实多数案例，所采取的方法是完全不同的。目前关于不诚实多数的场景已经有了大量的工作，从文献[12,18-19]的初始协议开始，这些协议侧重于可行性，请读者参考文献[20]以了解主要方法的描述，包括 GMW 不经意传输方法[18,21]、乱码电路[12,19]、剪切选择[22]、SPDZ[23]、TinyOT[24]、头部 SMC[25]等。对于每一种方法，都有许多后续工作，实现了越来越高的效率。

2.3　安全多方计算技术概述

本节将从差分隐私、不经意传输、混淆电路、同态加密和秘密共享几个方向，向读者介绍安全多方计算技术的详细内容。对于同态加密和秘密共享，本节将进行重点的介绍，这两项技术是目前隐私保护计算框架中的主流技术，掌握它们的理论细节十分重要。

2.3.1　差分隐私

差分隐私最早于 2008 年提出，通过严格的数学证明，使用随机应答方法确保数据集在输出信息时受单条记录的影响始终低于某个阈值，从而使第三方无法根据输出的变化判断单条记录的更改或增删。差分隐私被认为是目前基于扰动的隐私保护方法中安全级别最高的方法。差分隐私避免了数据源中一点微小的改动导致的隐私泄露。

为了更形式化地描述差分隐私，需要先定义相邻数据集。现给定两个数据集 D 和 D'，若它们有且仅有一条数据不一样，就称其为相邻数据集。例如，对于一个集合 $\{a_1,a_2,\cdots,a_n\}$（其中 $a_i=0$ 或 1）和另一个集合 $\{a_1',a_2',\cdots,a_n'\}$，若只存在一个 i 使 $a_i \neq a_i'$，那么这两个集合便是相邻集合。

对于一个随机化算法 A（所谓随机化算法，是指对于特定输入，该算法的输出不是固定值，而是服从某一分布），当其分别作用于两个相邻数据集时，得到的两个输出分布难以区分。差分隐私形式化的定义为 $\Pr\{A(D)=O\} \leqslant e^{\varepsilon} \cdot \Pr(A(D')=O)$。如果该算法作用于任何相邻数据集，得到一个特定输出 O 的概率应差不多，那么就说这个算法能达到差分隐私的效果。也就是说，观察者通过观察输出结果很难察觉出数据集一点微小的变化，从而达到保护隐私的目的。

得到差分隐私最简单的方法是添加噪声，也就是在输入或输出上添加随机化的噪声，以期将真实数据掩盖掉。较常用的方法是添加拉普拉斯噪声。由于拉普拉斯分布的数学性质正好与差分隐私的定义相契合，因此很多研究和应用都采用了此种噪声。

对于差分隐私另一种更加宽泛的定义为 $\Pr\{A(D)=O\}\leqslant \mathrm{e}^{\varepsilon}\cdot\Pr(A(D')=O)+\delta$，其中 δ 是一个比较小的常数。要获取这种差分隐私，可以使用高斯噪声。当然，对输入或输出添加噪声会使最终的输出结果不准确。在数据量很大的情况下，噪声的影响很小；但数据量很小的情况下，噪声的影响就显得比较大，会使最终结果偏离准确值较远而变得不可用。有些算法不需要添加噪声就能达到差分隐私的效果，但这种算法通常要求数据满足一定的分布，这一点在现实中通常很难满足。由于传统的完全差分隐私基于最严格的假设——最大背景攻击，即假设攻击者拥有除了某一条记录的所有背景信息，但这在实际情况中是罕见的，因此完全差分隐私对于隐私性的保护过于严苛，极大影响了数据的可用性。目前实际场景中主要采用的是带有松弛机制的近似差分隐私。

差分隐私分类包括 4 种：本地化差分隐私、分布式差分隐私、中心化差分隐私和混合差分隐私，以下将依次进行详细介绍。

1．本地化差分隐私

本地化差分隐私意味着对数据的训练，以及对隐私的保护过程全部可以在客户端实现。这种差分隐私机制显然优于其他方案，因为用户可以全权掌握数据的使用与发布，也不需要借助中心服务器，最有潜力实现完全意义上的去中心化联邦学习。

2016 年，谷歌公司的 Abadi 等在传统机器学习中实现了差分隐私，并提出了在手机、平板电脑等小型设备上训练模型的设想，认为该差分隐私机制凭借轻量化的特点，更加适用于本地化、边缘化场景。但是本地化差分隐私及其在联邦学习的应用中，仍然存在着不少问题。首先，它所需求的样本量极其庞大。谷歌、苹果、微软公司在用户设备上大量部署了本地化差分隐私，用来收集数据并进行模型训练，相较无噪模型的训练需要更多的数据量，往往多达 2 个数量级。其次，在高维数据下，本地化差分隐私要取得可用性、隐私性的平衡将会更加困难。另外，在去中心化的联邦学习场景中，由于没有中心服务器的协调，参与方无法得知来自其他参与方的样本信息，因此很难自己决定所添加随机噪声的大小，噪声的分布不均将会严重降低模型性能。

2．分布式差分隐私

分布式差分隐私指的是在若干个可信中间节点上先对部分用户发送的数据进行聚合并实施隐私保护，然后传输加密或扰动后的数据到服务器端，确保服务器端只能得到聚合结果而无法得到数据。该方案需要客户端首先完成计算并进行简单的扰动或加密，将结果发送至一个可信任的中间节点，然后借助可信执行环境、安全多方计算、安全聚合或安全混洗等方法，在中间节点实现进一步的隐私保护，最终将结果发送至服务器端。Bittau 等[26]于 2017 年提出了一种安全混洗框架（ESA），通过在客户端与服务器端额外增加一次匿名化混洗的步骤，允许用户在本地只添加少量噪声就可以实现较高级别的隐私保护。此后，Erlingsson 等[27]、Cheu 等[28]均对此框架进行了改进，并考虑了与联邦学习的结合。类似的分布式差分隐私解决方案同样都兼具了本地化与中心化差分隐私的优势，既不需要信任等级极高的服务器，也不需要在本地添加过多噪声。但相对地，分布式差分隐私普遍需要极高的通信成本。

3. 中心化差分隐私

差分隐私方法最初被提出时大多采用中心化的形式，即通过一个可信的第三方数据收集者汇总数据，并对数据集进行扰动从而实现差分隐私。B2C 架构下的联邦学习同样可以在中心服务器上实现这种扰动。在服务器端收集用户更新后的梯度，通过逐个加噪的方式来隐藏各个节点的贡献，并证明了中心化加噪方案可以实现用户级别的差分隐私，而不仅是本地化方案的数据点级别。这意味着它不会泄露任何一个曾参与过训练的用户。最后通过实验证实了这种方法的模型训练效果要优于本地化差分隐私。

中心化差分隐私在实际应用中同样存在缺陷，因为它受限于一个可信的中心化服务器，但是很多场景下服务器并不可信。因此，可以采用分布式差分隐私来作为本地化与中心化的折中，或采用混合差分隐私回避这两者的一部分缺陷。

4. 混合差分隐私

混合差分隐私方案通过用户对服务器信任关系的不同对用户进行分类。举例而言，最不信任服务器的用户可以使用最低隐私预算的本地化差分隐私，而最信任服务器的用户可以直接发送原始参数；服务器也将根据用户的信任关系对数据进行不同程度的处理。该方案同样需要一定的通信成本，并且需要付出额外的预处理成本以划分信任关系。

2.3.2 不经意传输

不经意传输是一种可保护隐私的双方通信协议，接收者的隐私不会被发送者知道，通信双方以一种选择模糊化的方式传送消息。抽象地讲，就是 A 给 B 发消息，A 却不知道 B 收到什么，一般的思路是 A 要多发一些消息让 B 去选择需要的。如果这样，还应该保证 B 不会多知道他本不应该知道的消息。不经意传输可以分为 1 选 1、2 选 1、n 选 1、n 选 k 多种不经意传输协议。

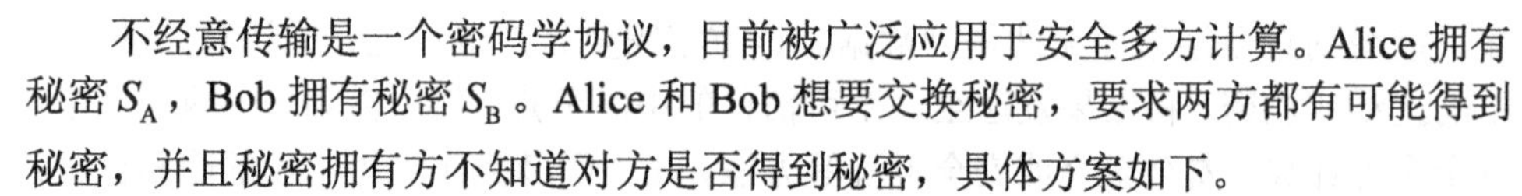

不经意传输是一个密码学协议，目前被广泛应用于安全多方计算。Alice 拥有秘密 S_A，Bob 拥有秘密 S_B。Alice 和 Bob 想要交换秘密，要求两方都有可能得到秘密，并且秘密拥有方不知道对方是否得到秘密，具体方案如下。

假设两者拥有的秘密都是单比特，并且 Alice 拥有一个公钥 K_A，Bob 拥有一个密钥 K_B。

（1）首先 Alice 随机选择两个大素数 p,q，计算出一个一次性密钥 $n_A = p \cdot q$，并将 n_A 发送给 Bob。

（2）Bob 随机选择一个数 x，要求使 $x \leqslant n_A$。然后计算 $c = x^2 \bmod n_A$，最后将 c 和 $E_{K_B}(x)$ 发送给 Alice。

（3）Alice 计算出一个 x_1，使 $x_1{}^2 = c \bmod n_A$。将 x_1 发送给 Bob。

（4）Bob 计算 $\gcd(x - x_1, n_A) = d$，这个时候 $d == p$ or $d == q$ 的概率为 1/2。

（5）Bob 计算 $v_B = \begin{cases} 0, \gcd(x - x_1, n_A) = p \text{ 或 } q \\ 1, \text{其他} \end{cases}$，然后计算 $\varepsilon_B = v_B \oplus S_B$，将 ε_B 发送给 Alice。

这是 Alice 获得 Bob 的秘密 S_B 的过程，可以得出 Alice 得到 S_B 的概率为 1/2。Bob 获得 S_A 的过程依然是上述步骤，只不过是将 Alice 和 Bob 角色互换。在 Rabin 等[11]提出的方案中，两方都无法获得对方的秘密的概率是 1/4，可以成功交换的概率是 3/4。

新的使用公钥密码体制的 1-out-of-2 OT 协议，给出了 OT 公理化的定义和实现，即：Alice 拥有两个秘密 (M_0, M_1)，而 Bob 想要知道其中一个。在 1-out-of-2 OT 协议执行完成之后，Bob 获得了其中一个秘密，但是不知道另外一个秘密，并且 Alice 也不知道 Bob 选择的是 M_0 还是 M_1。

（1）Alice 随机选择一组密钥 (pk,sk)，同时在 32 bit 明文空间中选择两个明文 m_0, m_1，最后将 m_0, m_1 和 pk 发送给 Bob。

（2）Bob 随机选择 $r \in \{0,1\}$，然后在相同的明文空间中选择一个 k，计算 $q = E_{\text{pk}}(k) \boxplus m_r$，并将 q 发送给 Alice。

（3）Alice 计算 $k_i' = D_{\text{sk}}(q \boxminus m_i)$，$i \in \{0,1\}$，并随机选择 $s \in \{0,1\}$，从而组成三元组 $(M_0 \boxplus k_i', M_1 \boxplus k_{1-s}', s)$ 发送给 Bob。

（4）Bob 通过计算 s 和 r 来选择计算第一项还是第二项，如果 s 和 r 相同，则选择第一项，否则选择第二项。将其与 k 进行⊟运算得到 $M_{s \otimes r}$。

可以清楚地看到，1-out-of-2 OT 协议执行结束之后，Bob 获得了一个秘密且不知道另外一个秘密，而 Alice 则不知道 Bob 获得了哪一个秘密。1-out-of-2 OT 是一个具有实际应用意义的不经意传输协议，也是目前较为常用的一种。

2.3.3 混淆电路

混淆电路是一种密码学协议，参与方能在互相不知晓对方数据的情况下，计算某一能被逻辑电路表示的函数。通过对电路进行加密来掩盖电路的输入和电路的结构，以此来实现对各个参与方隐私信息的保密，再通过电路计算来实现安全多方计算目标函数的计算。

先看看姚氏“百万富翁问题”。两位富翁Alice和Bob相遇，如何在不暴露各自财富的前提下比较出谁更富有？这个富有趣味性问题背后的逻辑，是在Alice和Bob不透露自己秘密的情况下，让两者的秘密（财富值）都参与某个特定计算，最终得出想要的计算结果，即谁更富有。并且计算过程中，两者的秘密不能够暴露。

在求解这个问题之前，先了解一下什么叫作布尔电路。首先，布尔电路是一些由导线连接的门和输入的集合，不能有环。门有3种：与、或、非。其次，布尔电路的规模是指电路中门的数量。布尔电路的深度是指从输入导线到输出导线最长一条路线的门的个数。布尔电路的规模反映一个电路的大小，布尔电路的深度反映一次计算所需要的时间。最后，多项式时间算法总是能转换为一个多项式规模的布尔电路。也就是说，对于安全两方计算概念中的算法，只要它是一个多项式时间的算法，总是可以生成一个相同功能的布尔电路。

上述的问题可以通过混淆电路的方法进行求解，这个问题的核心是怎么进行比较。比较这个操作可以看成是对一个多项式进行求解，而多项式的求解又可以通过布尔电路进行表示。那么如果采用布尔电路进行计算，要如何保证计算过程和结果的安全性和隐私性呢？混淆电路的方法是对电路进行加密。下面通过介绍如何使用与门操作实现混淆电路加密，整个流程包括4个步骤。

步骤1 Alice生成混淆电路。

首先，Alice生成电路的真值表，并且对于真值表按照与门进行计算标注。例如，输入代表X=0，输入代表X=1，输入代表Y=0，输入代表Y=1，输出代表Z=0，输出代表 Z=1（这些值，称之为替换值，随机生成，无规律；原始的输入称之为真实值）。

然后，Alice针对替换后的真值表的输出进行两次对称加密，并且加密的密钥分别是真值表的两个输入。比如真值表某行的两个输入分别是X_0与Y_1，输出是Z_0，那么替换后的真值表的某行就是$\mathrm{Enc}_{X_0Y_1}\left(Z_0\right)$。

之后，Alice将加密后的真值表的行打乱，得到混淆表（Garbled Table），所以混淆表的内容和行号就无关了。这便是混淆电路中“混淆”二字的由来。

步骤2 通道阶段。

首先，Alice将自己的输入发送给Bob。比如取输入$X=0$，Alice就会发

送替换值 X_0 给 Bob。由于 Bob 只是收到对应的替换值，也就无从知晓 Alice 的原始值了。

然后，Bob 通过不经意传输协议，从 Alice 那里获得他的输入对应的替换值，并且通过协议，可以让 Alice 不知道 Bob 具体使用的是哪个原始值。这里假设 Bob 的输入是 1，所以通过不经意传输最终获取替换值 Y_1。具体流程：通过不经意传输协议保证了 Bob 在替换值 Y_1 和 Y_0 中获得一个，但是 Alice 并不知道 Bob 获得了哪一个。然后，Alice 将“与门”的混淆表发给 Bob。

步骤 3 Bob 评估混淆电路。

首先，Alice 和 Bob 通信完成之后，Bob 尝试进行电路解密。目前 Bob 已知的信息有输入 X_0 与 Y_1，所以使用这两个值对混淆表进行解密，然后，Bob 虽然解密成功，但是由于解密出的 Z_0 仍然是替换值（非原始值 0），所以无法获得其他信息。

步骤 4 Alice 和 Bob 共享结果。

Bob 共享解密后的替换值结果 Z_0 给 Alice。Alice 知道替换值与原始值的替换关系，进行替换，并且可以将最终结果共享给 Bob。

2.3.4 同态加密

同态加密是一种特殊的加密方式，它允许在加密的状态下对数据进行计算并返回相应的加密结果，而不需要在解密之前操作明文。这意味着可以在不泄露敏感信息的情况下进行计算和分析。同态加密有 3 种类型：半同态加密、有限全同态加密和全同态加密。它们可以执行特定类型的加密计算，在隐私保护计算框架中有一定的应用。

1. 半同态加密

半同态加密是同态加密的一种类型。与全同态加密不同，半同态加密仅支持对某一种运算进行同态计算，无法支持所有类型的计算。

常见的半同态加密有两种类型：加法同态加密和乘法同态加密。加法同态加密允许在密文状态下进行加法运算；乘法同态加密允许在密文状态下进行乘法运算。例如，Paillier 加密是一种加法同态加密方案，它支持在密文状态下对加法进行同态计算；ElGamal 加密、RSA 加密是乘法同态加密方案，它们支持在密文状态下对乘法进行同态计算。

（1）Paillier

Paillier 加密系统，是 1999 年 Paillier 发明的概率公钥加密系统。基于复合剩余类的困难问题，该加密算法是一种同态加密，满足加法同态。

设置 $n=pq$，其中 p 和 q 是大素数。通常，用 $\phi(n)$ 表示欧拉函数，用 $\lambda(n)$ 表示 Carmichael 函数，即 $\phi(n)=(p-1)(q-1)$，$\lambda(n)=\mathrm{lcm}(q-1,p-1)$。

$|Z_{n^2}^*| = \phi(n^2) = n\phi(n)$，对于任何 $\omega \in Z_{n^2}^*$，$\omega^{\lambda} = 1 \bmod n$，$\omega^{n\lambda} = 1 \bmod n^2$。根据 Carmichael 定理，用 RSA[n,e] 表示提取模 n 的 e 次根，其中 $n = pq$ 是未知因式分解。

随机选择 $g \in Z_{n^2}^*$，满足 $\gcd(L(g^{\lambda} \bmod n^2), n) = 1$，其中 $L(x) = \dfrac{x-1}{n}$，后面会发现这里的 $g = n+1$。现在，将 (n,g) 视为公共参数（公钥），而对 (p,q) 或等效 λ 保持私有（私钥）。密码系统如下所示。

加密。明文条件是 $m < n$，选择随机 $r < n$，密文加密计算为 $c = E(m,r) = g^m r^n \bmod n^2$。

解密。密文条件为 $c < n^2$，明文 $m = D(c) = \dfrac{L\left(c^{\lambda} \bmod n^2\right)}{L\left(g^{\lambda} \bmod n^2\right)} \bmod n$。

性质。对于任意明文 $m_1, m_2 \in Z_n^*$ 和任意 $r_1, r_2 \in Z_n^*$，对应密文 $c_1 = E[m_1, r_1]$，$c_2 = E[m_2, r_2]$ 满足 $c_1 \cdot c_2 = E[m_1, r_1] \cdot E[m_2, r_2] = g^{m_1+m_2} \cdot (r_1 \cdot r_2)^n \bmod n^2$。

解密后得到：$D[c_1 \cdot c_2] = D[E[m_1, r_1], E[m_2, r_2] \bmod N^2] = (m_1 + m_2) \bmod N$。

即：$c_1 \cdot c_2 = m_1 + m_2$。可以看出，密文乘等于明文加。

（2）ElGamal

文献[29]提出了一种新的签名方案，并给出了一个实现 Diffie-Hellman 密钥分配方案，实现公钥密码系统。该公钥密码系统的安全性都依赖于在有限域上计算离散对数的难度。ElGamal 具有许多优点，例如，没有算法可用于破解其安全性，可以进行密钥交换而不需要第三方服务器或认证机构，可以支持多方计算。但是，它的运算速度相对较慢，因此在实际应用中需要仔细评估。

① 公钥系统

首先，回顾 Diffie-Hellman 密钥分配方案。假设 A 和 B 想要共享一个秘密 K_{AB}，其中 A 有一个秘密 x_A，B 有一个秘密 x_B。设 p 是一个大素数，α 是一个模 p 的本原元素，两者都已知。A 计算 $y_A \equiv \alpha^{x_A} \bmod p$，并发送 y_A。类似地，B 计算 $y_B \equiv \alpha^{x_B} \bmod p$ 并发送 y_B。然后，秘密 K_{AB} 计算为 $K_{AB} \equiv \alpha^{x_A x_B} \bmod p \equiv y_A^{x_B} \bmod p = y_B^{x_A} \bmod p$。因此，A 和 B 都能够计算 K_{AB}。但是，对于攻击者说，计算 K_{AB} 是困难的，尚未证明破坏系统等同于计算离散对数。有关更多详细信息，请参阅文献[30]。在任何基于离散对数的密码系统中，p 的选择必须确保 $p-1$ 至少有一个大的素因子。如果 $p-1$ 只有很小的素因子，那么计算离散对数很容易[31]。

② 加密过程

现在假设 A 想给 B 发送一条消息 m，其中 $0 < m < p-1$。首先，A 在 0 和 $p-1$ 之间均匀地选择一个数字 k。注意，k 将作为密钥分配方案中的秘密 x_A。然后 A 计算密钥 $K \equiv y_B^k \bmod p$，其中 $y_B \equiv \alpha^{x_B} \bmod p$ 位于公共文件中或由 B 发送。

加密消息即密钥对(c_1,c_2)，其中$c_1 \equiv \alpha^k \bmod p$，$c_2 \equiv Km \bmod p$。密文的大小是消息大小的两倍。还要注意，上述乘法运算可以用任何其他可逆操作代替，例如加法模p。

③ 解密过程

解密操作分为两部分。第一步是恢复K，这对B来说很容易，因为$K \equiv \left(\alpha^k\right)^{x_B} \equiv c_1^{x_B} \bmod p$，并且$x_B$仅为B所知；第二步是将$c_2$除以$K$并恢复消息$m$。

在应用中，公共文件由每个用户的一个条目组成，即用户i的y_i（因为所有用户都知道α和p）。每个用户都可能选择自己的α和p，从安全的角度来看，这是最好的，尽管这将使公共文件的大小增加 3 倍。不建议使用相同的k值对消息的多个块进行加密，因为如果相同的k值被多次使用，入侵者可以通过了解消息的一个块m_1来计算其他块，即：$c_{1,1} \equiv \alpha^k \bmod p$，$c_{2,1} \equiv m_1 K \bmod p$，$c_{1,2} \equiv \alpha^k \bmod p$，$c_{2,2} \equiv m_2 K \bmod p$。如果$m_1$已知，那么$m_1 / m_2 \equiv c_{2,1} / c_{2,2} \bmod p$和$m_2$是容易计算的。

④ 数字签名

公共文件包含用于加密消息和验证签名的相同公钥。设m是要签名的文档，其中$0 < m < p-1$。公共文件仍然由每个用户的公钥$y \equiv \alpha^x \bmod p$组成。要签署文档，用户A应该能够使用密钥$x_A$来查找$m$的签名，这样所有用户都可以使用公钥$y_A$（连同$\alpha$和$p$）来验证签名的真实性，并且任何人都不能在不知道密钥x_A的情况下伪造签名。m的签名是一对(r,s)，$0 < r,s < p-1$，这对(r,s)的选择满足$\alpha^m \equiv y^r r^s \bmod p$。

⑤ 签名程序

签名程序包括以下 3 个步骤。

步骤 1 选择一个随机数k，均匀地介于0和$p-1$之间，使$\gcd(k, p-1) = 1$。

步骤 2 计算$r \equiv \alpha^k \bmod p$。

步骤 3 现在$\alpha^m \equiv y^r r^s \bmod p$可以写成$\alpha^m \equiv \alpha^{xr} \alpha^{ks} \bmod p$。可以对$s$使用$m \equiv xr + ks \bmod (p-1)$。

如果选择k，使$\gcd(k, p-1) = 1$，则$m \equiv xr + ks \bmod (p-1)$具有$s$的解。

⑥ 验证程序

给定m,s,r，通过计算$\alpha^m \equiv y^r r^s \bmod p$的两边并检查它们是否相等，可以很容易地验证签名的真实性。同样需要注意，选择的k值不得使用多次。

（3）RSA

RSA 加密算法是一种非对称加密算法，在公开密钥加密和电子商业中被广泛使用[32]。RSA 是由 Rivest、Shamir 和 Adleman 在 1977 年提出的。1973 年，在英国政府通讯总部工作的数学家克利福德·柯克斯（Clifford Cocks）在一个内部文件中提出了一个与之等效的算法，但该算法被列入机密，直到1997年才得到公开[33]。

对大整数做因数分解的难度决定了RSA算法的可靠性。换言之，对一极大整数做因数分解越困难，RSA算法越可靠。假如有人找到一种快速因数分解的算法，那么用RSA加密的消息的可靠性就会极度下降，但找到这样的算法的可能性是非常小的。如今只有加密长度短的RSA密钥才可能被暴力破解。只要其钥匙的长度足够长，用RSA加密的消息实际上是不能被破解的。

假设Alice想要通过一个不可靠的媒体接收Bob的一条私人消息。她可以用以下的方式来产生一个公钥和一个私钥：随意选择两个大的素数p和q，且p不等于q，计算$N=pq$。根据欧拉函数，求得$r=\varphi(N)=\varphi(p)\times\varphi(q)=(p-1)(q-1)$，选择一个小于$r$的整数$e$，使$e$与$r$互质，并求得$e$关于$r$的模逆元，命名为$d$，即求$d$，令$ed\equiv 1(\bmod r)$；随后，将$p$和$q$的记录销毁，则$(N,e)$是公钥，$(N,d)$是私钥。Alice将她的公钥$(N,e)$传给Bob，而将她的私钥$(N,d)$藏起来。

① 加密消息

假设Bob想给Alice发送一个消息m，他知道Alice产生的N和e。他使用预先与Alice约好的格式将m转换为一个小于N的非负整数n，比如他可以将每一个字转换为这个字的Unicode，然后将这些Unicode连在一起组成一个数字。假如消息非常长，他可以将这个消息分为几段，然后将每一段转换为n，进而将n加密为c：$c=n^e \bmod N$。计算c并不复杂，Bob算出c后就可以将它传递给Alice。

② 解密消息

Alice得到Bob的消息c后就可以利用她的密钥d来解密。首先，将c转换为n：$n=c^d \bmod N$。得到n后，她可以将原来的消息m重新复原。解密的原理如下：由于$c^d\equiv n^{ed}(\bmod N)$，已知$ed\equiv 1(\bmod r)$，即$ed=1+h\varphi(N)$，那么有$n^{ed}=n^{1+h\varphi(N)}=n\cdot n^{h\varphi(N)}=n(n^{\varphi(N)})^h$。若$n$与$N$互素，则由欧拉定理得，$n^{ed}\equiv n(n^{\varphi(N)})^h\equiv n(1)^h\equiv n(\bmod N)$；若$n$与$N$不互素，则不失一般性考虑$n=ph$，以及$ed-1=k(q-1)$，得$n^{ed}=(ph)^{ed}\equiv 0\equiv ph\equiv n(\bmod p)$。

由于$n^{ed}=n^{ed-1}n=n^{k(q-1)}n=(n^{q-1})^k n\equiv 1^k n\equiv n(\bmod q)$，故$n^{ed}\equiv n(\bmod N)$。

③ 签名消息

RSA也可以用来为一个消息署名。假如Alice想给Bob传递一个署名的消息，那么Alice可以为她的消息计算一个哈希值，然后用她的私钥加密这个哈希值，并将这个署名加在消息的后面。这个消息只有用Alice的公钥才能被解密。Bob获得这个消息后可以用Alice的公钥解密这个哈希值，然后将这个数据与Bob自己为这个消息计算的哈希值相比较。假如两者相符，那么Bob就可以知道发信人持有Alice的私钥，以及这个消息在传播路径上没有被篡改过。

2. 有限全同态加密

有限全同态加密方法是指一同态加密方法中的一些运算操作（如加法和乘法）只能执行有限次。有限全同态加密方法为了安全性，使用了噪声数据。每一次在密文上的操作会增加密文上的噪声量，而乘法操作是增加噪声量的主要技术手段。当噪声量超过上限值后，解密操作就不能得出正确结果了，这就是为什么绝大多数的有限全同态加密方法会要求限制计算操作的次数。

那如何降低噪声呢？引入一个假设：如果解密的时候，输入的不是密文，而是对密文加密后的密文，同样的，密钥也不是解密密钥，而是加密后的密钥，解密会输出什么内容呢？答案是一个新的密文，该新密文依然是对原明文的加密。最重要的是新密文的噪声总是恒定的。这就意味着每次密文计算后，如果使用同态解密操作，将会输出一个噪声恒定的新密文，这个新密文可以继续计算，计算后再同态解密，再计算，依此类推。

（1）SPDZ 协议中的有限全同态方法

文献[23]介绍了 SMC 协议框架 SPDZ 协议中的一种有限全同态方法，基于同态加密、秘密共享等技术实现安全多方计算。SPDZ 协议主要包括两个阶段：离线阶段（预计算）主要基于同态加密生成在现阶段需要的参数；在线阶段主要基于秘密共享完成各种计算。SPDZ 协议可以计算有限域 F_{p^k} 中的任何计算。SPDZ 协议满足 UC 安全框架下的静态恶意对手攻击模型，即 n 个参与方中，允许最多 $n-1$ 个参与方恶意违反协议或者合谋。SPDZ 协议使用信息鉴别码（Message Authentication Code，MAC）检测参与方是否诚实地进行计算，MAC 参数在离线阶段生成。SPDZ 协议不检测哪个参与方为恶意参与方，在检测到协议有被违反的情况时，停止协议运行，防止数据泄露。

（2）符号表示

秘密共享值在该协议中有两种表示方法，即<> 和[]，第一种主要用于表示输入的秘密共享值，第二种则主要用于表示全局密钥秘密共享值和随机数秘密共享值等参数。

① <> 表示方法

有限域中的值 $a\in F_{p^k}$ 的秘密共享值表示方法为：$< a >:=(\delta,(a_1,\cdots,a_n),(\gamma(a)_1,\cdots,\gamma(a)_n))$，其中 $a=a_1+\cdots+a_n$，$\gamma(a)\leftarrow\gamma(a)_1+\cdots+\gamma(a)_n=\alpha(a+\delta)$，各参与方 P_i 持有 $(a_i,\gamma(a)_i,\delta)$，δ 为公开值，α 为全局 MAC 密钥，其具有以下性质：$< a > + < b > = < a+b >$，$e\cdot < a > = < ea >$，$e + < a > = < e+a >$。其中，$e + < a > := (\delta-e,(a_1+e,a_2,\cdots,a_n),\gamma(a)_1,\cdots,\gamma(a)_n)$。

② [] 表示方法

$\alpha\in F_{p^k}$ 的秘密共享值表示方法为：$[\alpha]:=((\alpha_1,\cdots,\alpha_n),(\beta_i,\gamma(\alpha)_1^i,\cdots,\gamma(\alpha)_n^i)_{i=1,\cdots,n})$，其中，$\alpha=\sum_i\alpha_i$，$\sum_j\gamma(\alpha)_i^j=\alpha\beta_i$，各参与方 P_i 持有 $(\alpha_i,\beta_i,\gamma(\alpha)_1^i,\cdots,\gamma(\alpha)_n^i)$，$\beta_i$ 为

各参与方P_i的密钥，主要用于验证全局 MAC 密钥秘密共享值和随机数秘密共享值的 MAC 验证。全局 MAC 密钥秘密共享值表示方法为$[\alpha]$，由于每个参与方P_i持有$(\alpha_i,\beta_i,\gamma(\alpha)_1^i,\cdots,\gamma(\alpha)_n^i)$，因此各参与方$P_i$可通过$\gamma(\alpha)_i \leftarrow \sum_j \gamma(\alpha)_i^j$验证 MAC 密钥。为了打开$[\alpha]$，参与方$P_j$将$(\alpha_j,\gamma(\alpha)_i^j)$发送给$P_i$，$P_i$校验$\sum_j \gamma(\alpha)_i^j = \alpha\beta_i$是否成立。

（3）主要协议

SPDZ 协议中的有限全同态方法主要包括离线阶段和在线阶段。离线阶段需要用到同态加密技术，产生的辅助数据包括：多组乘法三元组的秘密共享值；随机数秘密共享值$<r>$、$[r]$；全局 MAC 密钥秘密共享值α。这些辅助信息和在线计算阶段的输入数据无关，因此可以提前进行计算。以全局 MAC 密钥秘密共享值α为例，离线阶段生成参数的过程是：各参与方联合生成同态加密公钥 pk 和私钥sk_i，以 BGV 方案[34]为例，私钥和公钥具有线性特性，因此解密过程中，各方可利用sk_i进行部分解密，然后把解密结果汇总得到最终明文结果，解密过程中不泄露各自部分的私钥；各参与方P_i生成随机数α_i，然后利用 pk 进行同态加密得到密文e_{α_i}（e_{α_i}表示α_i的同态密文），并将密文发送给其他参与方；各参与方汇总得到e_α，利用私钥进行联合解密，联合解密过程中会加入一个随机数进行混淆，然后重新分配得到α。在线阶段主要完成计算，以及中间值和结果的 MAC 校验等，基础计算主要包括加法、乘法等。在线阶段主要过程如下。

初始化。准备全局 MAC 密钥秘密共享值α，随机数秘密共享值$<r>$、$[r]$，乘法三元组秘密共享值$<a>,<b>,<c>$等参数。

输入阶段。设参与方P_i的输入为x_i，向P_i打开$[r]$，然后P_i广播$\varepsilon \leftarrow x_i - r$，各参与方计算$<x_i> \leftarrow <r> + \varepsilon$。输入阶段主要是将输入值分片，产生对应的秘密共享值。

加法计算。设输入为$(<x>,<y>)$，加法计算过程相对直接。直接利用秘密共享值的性质，即可得到结果，即计算$<x>+<y>=<x+y>$。

乘法计算。乘法计算需要借助 Beaver 三元组，三元组在离线阶段生成，表示为$<a>,<b>,<c>$，且满足$c=ab$，由于在实际生成三元组的过程中可能会引入误差$\varDelta$，满足$c=ab+\varDelta$，因此，需要额外消耗一组三元组$<f>,<g>,<h>$，用于校验三元组(a,b,c)。给定一组三元组$<a>,<b>,<c>$，设输入为$(<x>,<y>)$，则乘法$<xy>$可按以下方法计算：打开$<x>-<a>$得到ε，打开$<y>-<b>$得到δ，然后计算$<x>\cdot<y>=<c>+\varepsilon<b>+\delta<a>+\varepsilon\delta$。正确性验证如下：

$$<x>\cdot<y>=<c>+\varepsilon<b>+\delta<a>+\varepsilon\delta=$$
$$<ab>+(<x>-<a>)<b>+(<y>-<b>)<a>+$$
$$(<x>-<a>)(<y>-<b>)=<ab>+<bx>-<ab>+$$
$$<ay>-<ab>+<xy>-<ay>-<bx>+<ab>=<xy>$$

输出阶段。对中间值、结果进行 MAC 校验，SPDZ 协议在进行 MAC 验证时为了提高效率，可以在打开多个秘密共享值后通过一次 MAC 批量校验。

3. 全同态加密

全同态加密（FHE）是指处理已被同态加密后获得输出的数据，并以相同方式处理原始未加密数据，所获得的相同的输出结果，并对该输出进行解密。全同态加密实际构造发展分为 3 个阶段。2009 年，Gentry[35]构造出第一个全同态加密方案，这是第一代全同态加密方案。Gentry 提出，首先构造一个能够同态计算一定深度的、电路的有限同态加密方案；然后压缩解密电路，使它能够同态计算自身增强的解密电路，得到一个可以自举的同态加密方案；最后有序执行自举操作，得到一个可以同态计算任意电路的方案，即全同态加密。2011 年，Brakerski 等[36]利用容错学习（LWE）实现了全同态加密并在 Ring-LWE 假设下实现了全同态加密[37]，其核心技术是再线性化（Re-Linearization）和模数转换（Dimension-Modulus Reduction）。这些新技术的出现不需要压缩解密电路，从而也就不需要稀疏子集和假设，这样方案的安全性完全基于 LWE 的困难性。这样一来，方案的效率与安全性都得到了极大的提升，但在同态计算时仍然需要计算密钥的辅助，故被称为第二代全同态加密方案。2013 年，Gentry 等[38]利用近似特征向量技术，设计了一种不需要计算密钥的全同态加密方案——GSW（Gentry-Sahai-Waters），在同态运算时不再依赖于计算公钥。解决了第一代与第二代全同态加密方案都需要计算密钥的辅助才能达到全同态，标志着第三代全同态加密方案的诞生。下面是一些全同态加密方案。

（1）BGV 方案

BGV 方案将消息放到最小字节上，使用模数替换技术来保持噪声为一个常量。与 CKKS 方案相比，BGV 是一个确定性的加密方案；与 BFV 相比，BGV 的乘法在 RNS 下实现要简单得多，所以在有些场景下会更加偏向于使用 BGV 方案，例如有限域上的 SMC 与 HE 结合。

BGV 方案加解密：对于 LWE 类型的密文，其公开参数为：明文模数 t，密文模数 q，向量维度 n。加解密过程：对于明文 $m\in\mathbb{Z}_t$，取私钥为 $s\in\mathbb{Z}_q^n$；选取 $a\in\mathbb{Z}_q^n$，$b=\langle a,s\rangle+m+te \bmod q$，其中 e 是从高斯分布中选取的整数，则令密文为 $c=(b,a)$，那么解密过程中先计算 $\mu=b-\langle a,s\rangle=m+te \bmod q$，然后计算 $m=[\mu]_t$。对于 Ring-LWE 类型的密文，其公开参数为：明文模数 t，多项式空间

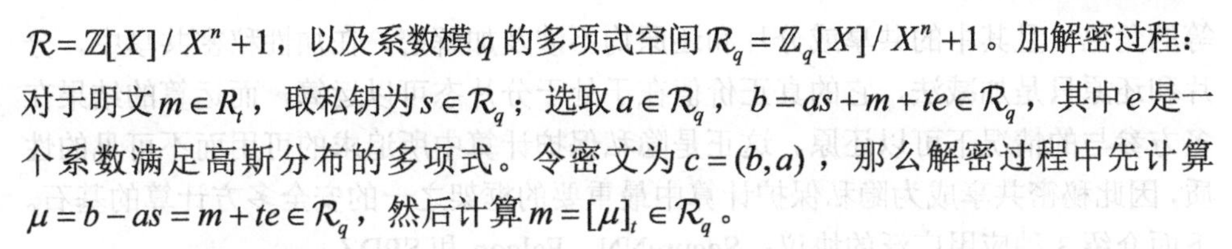

$\mathcal{R}=\mathbb{Z}[X]/X^n+1$，以及系数模$q$的多项式空间$\mathcal{R}_q=\mathbb{Z}_q[X]/X^n+1$。加解密过程：对于明文$m\in R_t$，取私钥为$s\in\mathcal{R}_q$；选取$a\in\mathcal{R}_q$，$b=as+m+te\in\mathcal{R}_q$，其中$e$是一个系数满足高斯分布的多项式。令密文为$c=(b,a)$，那么解密过程中先计算$\mu=b-as=m+te\in\mathcal{R}_q$，然后计算$m=[\mu]_t\in\mathcal{R}_q$。

（2）BFV 方案

BFV 方案将消息放在最大字节上，所有的密文在做乘法后都会缩小。模数保持不变，而噪声逐渐增加，噪声增加的量和 BGV 方案中模数缩小的量近似。加解密过程：对于明文$m\leftarrow R_t$，取私钥$s\leftarrow\chi$；选取$a\leftarrow R_q$与$e\leftarrow\chi$，输出$\mathrm{pk}=([-(a\cdot s)+e]_q,a)$。设定$p_0=\mathrm{pk}[0]$与$p_1=\mathrm{pk}[1]$，选取$u,e_1,e_2\leftarrow\chi$，得到密文$ct=([p_0\cdot u+e_1+\Delta\cdot m]_q,[p_1\cdot u+e_2]_q)$。解密过程中设$c_0=ct[0]$与$c_1=ct[1]$，计算$\left[\left\lfloor\dfrac{t\cdot[c_0+c_1\cdot s]_q}{q}\right\rceil\right]_t$。

（3）CKKS 方案

CKKS 方案支持浮点向量在密文空间中的加减乘除运算并保持同态，但只支持有限次乘法的运算。加解密过程：参数λ为一个安全等级参数，L代表深度上限。选择一个 2 的幂N，一个基$p>0$，以及一个用于重缩放的特殊模数P。定义$Q=q_0\cdot p^L$，使N和$P\cdot Q$满足安全等级λ。选择一个私钥相关的分布χ_s，一个错误分布χ_e，以及一个随机分布χ_r用作加密。实例化$s\leftarrow\chi_s$、$a\leftarrow\mathcal{R}_Q$，$e\leftarrow\chi_e$。设置私钥$\mathrm{sk}\leftarrow(1,s)$，计算公钥$\mathrm{pk}\leftarrow(b,a)\in\mathcal{R}_Q^2$，这里$b=-a\cdot s+e\bmod Q$。对于明文多项式$m\in\mathcal{R}$，生成$r\leftarrow\chi_r$和$e_0,e_1\leftarrow\chi_e$，输出一个密文$c\leftarrow r\cdot\mathrm{pk}+(m+e_0,e_1)\bmod Q$。解密过程中对于密文$c\in\mathcal{R}_Q^2$和私钥$\mathrm{sk}$，计算$\langle c,\mathrm{sk}\rangle\bmod q=c_0+c_1\cdot s\bmod q$。

（4）TFHE 方案

环上的全同态加密（TFHE）是对 GSW 方案的改进，具有更高的效率。TFHE 方案能够完成快速比较，支持任意布尔电路，并允许快速自举以减少密文计算带来的噪声。TFHE 方案的加解密过程：假设消息空间$M=\{0,1/3,2/3\}$是实数环面上逆时针三元消息空间，加密明文消息$\mu=1/3\bmod 1\in M$，然后给消息添加一个高斯噪声$\varphi=\mu+\mathrm{Gaussianerror}$。随机在环面上选择一个$a$作为 mask。在加密过程中，使用密钥$s$进行加密，得到密文$b=s\cdot a+\varphi$，加密后的密文$b$看起来像一个随机数。对于解密，使用密钥$s$进行解密，得到$\varphi=b-s\cdot a$，再对$\varphi$进行取整到最近的消息空间中的元素，最终得到消息$\mu$。

2.3.5 秘密共享

秘密共享的场景是数据的分片被一组参与方分别拥有，这些参与方一般是对等的角色，且其中的共享或分片和还原均不涉及加解密。在加性秘密共享中，分片和还原只是加减法，它的真正价值在于处于分片态可以运算，而运算的结果在多方参与的情况下可以还原。这正是隐私保护计算中所追求的可用而不可见的性质，因此秘密共享成为隐私保护计算中最重要的框架之一的安全多方计算的基石。下面介绍 3 种应用广泛的协议：SecureNN、Falcon 和 SPDZ。

1. SecureNN

SecureNN 是一种专门在 3 台服务器环境中的秘密共享协议，该协议能够很好适应神经网络中的功能，并在比较计算方面有所改进。值得注意的是，SecureNN 协议要求 3 台服务器独立工作，在类似的并行和独立工作中，ABY3 协议[39]实现了类似的结果，但使用了完全不同的技术。在 SecureNN 协议中，采用加性秘密共享于 3 个整数环 $\mathbb{Z}_L, \mathbb{Z}_{L-1}, \mathbb{Z}_p$ 中，其中 $L = 2^l$ 并且 p 为素数。在实验测试中，$L = 2^{64}$。64 bit 中的每 1 bit 用 $\mathbb{Z}_p$ 下的加性秘密共享加密，实验测试中 $p = 67$。在协议中，使用 $\langle x \rangle^t$ 表示 $\mathbb{Z}_t$ 中的 x。数值生成用 $r \xleftarrow{\$} \mathbb{Z}_t$ 表示，使用 $\langle x \rangle_0^t$ 和 $\langle x \rangle_1^t$ 表示 x 在 $\mathbb{Z}_t$ 上的两个份额，设置 $\langle x \rangle_0^t = r$ 和 $\langle x \rangle_1^t = x - r (\mathrm{mod}\, t)$。算法 $\mathrm{Share}^t(x)$ 用于生成 $\mathbb{Z}_t$ 上的 x，算法 $\mathrm{Reconst}^t(x_0, x_1)$ 使用 x_0 和 x_1 进行 x 值的重建，即在 $\mathbb{Z}_t$ 上计算 $x_0 + x_1$。对于一个 l bit 的整数 x，用 $x[i]$ 表示 x 的第 i bit，用 $\left\{ \langle x[i] \rangle^t \right\}_{i \in [l]}$ 表示在 $\mathbb{Z}_t$ 中 x 的第 i bit 的共享。SecureNN 协议中服务器 P_0 和 P_1 以执行计算为主，P_2 在扮演助手角色，没有输入输出。

协议 2-1 展示了 SecureNN 协议中隐私比较的流程。P_0 和 P_1 持有长度为 l bit 的整数 x 的比特共享，这些比特共享在 $\mathbb{Z}_p (p = 67)$ 中，即 $\left\{ \langle x[i] \rangle_0^p \right\}_{i \in [l]}$ 和 $\left\{ \langle x[i] \rangle_1^p \right\}_{i \in [l]}$。同时，$P_0$ 和 P_1 拥有一个 l bit 的整数 r 和一个随机比特 β。经过协议计算后，P_2 得到了 $\beta' = \beta \oplus (x > r)$，$\beta' = 1$ 时表示 $(x > r)$，否则 $\beta' = 0$ 时表示 $(x = r)$。

由于 $\beta' = \beta \oplus (x > r)$。考虑 $\beta = 0$ 的情况，相当于计算 $\beta' = (x > r)$。在这种情况下，如果 $(x > r)$ 则 $\beta' = 1$，此时比特的高位部分必然存在一个满足 $x[i] \neq r[i]$ 且 $x[i] = 1$ 的情况。计算 $w_i = x[i] \oplus r[i] = x[i] + r[i] - 2x[i]r[i]$ 和 $c_i = r[i] - x[i] + 1 + \sum_{k=i+1}^{l} w_k$，因为 r 对 P_0 和 P_1 都是已知的，w_i 和 c_i 的份额都可以在本地计算。可以证明，如果 $x > r$，对于 $\exists i$，$c_i = 0$。在进行计算后，P_0 和 P_1 都将 c_i 的共享发送给 P_2，P_2 通过重建共享寻找是否存在 0。为防止 P_2 是被攻陷方，需要通过乘以随机值 s_i 对非零 c_i 的精确值进行保密，同时用一个公共置换 π 打乱顺序，s_i 和 π 对于 P_0 和 P_1 都是共同产生的。在 $\beta = 1$，且 $r \neq 2^l - 1$ 的情况下，相当于计算 $\beta' = 1 \oplus (x > r) \equiv (x \leqslant r) \equiv (x < (r+1))$，此时同样使用与 $\beta = 0$ 类似的逻辑。对于特殊情况 $r = 2^l - 1$，$x \leqslant r$ 总是正确的。P_0 和 P_1 均知道该结果

$(x \leqslant r) \equiv (x < (r+1))$应该为真值。因此，$P_0$和$P_1$共同采用一个$c_i = 0$的共享$u_i$，以及$l-1$个1的共享。

协议 2-1 隐私比较$\Pi_{\mathrm{PC}}(\{P_0, P_1\}, P_2)$

输入 P_0和P_1分别拥有$\left\{\langle x[i]\rangle_0^p\right\}_{i\in[l]}$和$\left\{\langle x[i]\rangle_1^p\right\}_{i\in[l]}$，一个公共输入$r$（长度为$l$ bit的整数）和一个随机比特β

输出 P_2获得$\beta \oplus (x > r)$

公共随机数：P_0和P_1拥有l个公共随机数$s_i \in \mathbb{Z}_p^*$。对于$i \in [l]$和一个l长度的随机排列π。P_0和P_1加性拥有l个公共随机数$u_i \in \mathbb{Z}_p^*$

（1）设$t = r + 1 \bmod 2^l$

（2）每个$j \in \{0,1\}$，P_j执行步骤（3）～步骤（4）

（3）对于$i = \{l, l-1, \cdots, 1\}$执行

a) 如果$\beta = 0$，那么

$$\langle w_i\rangle_j^p = \langle x[i]\rangle_j^p + jr[i] - 2r[i]\langle x[i]\rangle_j^p$$

$$\langle c_i\rangle_j^p = jr[i] - \langle x[i]\rangle_j^p + j + \sum_{k=i+1}^{l} \langle w_k\rangle_j^p$$

b) 否则如果$\beta = 1$且$r \neq 2^l - 1$那么

$$\langle w_i\rangle_j^p = \langle x[i]\rangle_j^p + jt[i] - 2t[i]\langle x[i]\rangle_j^p$$

$$\langle c_i\rangle_j^p = -jt[i] + \langle x[i]\rangle_j^p + j + \sum_{k=i+1}^{l} \langle w_k\rangle_j^p$$

c) 否则

如果$i \neq 1$，$\langle c_i\rangle_j^p = (1-j)(u_i+1) - ju_i$，否则$\langle c_i\rangle_j^p = (-1)^j \cdot u_i$

（4）发送$\left\{\langle d_i\rangle_j^p\right\}_i = \pi\left(\{s_i \langle c_i\rangle_j^p\}_i\right)$给$P_2$

（5）对于所有$i \in [l]$，P_2计算$d_i = \mathrm{Reconst}^p\left(\langle d_i\rangle_0^p, \langle d_i\rangle_1^p\right)$和设置$\beta' = 1 \mathrm{iff}, \exists i \in [l]$使$d_i = 0$

（6）P_2输出β'

2. Falcon

Falcon 协议结合了 SecureNN 协议[40]和 ABY3 协议[39]的技术，从整体上提高了计算效率。在 Falcon 协议中，用P_1、P_2和P_3表示计算方，对于任何值x，用$x^m = (x_1, x_2, x_3)$表示$x \equiv (x_1 + x_2 + x_3)(\bmod m)$，其中$(x_1, x_2)$由$P_1$持有，$(x_2, x_3)$由$P_2$持有，$(x_3, x_1)$由$P_3$持有，$x[i]$表示$x$的第$i$ bit。在这项工作中，有 3 个不同的模量$L = 2^l$、p和2。使用$l = 2^5$、$p = 37$，以及13 bit 精度的定点编码。

与 SecureNN 协议相同，该协议用于计算$x \geqslant r$，其中，r为可以公开的值，x的共享由各方持有$\mathbb{Z}_p$。协议 2-2 展现了 Falcon 协议对 SecureNN 协议隐私比较的改进。一方面，Falcon 协议的隐私比较解决了 SecureNN 协议中随机排列的问题；另一方面，通过随机比特β对比特进行掩盖，隐藏了计算结果$(x \geqslant r)$或$(r > x)$。

协议 2-2　隐私比较$\Pi_{\text{PC}}(P_1, P_2, P_3)$

输入　P_1, P_2, P_3持有x bit 的秘密共享，这些秘密共享在$\mathbb{Z}_p$中

输出　各方获得$(x \geqslant r) \in \mathbb{Z}_2$的秘密共享

公共随机数：P_1, P_2, P_3保持l bit 的公开整数r，在两个环中的随机比特共享β^2和β^p，随机整数$m \in \mathbb{Z}_p^*$的共享

（1）对于$i = \{l-1, l-2, \cdots, 0\}$执行：

　　计算$u[i] = (-1)^{\beta}(x[i] - r[i])$

　　计算$w[i] = x[i] \oplus r[i]$

　　计算$c[i] = u[i] + 1 + \sum_{k=i+1}^{l} w[k]$

（2）计算并揭露$d := m^p \cdot \prod_{i=0}^{l-1} c[i] (\text{mod}\, p)$

（3）如果$d \neq 0$，则$\beta' = 1$，否则为0

（4）返回$\beta' \oplus \beta \in \mathbb{Z}_2$

3．SPDZ

SPDZ 协议展示了一种在常数回合下实现比较函数的过程。对于给定素数p，设$l = \lceil \log_2 p \rceil$，$\mathbb{F}_p$表示$p$下的有限域。$[a_0]_p, \cdots, [a_{l-1}]_p$是$[a]_p$的二进制秘密共享，$[a]_p$表示$a$在$\mathbb{F}_p$中的秘密共享，$a_0, \cdots, a_{l-1} \in \{0,1\} \subseteq \mathbb{Z}_p$，且$a = \sum_{i=0}^{l-1} a_i 2^i$。此外，需要由一个协议来揭露$[a]$的原始值，采用$a \leftarrow \Pi_{\text{Reconstruct}}([a])$来表示。

首先，协议 2-3 展示了 SPDZ 协议隐私比较的流程。首先对a和b的比特进行异或，由于b的比特是秘密共享，因此得出的结果d也是比特的秘密共享；随后通过协议中步骤（2）～步骤（4）的计算，将异或结果中最高位的 1 进行保留，其余位置置 0；最后将计算结果与a的比特进行比较，查看a和b的最高位不同比特，是否a的比特值为 1，b的比特值为 0。如果是，则得出$a > b$，即$f = 1$，否则结果相反。

协议 2-3　隐私比较$\Pi_{\text{PC}}(a, [b_{l-1}], \cdots, [b_0])$

输入　a为公开值，$[b_{l-1}], \cdots, [b_0]$为b bit 的秘密共享

输出　获得a与b比较结果的秘密共享

（1）对于$i = \{l-1, l-2, \cdots, 0\}$执行：$[c_i] = a_i + [b_i] - 2a_i[b_i]$

（2）令$[d_l]$为 1 的共享

（3）对于 $i=\{l-1,\cdots,0\}$ 执行：$[d_i]\leftarrow[d_{i+1}](1-c_i)$
（4）$[e_i]\leftarrow[d_{i+1}]-[d_i]$
（5）$[f]\leftarrow\sum_{i=0}^{l-1}a_i[e_i]$
（6）返回 $[f]$

2.4 本章小结

本章共从 3 个方面介绍了隐私保护计算框架的相关知识，分别为密码学数学基础、安全模型和安全多方计算技术。密码学数学基础是了解隐私保护计算框架的理论前提。通过介绍整数的概念和性质，让读者了解整数运算的基本原理，并在此基础上拓展群环域的概念，为安全多方计算常见的数据形式打下基础。在安全模型中，通过对安全模型场景的形式化定义，更加系统地表示安全模型的相关概念，使读者能够将隐私保护计算场景与实际应用相结合，解决实际运算中的安全问题。在安全多方计算技术概述方面，通过介绍差分隐私、不经意传输、混淆电路、同态加密和秘密共享的具体实现方法，为之后隐私保护计算框架的介绍提供理论支持。

参考文献

[1] 张彦, 梁清华. 浅谈进位制[J]. 中学数学杂志, 2008(12): 66.

[2] HERSTEIN I N. Topics in algebra [M]. 2nd, Lexington: Xerox College Publishing, 1975.

[3] RAN C. Security and composition of multiparty cryptographic protocols[J]. Journal of Cryptology, 2000, 13(1): 143-202.

[4] AUMANN Y, LINDELL Y. Security against covert adversaries: efficient protocols for realistic adversaries[J]. Journal of Cryptology, 2010, 23(2): 281-343.

[5] CANETTI R, HERZBERG A. Maintaining security in the presence of transient faults[C]//Proceedings of Advances in Cryptology — CRYPTO '94. Berlin: Springer, 2007: 425-438.

[6] OSTROVSKY R, YUNG M. How to withstand mobile virus attacks (extended abstract)[C]// Proceedings of ACM Symposium on Principles of Distributed Computing. [S.l.:s.n.], 1991: 51-59.

[7] CANETTI R. Universally composable security: a new paradigm for cryptographic protocols[C]// Proceedings 42nd IEEE Symposium on Foundations of Computer Science. Piscataway: IEEE Press, 2002: 136-145.

[8] BEN-OR M, GOLDWASSER S, WIGDERSON A. Completeness theorems for

non-cryptographic fault-tolerant distributed computation[C]//Proceedings of the twentieth Annual ACM Symposium on Theory of Computing. New York: ACM Press, 1988: 1-10.

[9] CHAUM D, CREPEAU C, DAMGARD I. Multi-party unconditionally secure protocols[C]// Proceedings of the twentieth Annual ACM Symposium on Theory of Computing. New York: ACM Press, 1988: 11-19.

[10] GOLDREICH O, MICALI S, WIGDERSON A. How to play any mental game – a completeness theorem for protocols with honest majority[C]//Proceedings of the twentieth Annual ACM Symposium on Theory of Computing. New York: ACM Press, 1987: 218-229.

[11] RABIN T, BEN-OR M. Verifiable secret sharing and multiparty protocols with honest majority[C]//Proceedings of the twenty-first Annual ACM Symposium on Theory of Computing. New York: ACM Press, 1989: 73-85.

[12] YAO A C C. How to generate and exchange secrets[C]//Proceedings of 27th Annual Symposium on Foundations of Computer Science (SFCS 1986). Piscataway: IEEE Press, 2008: 162-167.

[13] SHAMIR A. How to share a secret[J]. Communications of the ACM, 1979, 22(11): 612-613.

[14] DAMGARD I, NIELSEN J B. Scalable and Unconditionally Secure Multiparty Computation[C]// Proceedings of Annual International Cryptology Conference. Berlin: Springer, 2007: 572-590.

[15] BEERLIOVA-TRUBINIOVA Z, HIRT M. Perfectly-secure MPC with linear communication complexity[C]//Proceedings of Theory of Cryptography Conference. Berlin: Springer, 2008: 213-230.

[16] CHIDA K, GENKIN D, HAMADA K, et al. Fast large-scale honest-majority MPC for malicious adversaries[C]//Proceedings of Lecture Notes in Computer Science. Cham: Springer International Publishing, 2018: 34-64.

[17] FURUKAWA J, LINDELL Y. Two-thirds honest-majority MPC for malicious adversaries at almost the cost of semi-honest[C]//Proceedings of the 2019 ACM SIGSAC Conference on Computer and Communications Security. New York: ACM Press, 2019: 1557-1571.

[18] GOLDREICH S. How to play any mental game – a completeness theorem for protocols with honest majority[EB]. 1987.

[19] BEAVER D, MICALI S, ROGAWAY P. The round complexity of secure protocols[C]// Proceedings of the twentieth Annual ACM Symposium on Theory of Computing. New York: ACM Press, 1990: 503-513.

[20] EVANS D, KOLESNIKOV V, ROSULEK M. A pragmatic introduction to secure multi-party computation[J]. Foundations and Trends in Privacy and Security, 2018, 2(2/3): 70-246.

[21] ISHAI Y, KILIAN J, NISSIM K, et al. Extending oblivious transfers efficiently[C]//Proceedings of Advances in Cryptology - CRYPTO 2003. Berlin: Springer, 2003: 145-161.

[22] LINDELL Y, PINKAS B. An efficient protocol for secure two-party computation in the presence of malicious adversaries[C]//Proceedings of Advances in Cryptology - EUROCRYPT 2007. Berlin: Springer, 2007: 52-78.

[23] DAMGARD I, PASTRO V, SMART N, et al. Multiparty computation from somewhat homomorphic encryption[C]//Proceedings of Lecture Notes in Computer Science. Cham:

Springer International Publishing, 2012: 643-662.

[24] NIELSEN J B, NORDHOLT P S, ORLANDI C, et al. A new approach to practical active-secure two-party computation[C]//Proceedings of Annual Cryptology Conference. Berlin: Springer, 2012: 681-700.

[25] ISHAI Y, PRABHAKARAN M, SAHAI A. Founding cryptography on oblivious transfer – efficiently[C]//Proceedings of Annual International Cryptology Conference. Berlin: Springer, 2008: 572-591.

[26] BITTAU A, ERLINGSSON Ú, MANIATIS P, et al. Prochlo: strong privacy for analytics in the crowd[C]//Proceedings of the 26th Symposium on Operating Systems Principles. New York: ACM Press, 2017: 441-459.

[27] ERLINGSSON Ú, FELDMAN V, MIRONOV I, et al. Encode, shuffle, analyze privacy revisited: formalizations and empirical evaluation[J]. arXiv Preprint, arXiv: 2001.03618, 2020.

[28] CHEU A, SMITH A, ULLMAN J, et al. Distributed differential privacy via shuffling[C]//Proceedings of Advances in Cryptology – EUROCRYPT 2019. Cham: Springer International Publishing, 2019: 375-403.

[29] ELGAMAL T. A public key cryptosystem and a signature scheme based on discrete logarithms[J]. IEEE Transactions on Information Theory, 1985, 31(4): 469-472.

[30] DIFFIE W, HELLMAN M. New directions in cryptography[J]. IEEE Transactions on Information Theory, 1976, 22(6): 644-654.

[31] POHLIG S, HELLMAN M. An improved algorithm for computing logarithms over GF(p) and its cryptographic significance[J]. IEEE Transactions on Information Theory, 1978, 24(1): 106-110.

[32] CALDERBANK, MICHAEL. The RSA cryptosystem: history, algorithm, primes[R]. 2007.

[33] COCKS C C. A note on non-secret encryption[R]. 1973.

[34] BRAKERSKI Z, GENTRY C, VAIKUNTANATHAN V. Fully homomorphic encryption without bootstrapping[C]//Proceedings of the 3rd Innovations in Theoretical Computer Science Conference. New York: ACM Press, 2012: 309-325.

[35] GENTRY C. Fully homomorphic encryption using ideal lattices[C]//Proceedings of the forty-first Annual ACM Symposium on Theory of Computing. New York: ACM Press, 2009: 169-178.

[36] BRAKERSKI Z, PERLMAN R. Lattice-based fully dynamic multi-key FHE with short ciphertexts[C]//Proceedings of Advances in Cryptology – CRYPTO 2016. Berlin: Springer, 2016: 190-213.

[37] LOPEZ-ALT A, TROMER E, VAIKUNTANATHAN V. On-the-fly multiparty computation on the cloud via multikey fully homomorphic encryption[C]//Proceedings of the forty-fourth Annual ACM Symposium on Theory of Computing. New York: ACM Press, 2012: 1219-1234.

[38] GENTRY C, SAHAI A, WATERS B. Homomorphic encryption from learning with errors: conceptually-simpler, asymptotically-faster, attribute-based[J]. IACR Cryptol EPrint Arch, 2013: 340.

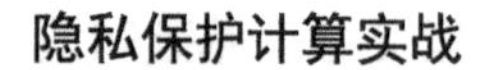

[39] MOHASSEL P, RINDAL P. ABY3: a mixed protocol framework for machine learning[C]// Proceedings of the 2018 ACM SIGSAC Conference on Computer and Communications Security. New York: ACM Press, 2018: 35-52.

[40] WAGH S, GUPTA D, CHANDRAN N. SecureNN: 3-party secure computation for neural network training[J]. Privacy Enhancing Technologies Symposium, 2019(3): 26-49.

第 3 章 框架概述

本章根据不同隐私保护计算技术，针对基于秘密共享和同态加密的框架进行了说明，从环境配置、整体架构和部署场景 3 个方面介绍了代表性的框架，这些框架在 GitHub 网站上开源，且具有一定的使用量和较高的更新频率，以供读者参考和使用。

在秘密共享框架中，介绍了 CrypTen、Rosetta、TF Encrypted、SPDZ 和 ABY。在同态加密框架中，半同态加密框架介绍了 Paillier、Elgamal 和 RSA，全同态加密框架介绍了 SEAL 和 TFHE。由于不经意传输技术和混淆电路技术已成为隐私保护计算框架的组成部分，如 CrypTen 包含了不经意传输技术，ABY 包含了混淆电路技术，因此不对其进行单独的框架介绍。

3.1 秘密共享框架

本节将依次介绍现有主流秘密共享框架，并展示主流框架与底层技术之间的关系。

从整体上看，现有的主流框架都是在 TensorFlow 或 PyTorch 的基础上进行深度改造或封装集成的，如图 3-1 所示。这更有利于使用者调用上层接口实现隐私保护计算算法，快速将其应用于机器学习等领域。但是，这样的做法仍然存在一些问题。首先，性能难以充分提升。应用现有技术进行复杂密码学计算，无法充分利用底层操作系统与硬件层的并行优化，难以在隐私保护层面上复用业界长期积累的成果，这使隐私保护计算在效率上仍有很大进步空间。其次，密码协议开发成本高。由于不同隐私保护计算协议与特定框架深度耦合，集成不同协议不仅可能破坏框架本身使用上的自洽，而且可能引发逻辑层面的冲突。最后，对开发人员要求高。协议开发者不仅需要了解加密协议的适用条件与实现细节，还需要熟练掌握框架所提供的 API，厘清框架实现逻辑，在开发过程中往往会遇到难以解决的困难。基于以上问题，本节将从实现原理、优化方式等方面向读者阐述现有框架如何在架构层面上应对这些难题，并在第 5 章中给出部分现有框架改进协议的参考示例。

Rosetta CrypTen
TFEncrypted

TensorFlow PyTorch

图 3-1 秘密共享主流框架技术支持

3.1.1 CrypTen

CrypTen 是一个基于 PyTorch，以秘密共享为主要加密技术的隐私保护机器学习框架。它旨在为没有密码学背景的机器学习研究人员和开发人员提供具有现代安全 MPC 技术的软件框架。具体来说，CrypTen 提供了全面的张量计算库，这些张量计算均通过安全 MPC 执行。在张量计算库的基础上，还提供了自动微分和模块化的神经网络。值得一提的是，CrypTen 的 API 严格遵循 PyTorch 机器学习框架[1]，熟悉的 PyTorch 张量使用方式让机器学习实践者能够在不需要了解 MPC 技术实现细节的情况下，进行具有隐私保护性质的机器学习探索，使从业者更容易调试、实验和探索机器学习模型，加快了机器学习在隐私保护领域的探索进程。同时，CrypTen 假设的安全条件为诚实且好奇的威胁模型，适用于任意数量的参与方，并且框架的构建考虑了现实世界的挑战，不会缩减或过度简化安全协议的实现。这满足秘密共享技术在大多数情况下假设的安全条件，为多方计算秘密共享技术提供了新的实验条件与探索可能。以下代码是 PyTorch 和 CrypTen 的对比。

```
X = torch.tensor([1, 2, 3])
y = torch.tensor([4, 5, 6])
z = x + y
# 将以上代码更改为以下代码
x_enc = crypten.cryptensor([1, 2, 3])
y_enc = crypten.cryptensor([4, 5, 6])
z_enc = x_enc + y_enc
```

1. 环境配置

本节将全面介绍 CrypTen 的 0.4.0 版本（2021 年 9 月 9 日发布）。目前，CrypTen 可在 Linux 和 macOS 上以 Python 3.7 环境运行，不支持 Windows 环境下运行。对于 Linux 和 macOS 环境，可通过以下代码进行 CrypTen 计算库的安装。

```
pip install crypten
```

安装成功后，可在 Python 文件中调用 CrypTen 计算库对加密张量进行操作，从而实现隐私保护计算，下面是一些基础操作的示例和说明。

```
import torch
import crypten
# 对框架进行初始化配置
crypten.init()
# 对明文张量 x 进行加密
x = torch.tensor([1.0, 2.0, 3.0])
x_enc = crypten.cryptensor(x)
# 对加密张量 x_enc 进行解密
x_dec = x_enc.get_plain_text()
# 加密张量相加过程
y_enc = crypten.cryptensor([2.0, 3.0, 4.0]) # 创建一个加密张量 y_enc
sum_xy = x_enc + y_enc # 对两个加密张量进行相加
sum_xy_dec = sum_xy.get_plain_text() # 解密两个加密张量的相加结果
```

需要注意的是，如果是从 GitHub 官网上下载的压缩文件，解压至本地后需要在文件目录下运行以下命令进行依赖包安装。

```
pip install -r requirements.txt
```

其中包括的依赖包如下。

```
torch> = 1.7.0
torchvision> = 0.9.1
omegaconf> = 2.0.6
onnx> = 1.7.0
pandas> = 1.2.2
pyyaml> = 5.3.1
tensorboard
future
scipy> = 1.6.0
sklearn
```

如果需要运行 examples 目录下的实例，需要运行以下命令。

```
pip install -r requirements.examples.txt
```

其中包括的依赖包如下。

```
visdom> = 0.1.8.8
paramiko
boto3
```

2. 整体架构

如前文所述，CrypTen 在研发过程中遵循两个重要原则：机器学习优先原则与快速执行原则。

机器学习优先原则。许多其他的安全 MPC 协议框架[2]采用一种贴近底层 MPC

协议的 API，这些 API 只支持标量运算而不支持张量运算，无法满足机器学习研究的需求，阻碍了这些框架在机器学习中的应用。CrypTen 秉持了机器学习优先的原则，拓展了 PyTorch 机器学习框架中具有张量计算功能的 API，实现了反向自动微分功能和一部分模块化神经网络包。CrypTen 致力于只更改少量 Python 语句即可实现 PyTorch 到 CrypTen 的转变。

快速执行原则。CrypTen 采用一种命令式编程模型，这与大多数现有的 MPC 框架不同。现有 MPC 框架是相关领域的特定语言实现编译器，虽然这在性能上能保持较大的优势，但会减缓开发周期，加大调试难度，难以与其他软件集成。而 CrypTen 遵循机器学习的最新发展趋势，从图编译器[3]转向对计算图快速执行框架[1]，降低了调试工作的难度。同时，CrypTen 实现目前较先进的安全 MPC 协议，并能在张量上进行大多数计算，因此可以被装载在 GPU 上。

对于 MPC 加密技术，CrypTen 采用算术秘密共享[4]实现现代机器学习模型中常见的操作，如矩阵乘法和卷积；采用二进制秘密共享[5]评估某些其他常用函数，包括 ReLU 和 Argmax 等。同时，CrypTen 实现了两者之间的转化，下面将分别介绍两种秘密共享的实现方法、运算支持与转化方式。

算术秘密共享。对于标量 $x \in \mathbb{Z}//Q\mathbb{Z}$，其中 $\mathbb{Z}//Q\mathbb{Z}$ 代表一个具有 Q 元素的环，分布在参与方 $p \in P$ 中。$[x] = \{[x]_p\}_{p \in P}$ 表示 x 的共享值，其中 $[x]_p \in \mathbb{Z}//Q\mathbb{Z}$ 代表参与方 p 拥有的共享值，这些共享值的和能够还原 x 的值，即 $x = \sum_{p \in P}[x]_p \bmod Q$。在共享一个值 x 时，各方产生 $|P|$ 个总和为 0 的伪随机共享[6]，之后拥有 x 的一方加入这个共享并丢弃 x。以下代码节选自 crypten/mpc/primitives/arithmetic.py 目录下的 PRZS 函数，该函数产生和为 0 的伪随机共享。

```
def PRZS(*size, device = None):
    # 导入随机数产生器
    from crypten import generators
    # 创建算术秘密共享的实例对象
    tensor = ArithmeticSharedTensor(src = SENTINEL)
    # 选择使用 CPU 或是设备存在的 GPU
    if device is None:
        device = torch.device("cpu")
    elif isinstance(device, str):
        device = torch.device(device)
    # 通过相同的随机种子生成器保证多参与方中相邻两方的前一方 next_share
等于后一方 current_share
    g0 = generators["prev"][device]
    g1 = generators["next"][device]
    current_share = generate_random_ring_element(*size, generator
```

```
= g0, device = device)
        next_share = generate_random_ring_element(*size, generator =
g1, device=device)
        tensor.share = current_share - next_share
        return tensor
```

在处理浮点数 x_R 加密时，CrypTen 通过将其乘以一个范围因子 B，取得整数近似值 $x = \lfloor Bx_R \rceil$，其中，$B = 2^L$，L 为精度。在解密时计算 $x_R \approx x / B$。以下分别展示了 crypten/encoder.py 目录下 FixedPointEncoder 类中的加密方法和解密方法。

```
    def encode(self, x, device = None):
        # self._scale 的值为上述的B
        if isinstance(x, CrypTensor):
            return x
        elif isinstance(x, int) or isinstance(x, float):
            # 对于输入单个变量的处理并将其转化为张量
            return torch.tensor(
                [self._scale * x], dtype = torch.long, device = device
            ).squeeze()
        elif isinstance(x, list):
            # 对于输入列表的处理并将其转化为张量
            return (
                torch.tensor(x, dtype = torch.float, device = device)
                .mul_(self._scale)
                .long()
            )
        elif is_float_tensor(x):
            return (self._scale * x).long()
        # 对于整数类型，转化之前强制转为 long 类型防止溢出
        elif is_int_tensor(x):
            return self._scale * x.long()
        # 对于输入 numpy 的处理并将其转化为张量
        elif isinstance(x, np.ndarray):
            return self._scale * torch.from_numpy(x).long().to(device)
        # 处理其他无法识别的类型，如字符等
        elif torch.is_tensor(x):
            raise TypeError("Cannot encode input with dtype %s" % x.
dtype)
        else:
            raise TypeError("Unknown tensor type: %s." % type(x))
    def decode(self, tensor):
        if tensor is None:
            return None
        # 输入必须为 LongTensor 类型
```

```
        assert is_int_tensor(tensor),
        # 解密时为了减小误差，采用了截断函数进行计算，具体原理将在后续进行讲解
        if self._scale > 1:
            correction = (tensor < 0).long()
            dividend = tensor // self._scale - correction
            remainder = tensor % self._scale
            remainder += (remainder == 0).long() * self._scale *
correction
            tensor = dividend.float() + remainder.float() / self._scale
        else:
            tensor = nearest_integer_division(tensor, self._scale)
        return tensor.data
```

二进制秘密共享。一个值为x的二进制秘密共享$\langle x\rangle$在二进制领域$\mathbb{Z}//2\mathbb{Z}$内，与x的算术秘密共享形成方式相似，每个参与方$p\in P$拥有秘密共享$\langle x\rangle_p$，并满足$x=\oplus_{p\in P}\langle x\rangle_p$。因为模 2 的加法和乘法分别等价于二进制异或运算和与运算，因此可以对整数类型使用比特运算来矢量化整数的线性运算。值得注意的是，由于每个序列的与运算都需要一轮通信，这使简单的电路也十分低效。因此在 CrypTen 中，二进制秘密共享仅使用在比较器中。

crypten/mpc/primitives/binary.py 目录下的二进制秘密共享生成 0 的方法如下。

```
    def PRZS(*size, device = None):
        # 与算术秘密共享生成 0 的原理相同，通过异或实现 0 的二进制秘密共享
        from crypten import generators
        tensor = BinarySharedTensor(src = SENTINEL)
        if device is None:
            device = torch.device("cpu")
        elif isinstance(device, str):
            device = torch.device(device)
        g0 = generators["prev"][device]
        g1 = generators["next"][device]
        current_share = generate_kbit_random_tensor(*size, device =
device, generator = g0)
        next_share = generate_kbit_random_tensor(*size, device =
device, generator = g1)
        tensor.share = current_share ^ next_share
        return tensor
```

算术秘密共享转二进制秘密共享。在进行算术秘密共享$[x]$转二进制秘密共享$\langle x\rangle$时，每个参与方需要将自己的算术秘密共享转化为二进制秘密共享的形式，即$\langle [x]_p\rangle$，随后，通过纹波进位加法器电路计算$\langle x\rangle=\sum_{p\in P}\langle [x]_p\rangle$，这需要$\log_2(|P|)\log_2(L)$轮通信，以下为 crypten/mpc/primitives/converters.py 目录下算术

秘密共享转二进制秘密共享的实现细节。

```
def _A2B(arithmetic_tensor):
    # 首先尝试执行占用O(log_2(|P|))轮的低效内存实现
    try:
        binary_tensor = BinarySharedTensor.stack(
            [
                BinarySharedTensor(arithmetic_tensor.share,
src = i)
                for i in range(comm.get().get_world_size())
            ]
        )
        binary_tensor = binary_tensor.sum(dim = 0)
    # 如果出现内存错误，则尝试使用O(|P|)轮的高效内存实现
    except RuntimeError:
        binary_tensor = None
        for i in range(comm.get().get_world_size()):
            binary_share = BinarySharedTensor(arithmetic_tensor.
share, src = i)
            binary_tensor = binary_share if i == 0 else binary_
tensor + binary_share
    # 返回结果
    binary_tensor.encoder = arithmetic_tensor.encoder
    return binary_tensor
```

二进制秘密共享转算术秘密共享。在进行二进制秘密共享$\langle x\rangle$转算术秘密共享$[x]$时，参与方计算$[x]=\sum_{b=1}^{B}2^b[\langle x\rangle^{(b)}]$，其中，$\langle x\rangle^{(b)}$为二进制秘密共享$\langle x\rangle$的第$b$ bit，B为秘密共享的整体比特长度。为了创建比特的算术秘密共享，参与方在离线阶段生成B对秘密共享对$([r],\langle r\rangle)$，$[r]$与$\langle r\rangle$有相同的比特值。具体来说，根据输入二进制秘密共享比特$\langle b\rangle$与随机比特秘密共享对$([r],\langle r\rangle)$，通过计算$\langle z\rangle\leftarrow\langle b\rangle\oplus\langle r\rangle$，解密$z$和计算$[b]\leftarrow[r]+z-2[r]z$，由$\langle x\rangle^{(b)}$生成$[\langle x\rangle^{(b)}]$。

crypten/mpc/primitives/converters.py 目录下二进制秘密共享转算术秘密共享的实现过程如下。

```
def _B2A(binary_tensor, precision = None, bits = None):
    if bits is None:
        bits = torch.iinfo(torch.long).bits
    # 对单个比特进行转化
    if bits == 1:
        binary_bit = binary_tensor & 1
        arithmetic_tensor = beaver.B2A_single_bit(binary_bit)
    # 对多个比特进行转化
```

```
        else:
            binary_bits = BinarySharedTensor.stack(
                [binary_tensor >> i for i in range(bits)]
            )
            binary_bits = binary_bits & 1
            arithmetic_bits = beaver.B2A_single_bit(binary_bits)
            multiplier = torch.cat(
                [
                    torch.tensor([1], dtype = torch.long, device =
binary_tensor.device) << i
                    for i in range(bits)
                ]
            )
            while multiplier.dim() < arithmetic_bits.dim():
                multiplier = multiplier.unsqueeze(1)
            arithmetic_tensor = arithmetic_bits.mul_(multiplier).sum(0)
        arithmetic_tensor.encoder = FixedPointEncoder(precision_bits
 = precision)
        scale = arithmetic_tensor.encoder._scale // binary_tensor.
encoder._scale
        arithmetic_tensor *= scale
        return arithmetic_tensor
```

以下代码为 crypten/mpc/primitives/beaver.py 目录下执行二进制秘密共享转化的过程。

```
    def B2A_single_bit(xB):
        if comm.get().get_world_size() < 2:
            from .arithmetic import ArithmeticSharedTensor
            return ArithmeticSharedTensor(xB._tensor, precision = 0,
 src = 0)
        provider = crypten.mpc.get_default_provider()
        # 随机比特秘密共享对 ([r], 〈r〉)
        rA, rB = provider.B2A_rng(xB.size(), device=xB.device)
        z = (xB ^ rB).reveal()
        # 计算[b]←[r]+z-2[r]z
        rA = rA * (1 - 2 * z) + z
        return rA
```

隐私保护计算的一些应用需要生成秘密共享随机数据的任何一方都无法获得有关变现价值的任何信息。以下方法用于从几种流行分布生成随机样本的秘密共享。

均匀抽样。由于 2^L 编码引入了量化，因此只能产生离散均匀分布的随机变量。为此，生成一个随机值 $[u]\sim \text{Uniform}(0,1)$ ，通过生成 L bit 作为 Rademacher 变量。这些比特可以由各方随机生成本地分布相同的二进制秘密共享。异或和独立分布于 Rademacher 变量，$u = \oplus_{p \in P} \langle u \rangle_p$ 本身就是一个 Rademacher 变量，与任何输入比特都不相关。这意味着任何一方都无法从自身二进制共享的比特获得有关该结果的任何信息。这些比特被转换为算术共享$[u]$。

```
# 返回具有正态分布元素的张量。使用 Box-Muller 变换生成样本，并对数值精度和
MPC 效率进行优化。
def randn(*sizes, device = None):
    u = crypten.rand(*sizes, device = device).flatten()
    odd_numel = u.numel() % 2 == 1
    if odd_numel:
        u = crypten.cat([u, crypten.rand((1,), device = device)])
    n = u.numel() // 2
    u1 = u[:n]
    u2 = u[n:]
    r2 = -2 * u1.log(input_in_01 = True)
    r = r2.sqrt()
    cos, sin = u2.sub(0.5).mul(6.28318531).cossin()
    # 生成 2 个独立的正态随机变量
    x = r.mul(sin)
    y = r.mul(cos)
    z = crypten.cat([x, y])
    if odd_numel:
        z = z[1:]
    return z.view(*sizes)
```

伯努利抽样。计算具有任意均值的伯努利随机变量$[b] \sim \text{Bern}(p)$，生成均匀随机变量$[u] \sim \text{Uniform}(0,1)$，并计算$[b] = [u > p]$。注意，由于$[u]$中的量化，对数样本的概率参数被量化为$2^{-L}$的整数倍，这是在对定点编码器进行编码的情况下可能发生的。

```
def bernoulli(self):
    return self > crypten.rand(self.size(), device = self.device)
```

加权随机抽样。为了生成输入$[x_i]$的加权随机样本（权重由$[w_i]$给出），首先，生成$\left([0], \sum_i [w_i]\right)$中的均匀随机样本，通过生成均匀样本$[u]$，评估$[r] = [u]\left[\sum_i w_i\right]$。应注意避免定点生成$[u]$引起的精度问题。然后，计算权重$[w_i]$的累积和值$[c_i]$，将这些值与随机值进行比较$[m_i] = [c_i > r]$。这将生成一个掩码向量，其保持在某个索引 j 下方的条目均为 0，在索引 j 上方的条目均为 1 的性质。若要将此掩码向量转换为 One-hot 向量，则在$[m_i]$值前面加一个 0，计算 $[o_i] = [m_i] - [m_{i+1}]$。最后，通过将样本与 One-hot 向量和求和，即$[y] = \sum_i [x_i][o_i]$。

```
def weighted_index(self, dim = None):
    if dim is None:
```

```
        return self.flatten().weighted_index(dim = 0).view(self.
size())
        x = self.cumsum(dim)
        max_weight = x.index_select(dim, torch.tensor(x.size(dim) -
1, device = self.device))
        r = crypten.rand(max_weight.size(), device = self.device) *
max_weight
        gt = x.gt(r)
        shifted = gt.roll(1, dims = dim)
        shifted.data.index_fill_(dim, torch.tensor(0, device = self.
device), 0)
        return gt - shifted
    def weighted_sample(self, dim = None):
        indices = self.weighted_index(dim)
        sample = self.mul(indices).sum(dim)
        return sample, indices
```

3. 部署场景

CrypTen 的部署场景从使用教程和使用示例两方面进行说明。

（1）使用教程

在 tutorials 目录中有一组教程展示了 CrypTen 是如何工作的。

Introduction.ipynb 包括安全多方计算简介，以及 CrypTen 的底层安全协议、试图解决用例和假设威胁模型的相关解释。

Tutorial_1_Basics_of_CrypTen_Tensors.ipynb 介绍了 CrypTen 的加密张量对象 CrypTensor，并演示了如何使用它对该对象执行各种操作。

Tutorial_2_Inside_CrypTensors.ipynb 深入研究了 CrypTensor 以显示内部工作原理。具体包括 CrypTensor 如何使用 MPCTensor 作为后端，以及两种不同类型的共享（算术和二进制）用于两种不同类型的函数。它还展示了 CrypTen 受 MPI 启发的编程模型。

Tutorial_3_Introduction_to_Access_Control.ipynb 展示了如何使用 CrypTen 训练线性模型，并展示了数据标记、特征聚合、数据集扩充和模型隐藏等各种场景。

Tutorial_4_Classification_with_Encrypted_Neural_Networks.ipynb 展示了 CrypTen 如何加载预先训练好的 PyTorch 模型，并对其进行加密，对加密数据进行推断。

Tutorial_5_Under_the_hood_of_Encrypted_Networks.ipynb 展示了 CrypTen 如何加载 PyTorch 模型，如何对其进行加密，以及数据如何在多层网络中移动。

Tutorial_6_CrypTen_on_AWS_instances.ipynb 展示了如何使用 scrips/aws_launcher.py 在 AWS 上启动。它还可以处理用 CrypTen 编写的代码。

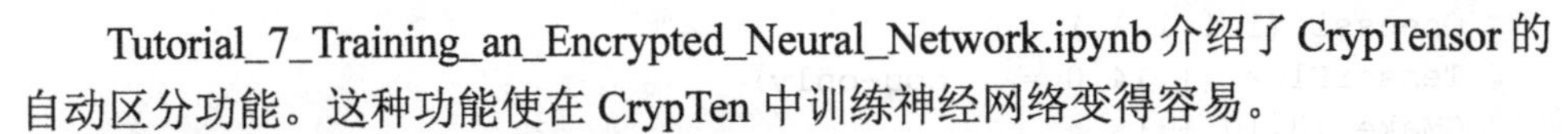

Tutorial_7_Training_an_Encrypted_Neural_Network.ipynb 介绍了 CrypTensor 的自动区分功能。这种功能使在 CrypTen 中训练神经网络变得容易。

（2）使用示例

examples 目录提供了涵盖一系列模型的示例，具体如下。

线性 SVM 示例：mpc_linear_svm，生成随机数据，并在加密数据上训练 SVM 分类器。

LeNet 示例：mpc_cifar，以明文形式在 cifar 上训练 LeNet 的自适应，并加密模型和进行数据推理。

TFE 基准测试示例：tfe_benchmarks，以明文形式在加密数据（MNIST）上训练 3 种不同的网络体系结构，并对训练后的模型和数据进行加密推理。

bandits 示例：bandits，在 MNIST 上训练上下文 bandits 模型。

imagenet 示例：mpc_imagenet，对来自 torchvision 的预训练模型执行推断。

对于以明文形式训练的示例，在每个示例子目录的 model 子目录中以明文形式提供预先训练的模型。

通过执行以下操作，可以检查所有特定于示例的命令行选项。此处显示了 tfe_benchmarks：

```
python examples/tfe_benchmarks/launcher.py --help
```

3.1.2 Rosetta

Rosetta 是一个基于 TensorFlow 的隐私保护计算框架。它将密码学、联邦学习和可信执行环境等主流的隐私保护计算技术进行集成，旨在为人工智能研究者提供隐私保护解决方案，而不需要密码学、联邦学习和可信执行环境方面的专业知识。Rosetta 重用了 TensorFlow 的 API，并允许以最少的更改将传统的 TensorFlow 代码转换为保护隐私的方式。目前 Rosetta 集成了三方的安全多方计算协议，底层协议是 SecureNN 和 Helix。它们在诚实多数的半诚实模型中是安全的。Rosetta 还集成了高效的零知识证明协议 Mystique，用于对 ResNet 等复杂 AI 模型进行安全推理。

1. 环境配置

下面将针对 Rosetta 的 v1.0.0 版本（2021 年 7 月 30 日发布）进行全面介绍。目前，Rosetta 在 Ubuntu 18.04 上基于 TensorFlow 1.14 和 CPU 运行，尚不支持 Windows 操作系统。可以按如下方式安装 Rosetta。

```
import latticex.rosetta
```

在安装时，需要具备以下环境

```
Ubuntu (18.04 = )
Python3 (3.6 + )
Pip3 (19.0 + )
```

```
Openssl (1.1.1 + )
TensorFlow (1.14.0 = , cpu-only)
CMake (3.10 + )
```

由于开发者已经将所有步骤都封装在了一个脚本中，首先，在GitHub相应项目链接克隆文件。其次，进行如下编译、安装、运行。

```
# 编译、安装、运行测试样例
cd Rosetta && ./rosetta.sh compile -- enable-protocol - mpc -
securenn && ./rosetta.sh install
```

以“百万富翁问题”为例，运行脚本单机部署场景步骤如下。

创建3个节点目录，命令如下。

```
mkdir millionaire0 millionaire1 millionaire2
```

在3个目录下分别下载脚本millionaire.py。

3个节点需要分别生成服务器密钥和证书，执行如下命令。

```
mkdir certs
# 生成密钥
openssl genrsa -out certs/server-prikey 4096
# if ~/.rnd not exists, generate it with `openssl rand`
if [ ! -f "${HOME}/.rnd" ]; then openssl rand -writerand ${HOME}
/.rnd; fi
# 生成签名请求
openssl req -new -subj '/C = BY/ST = Belarus/L = Minsk/O = Rosetta
SSL IO server/OU = Rosetta server unit/CN = server' -key certs/
server-prikey -out certs/cert.req
# 使用cert.req签署证书
openssl x509 -req -days 365 -in certs/cert.req -signkey certs/
server-prikey -out certs/server-nopass.cert
```

在CONFIG.json中进行参数配置，命令如下。

```
{
  "PARTY_ID": 0,
  "MPC": {
    "FLOAT_PRECISION": 16,
    "P0": {
      "NAME": "PartyA(P0)",
      "HOST": "127.0.0.1",
      "PORT": 11121
    },
    "P1": {
      "NAME": "PartyB(P1)",
      "HOST": "127.0.0.1",
```

```
        "PORT": 12144
      },
      "P2": {
        "NAME": "PartyC(P2)",
        "HOST": "127.0.0.1",
        "PORT": 13169
      },
      "SAVER_MODE": 7,
      "SERVER_CERT": "certs/server-nopass.cert",
      "SERVER_PRIKEY": "certs/server-prikey",
      "SERVER_PRIKEY_PASSWORD": "123456"
    }
}
```

相关字段说明如下。

```
PARTY_ID：多个参与方的 ID，有效值为 0、1、2，分别对应 P0、P1、P2。
MPC：协议的具体说明。
FLOAT_PRECISION：浮点数精度。
P0, P1, P2：3 个参与方 P0、P1、P2。
NAME：参与方名字标识。
HOST：主机地址。
PORT：通信端口。
SERVER_CERT：服务器端签名证书。
SERVER_PRIKEY：服务器私钥。
SERVER_PRIKEY_PASSWORD：服务器私钥密码（如果未设置则为空字符串）。
SAVER_MODE：保存输出检查点文件的模式。
```

进行运行测试时，对每个节点进行如下操作。

```
mkdir log
# 将下面的 ID 改为对应的参与方节点 0 或 1 或 2
python3 millionaire.py --party_id = ID
```

执行后的结果为 1.0。如果看到相同结果，则说明示例顺利运行。

2. 整体架构

在 TensorFlow 中，由于可以对新的操作进行自定义、注册，以及实现与该操作绑定的梯度，在生成计算的有向图时，根据每个操作对应的梯度，以及求导的链式法则，会自动生成梯度图。因此在 TensorFlow 框架下，开发者只需要编写模型即可，而不需要再逐步去编写训练过程中的反向传播过程。这样的高扩展性使 Rosetta 的整体架构能够复用 TensorFlow 的特性，基本的模式为利用 C/C++实现基本的算子（OP）和梯度，然后将 TensorFlow 中的算子按需转换成隐私算子，最后进行隐私算子的执行。Rosetta 详细架构如图 3-2 所示，Rosetta 框架设计如图 3-3 所示。

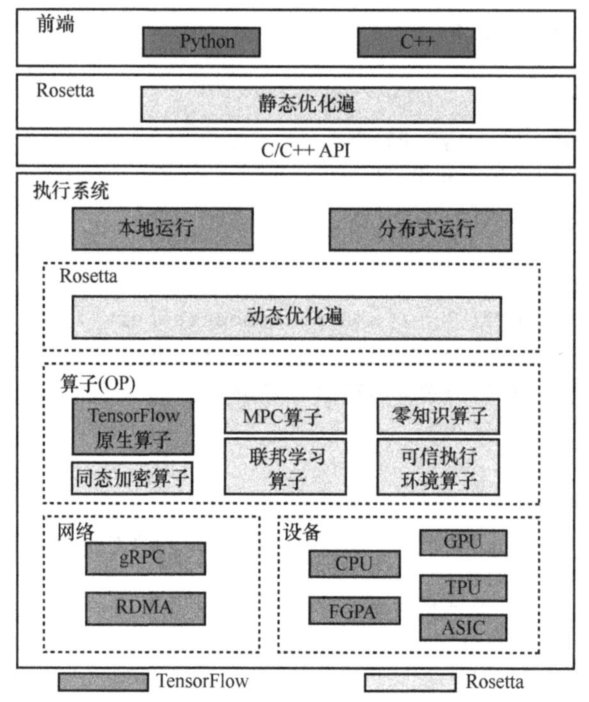

图 3-2 Rosetta 详细架构

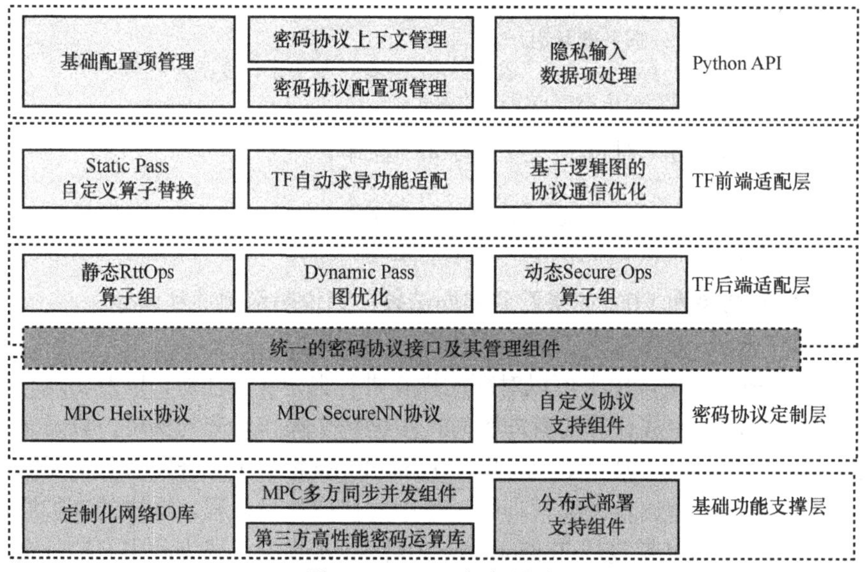

图 3-3 Rosetta 框架设计

从图 3-2 可知，Rosetta 复用了 TensorFlow 部分功能和模块。其中新增的部分是隐私算子，包括 MPC 算子、零知识算子、同态加密算子、联邦学习算子和可信执行环境算子。这些隐私算子表示通过不同的隐私保护计算技术来实现 TensorFlow 中原生的算子，并且将会在后续替换 TensorFlow 的算子。值得注意的是，目前这些算子在当前版本中并未全部实现，本章仅介绍当前版本实现的 MPC 算子，未实现的算子将在后续版本中陆续实现。

此外，Rosetta 新增优化遍（Pass）主要目的是进行算子的替换，替换流程如图 3-4 所示。Rosetta 定义了两种优化遍：静态优化遍（Static Pass）和动态优化遍（Dynamic Pass），分别用于不同的阶段进行替换和优化。其细节将在核心模块中介绍。

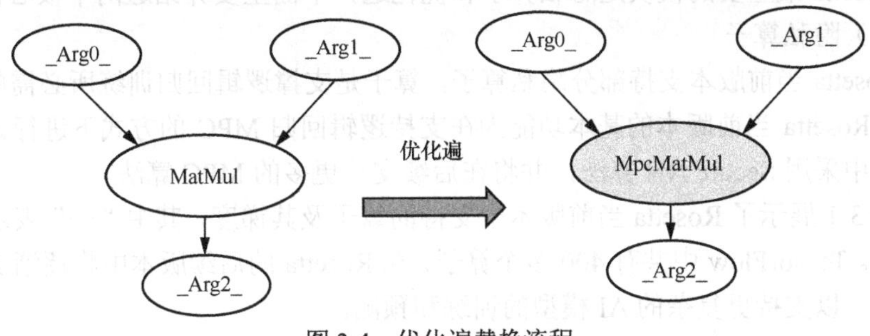

图 3-4　优化遍替换流程

Rosetta 整体的基本流程如图 3-5 所示，主要有 4 个步骤。

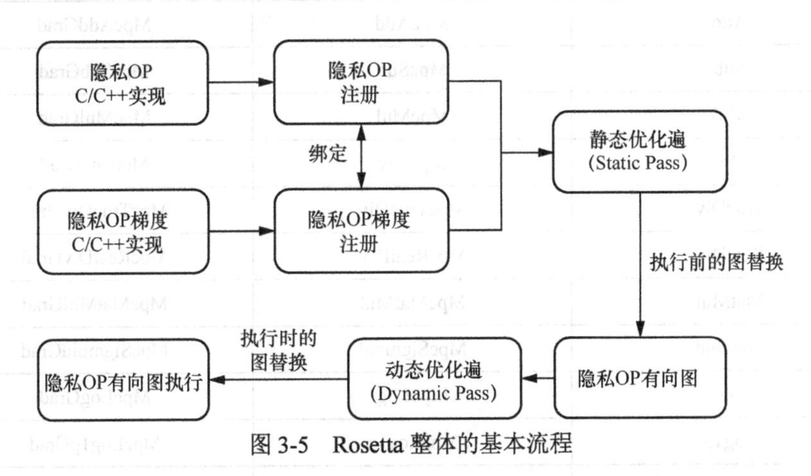

图 3-5　Rosetta 整体的基本流程

步骤 1　采用 C/C++实现隐私算子及其梯度。该实现过程可以完全与框架独立，因此可以复用现有的各种算法实现。

步骤 2　在 TensorFlow 中注册隐私算子和梯度，并将两者绑定。隐私算子的功能与原生的 TensorFlow 的算子对应，并且额外提供对每个算子输入/输出的隐私保护能力。

步骤 3 通过静态优化遍将 TensorFlow 中的静态有向图按照一定规则替换为由隐私算子组成的有向图，称为隐私算子有向图。

步骤 4 在隐私算子有向图的执行过程中，按照 TensorFlow 执行过程及动态优化遍执行隐私算子，最终得到输出结果。

从流程可以看出，Rosetta 继承了 TensorFlow 在这些模块上的工业级优化，包括：复用有向图编译器，继承了其中对于图编译的优化；复用自动求导，将梯度图中的算子利用隐私算子梯度进行自动替换；复用图执行过程，继承 TensorFlow 在图 3-5 的执行过程中的各种并行优化。

Rosetta 最重要的模块是隐私算子和优化遍，下面主要介绍这两个核心模块。

（1）隐私算子

Rosetta 当前版本支持部分隐私算子，算子是支撑逻辑回归训练所必需的。换言之，Rosetta 当前版本的基本功能为在支持逻辑回归 MPC 的方式下进行训练。该版本中采用 Secure NN 算法，并将在后续支持更多的 MPC 算法。

表 3-1 展示了 Rosetta 当前版本中支持的算子及其梯度，其中“—”表示不存在梯度。TensorFlow 中共有 400 多个算子，在 Rosetta 的后续版本中将逐渐支持其他算子，以支持更复杂的 AI 模型的训练和预测。

表 3-1 算子明细

TensorFlow 算子	隐私算子	梯度
Add	MpcAdd	MpcAddGrad
Sub	MpcSub	MpcSubGrad
Mul	MpcMul	MpcMulGrad
Div	MpcDiv	MpcDivGrad
TrueDiv	MpcTrueDiv	MpcTrueDivGrad
RealDiv	MpcRealDiv	MpcRealDivGrad
MatMul	MpcMatMul	MpcMatMulGrad
Sigmoid	MpcSigmoid	MpcSigmoidGrad
Log	MpcLog	MpcLogGrad
Log1p	MpcLog1p	MpcLog1pGrad
Pow	MpcPow	MpcPowGrad
Max	MpcMax	MpcMaxGrad
Mean	MpcMean	MpcMeanGrad
Relu	MpcRelu	MpcReluGrad
Equal	MpcEqual	—

续表

TensorFlow 算子	隐私算子	梯度
Less	MpcLess	—
Greater	MpcGreater	—
LessEqual	MpcLessEqual	—
GreaterEqual	MpcGreaterEqual	—
SaveV2	MpcSaveV2	—
ApplyGradientDescentOp	MpcApplyGradientDescentOp	—

（2）优化遍（Pass）

Pass 是 Rosetta 连接 TensorFlow 框架与隐私保护计算的核心。Pass 最早由 LLVM[7]编译器框架提出。LLVM Pass 框架是 LLVM 系统的重要组成部分。Pass 执行内容构成了编译器的转换和优化，编译器构建用于这些转换的分析。最重要的是，它是属于编译器代码的结构化技术。在 Rosetta 框架中，Pass 的主要目的是进行算子的替换。为了具有更好的可扩展性，Rosetta 定义了两种优化遍：静态优化遍（Static Pass）和动态优化遍（Dynamic Pass），分别用于不同的阶段进行替换和优化，具体介绍如下。

① 静态优化遍

首先回顾一下TensorFlow的图生成过程。在开发者使用Python描述模型之后，会通过编译器将其转化为有向图。如果是模型训练，还会自动求导转化成梯度图。因为 TensorFlow 的图转换是静态的，也就是会一次转换完整的图，因此静态优化遍就是将该静态图中的算子转换为隐私算子。静态优化遍存在于目录 python/latticex/rosetta/secure/spass/static_replace_pass.py 中，主要由 CopyAndRepMpcOpPass、MpcSaveModelPass 和 MpcOptApplyXPass 模块完成。

CopyAndRepMpcOpPass 为 Static Pass 中的一种特定的 Pass，该 Pass 的作用是对 TensorFlow 静态图在优化器的 minimize 函数中对前向图所有算子进行逐一数据流分析，然后根据数据流分析结果判断是否要把该算子替换为 MPC 隐私算子。如果数据流分析结果为 MPC 隐私操作，则把原算子替换为 MPC 隐私算子；如果数据流分析结果为本地操作，则直接深度复制该算子即可。该 Pass 执行完毕后就会形成与之前静态图同样形态的另外一个 MPC 隐私算子静态图。

TensorFlow 中的优化器（Optimizer）都需要一个可替换的 MPC 隐私优化器（MpcOptimizer）。在 Rosetta 当前版本中，只支持较常用的梯度下降优化器，并实现其对应的隐私优化器（MpcGradientDescentOptimizer）。其他的优化器将在后续版本中支持。

表 3-2～表 3-8 列出了静态优化遍中的算子相关信息，加粗字体表示算子需要 Tensorflow 相应操作的内置属性。

表 3-2　算术二进制运算

安全算子名称	安全算子函数	安全算子输入个数	是否支持常量属性
rttadd	SecureAdd	2	是
rttsub	SecureSub	2	是
rttmul	SecureMul	2	是
rttdiv	SecureTruediv	2	是
rttreciprocaldiv	SecureTruediv	2	是
rtttruediv	SecureTruediv	2	是
rttrealdiv	SecureTruediv	2	是
rttfloordiv	SecureFloorDiv	2	是
rttpow	SecurePow	2	是
rttmatmul	SecureMatMul	2	否

表 3-3　算术一元运算

安全算子名称	安全算子函数	安全算子输入个数	是否支持常量属性
rttnegative	SecureNeg	2	是
rttsquare	SecureSquare	2	是
rttlog	SecureLog	2	是
rttlog1p	SecureTruediv	2	是
rttabs	SecureTruediv	2	是
rttrsqrt	SecureTruediv	2	是
rttsqrt	SecureTruediv	2	是
rttexp	SecureFloorDiv	2	是
rttpow	SecurePow	2	是
rttmatmul	SecureMatMul	2	否

表 3-4　关系运算

安全算子名称	安全算子函数	安全算子输入个数	是否支持常量属性
rttequal	SecureEqual	2	是
rttnotequal	SecureSquare	2	是
rttless	SecureLess	2	是
rttgreater	SecureGreater	2	是
rttlessequal	SecureLessEqual	2	是
rttgreaterequal	SecureGreaterEqual	2	是

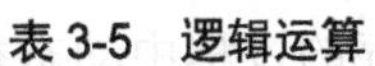

表 3-5 逻辑运算

安全算子名称	安全算子函数	安全算子输入个数	是否支持常量属性
rttlogicaland	SecureLogicalAnd	2	是
rttlogicalor	SecureLogicalOr	2	是
rttlogicalxor	SecureLogicalXor	2	是
rttlogicalnot	SecureLogicalNot	1	否

表 3-6 缩减运算

安全算子名称	安全算子函数	安全算子输入个数	是否支持常量属性
rttreducemin	SecureMin	2	否
rttreducemax	SecureMax	2	否
rttreducemean	SecureMean	2	否
rttreducesum	SecureSum	2	否
rttargmax	SecureArgMax	2	否

表 3-7 静态运算

安全算子名称	安全算子函数	安全算子输入个数	是否支持常量属性
rttassignsub	SecureAssignSub	2	否

表 3-8 神经网络运算

安全算子名称	安全算子函数	安全算子输入个数	是否支持常量属性
rttsigmoid	SecureSigmoid	1	否
rttrelu	SecureRelu	1	否
rttbiasadd	SecureBiasAdd	2	否
rttconv2d	SecureConv2D	2	否
rttl2loss	SecureL2Loss	1	否
rttfusedbatchnorm	SecureFusedBatchNorm	5	否
rttavgpool	SecureAvgPool	1	否
rttmaxpool	SecureMaxPool	1	否
rttsoftmax	SecureSoftmax	1	否

② 动态优化遍

动态优化遍是指在 TensorFlow 执行图中所执行的 Pass。除了基本的算子替换外，其引入也是为了 Rosetta 后续的可扩展性和灵活性。在 Rosetta 当前版本中，Dynamic Pass 包含两个模块：MpcSaveModelPass 模块、MpcOptApplyXPass 模块。

MpcSaveModelPass 为动态优化遍中的一种特定的 Pass。该 Pass 的主要作用是在 TensorFlow 运行模型保存的过程中动态替换 SaveV2 算子为 MpcSaveV2 算子。该优化遍的代码存在于目录 cc/tf/dpass/mpc_opt_model_pass.cc 中，具体如下。

```
    class MPCSaveModelPass : public MpcBasePass {
      public:
      Status Run(const GraphOptimizationPassOptions& options)
override {
        // 如果没有图，则进行记录并返回
        if (options.graph == nullptr) {
          ROSETTA_VLOG(0) << "GraphOptimizationPassOptions: options.
graph == nullptr";
          return Status::OK();
        }
        // 检查图中是否存在 SaveV2 算子，如果不存在则什么都不做
        if (!IsExistTheOP(options, "SaveV2"))
          return Status::OK();
        // 在替换 SaveV2 算子之前存储图
        if (DumpAllGraphs())
          DumpGraphs(options, 0, "BeforeRunMpcSaveModelPass", "Before
Run MpcSaveV2 Pass");
        // 替换 SaveV2 算子为 MpcSaveV2 算子
        std::vector<Node*> replaced_nodes;
        Node* MpcSaveV2 = nullptr;
        for (auto node : options.graph->get()->op_nodes()) {
          if (node->type_string() == "SaveV2") {
            // 获取数据类型，has_minimum，minimum attribute values
            std::vector<DataType> input_dtypes;
            TF_RETURN_IF_ERROR(GetNodeAttr(node->attrs(), "dtypes",
&input_dtypes));
            // 得到节点输入
            NodeBuilder::NodeOut input_prefix;
            NodeBuilder::NodeOut input_tensorname;
            NodeBuilder::NodeOut input_shape_and_slices;
            std::vector<NodeBuilder::NodeOut> input_tensors(input_
dtypes.size());
            std::vector<const Edge*> input_edges;
            TF_RETURN_IF_ERROR(node->input_edges(&input_edges));
            input_prefix = NodeBuilder::NodeOut(input_edges[0]->
src(), input_edges[0]->src_output());
            input_tensorname = NodeBuilder::NodeOut(input_edges[1]->
src(), input_edges[1]->src_output());
            input_shape_and_slices = NodeBuilder::NodeOut(input_edge
s[2]->src(), input_edges[2]->src_output());
            const int nStartEdgeIdx = 3;
            for (int i = nStartEdgeIdx; i < (nStartEdgeIdx+input_
```

```
dtypes.size()); i++)
            input_tensors[i-nStartEdgeIdx] = NodeBuilder::NodeOut
(input_edges[i]->src(), input_edges[i]->src_output());
          // 建立 MpcSaveV2 算子
          TF_RETURN_IF_ERROR(NodeBuilder("MpcSaveV2", "MpcSaveV2")
                                .Attr("dtypes", input_dtypes)
                                .Device(node->assigned_device_
name())
                                .Input(input_prefix)
                                .Input(input_tensorname)
                                .Input(input_shape_and_slices)
                                .Input(input_tensors)
                                .Finalize(options.graph->get(),
&MpcSaveV2));
          MpcSaveV2->set_assigned_device_name(node->assigned_device
_name());
          // 增加从输入节点到 MpcSaveV2 节点的边
          TF_RETURN_IF_ERROR(ReplaceInputEdges(options.graph->get
(), node, MpcSaveV2));
          TF_RETURN_IF_ERROR(ReplaceOutputEdges(options.graph->get
(), node, MpcSaveV2));
          replaced_nodes.push_back(node);
        }
      }
      // 移除 SaveV2 节点
      for (auto node : replaced_nodes) {
        options.graph->get()->RemoveNode(node);
      }
      // 替换 SaveV2 算子后存储图
      if (DumpAllGraphs())
        DumpGraphs(options, 0, "AfterRunMpcSaveModelPass", "After
Run MpcSaveV2 Pass");
      return Status::OK();
    }
  };
```

MpcOptApplyXPass 为动态优化遍中的一种特定的 Pass。该 Pass 的主要作用是更新优化器训练权重变量。TensorFlow 中每种优化器更新变量的方式都不一样，由于 Rosetta 当前版本只支持梯度下降优化器（Gradient Descent Optimizer），因此该 Pass 目前只支持对应的训练权重的更新方式，即 $\text{Var} -= \eta \cdot \theta_{\text{var}}$。

动态优化遍在架构上为 Rosetta 提供了足够的灵活性。在后续的版本中，有可能因为隐私保护计算算法升级或者 TensorFlow 升级带来的算子变更给用户的模型带来影响，由此会带来更新、重新安装和部署模型的问题。在这种情况下，由于动态优化遍的存在，静态优化遍不需要修改，用户也不需要更新、重新安装和部署模型，只要提供相应版本的隐私算子及梯度实现，然后在动态优化遍中根据 TensorFlow 的版本替换不同的算子即可。Pass 是从编译器的相关技术中借鉴和迁移过来的。因此传统的类编译器的优化技术，如常量折叠、常量传播、代数化简、公共子表式消除等，也可应用到 Rosetta 框架中。同时，针对特定的隐私保护计算算法，动态优化遍也可以进一步优化相关的计算。该优化遍的代码如下。

```
    class MPCOptApplyXPass : public MpcBasePass {
      private:
      // 获取 TensorFlow 优化器类型
      E_TFOptType GetOptType(const GraphOptimizationPassOptions&
options) {
        for (auto node : options.graph->get()->op_nodes()) {
            string NodeTypeName = node->type_string();
            if (NodeTypeName.find("Apply") != 0)
              continue;
            // 当前版本除 TF_OPT_SDG 外其余均未实现
            if (NodeTypeName == "ApplyGradientDescent")
              return E_TFOptType::TF_OPT_SDG;
            else if ...// 未实现未列出
        }
        return E_TFOptType::TF_OPT_UNKOWN;
      }
      public:
        // 将ApplyGradientDescent算子替换为MpcApplyGradientDescent算子
      Status ReplaceApplyGradientDescentOp(const GraphOptimization
PassOptions& options) {
        // 替换 ApplyGradientDescent 算子前存储图
        if (DumpAllGraphs())
          DumpGraphs(options, 0, "BeforeRunMpcOptApplyXPass", "Before
Run ApplyGradientDescent Pass");
        std::vector<Node*> replaced_nodes;
        Node* MpcApplyGD = nullptr;
        int Idx = 0;
        std::string MpcApplyXOpName = "MpcApplyGradientDescent";
        for (auto node : options.graph->get()->op_nodes()) {
          if (node->type_string() == "ApplyGradientDescent") {
            // 生成 MpcApplyGradientDescent 算子不同名称
            if (Idx > 0) {
              char szBufTemp[64] = {0};
              snprintf(szBufTemp, sizeof(szBufTemp), "MpcApplyGradient
Descent_%d", Idx);
              MpcApplyXOpName = szBufTemp;
            }
            Idx++;
```

```
            // 得到数据类型
            DataType dtype;
            TF_RETURN_IF_ERROR(GetNodeAttr(node->attrs(), "T", &
dtype));
            // 获取节点非控制输入
            NodeBuilder::NodeOut input_var;
            NodeBuilder::NodeOut input_alpha;
            NodeBuilder::NodeOut input_delta;
            std::vector<const Edge*> input_edges;
            TF_RETURN_IF_ERROR(node->input_edges(&input_edges));
            ROSETTA_VLOG(1) << "Num of the ApplyGradientDescent input
 edges:" << input_edges.size();
            input_var   = NodeBuilder::NodeOut(input_edges[0]->src(),
 input_edges[0]->src_output());
            input_alpha = NodeBuilder::NodeOut(input_edges[1]->src(),
 input_edges[1]->src_output());
            input_delta = NodeBuilder::NodeOut(input_edges[2]->src(),
 input_edges[2]->src_output());
            // 建立MpcApplyGradientDescent算子
            TF_RETURN_IF_ERROR(NodeBuilder(MpcApplyXOpName.c_str(),
"MpcApplyGradientDescent")
                                .Attr("T", dtype)
                                .Device(node->assigned_device_
name())
                                .Input(input_var)
                                .Input(input_alpha)
                                .Input(input_delta)
                                .Finalize(options.graph->get(), &
MpcApplyGD));
            MpcApplyGD->set_assigned_device_name(node->assigned_device_
name());
            // 添加从输入节点到MpcApplyGradientDescent节点的边
            TF_RETURN_IF_ERROR(ReplaceInputEdges(options.graph->get
(), node, MpcApplyGD));
            TF_RETURN_IF_ERROR(ReplaceOutputEdges(options.graph->get
(), node, MpcApplyGD));
            replaced_nodes.push_back(node);
        }
      }
      // 删除ApplyGradientDescent节点
      for (auto node : replaced_nodes) {
        options.graph->get()->RemoveNode(node);
      }
      // 替换ApplyGradientDescent算子后存储图
      if (DumpAllGraphs())
        DumpGraphs(options, 0, "AfterRunMpcOptApplyXPass", "After
```

```
Run MpcApplyGradientDescent Pass");
        return Status::OK();
      }
        ...//未实现算子未列出
      Status Run(const GraphOptimizationPassOptions& options) override {
        // 如果没有图，则进行记录并返回
        if (options.graph == nullptr) {
          ROSETTA_VLOG(0) << "GraphOptimizationPassOptions: options.
graph == nullptr";
          return Status::OK();
        }
        // 获取优化器类型并执行优化遍
        Status status;
        E_TFOptType eOptType = GetOptType(options);
        switch(eOptType) {
          case TF_OPT_SDG:
            status = ReplaceApplyGradientDescentOp(options);
            break;
        ...// 未实现的算子替换未列出
          default:
            ROSETTA_VLOG(4) << "unkown the tf optimizer.";
            break;
        }
        return status;
      }
    };
```

3. 部署场景

Rosetta 作为基本的框架和工具，可支持各类产品及多种应用场景。本节将列举介绍一些可能的部署场景。值得指出的是，要形成完备的产品和解决方案仍然需要在 Rosetta 之上按需进行设计和开发。

（1）联合建模

联合建模是 Rosetta 支持的最经典的开发模式。如图 3-6 所示，在实际场景中，数据往往分布在不同的企业中。分布的方式可以多种多样，如横向分布（不同主体，共同属性）和纵向分布（相同主体，不同属性）等。为了能够利用数据的多样性，保证模型训练的精度，往往需要整合所有数据一起训练。但是为保证数据隐私，企业之间不愿意共享数据。Rosetta 为联合建模提供了基本的开发工具。开发者可以在 TensorFlow 上开发出 AI 模型，该开发过程与现有的模式完全一样。在训练过程中，可以将该模型部署在 Rosetta 上，启动 MPC 隐私保护计算模式，则可以在多方之间进行联合的模型训练，训练过程中不会泄露各自的隐私数据。

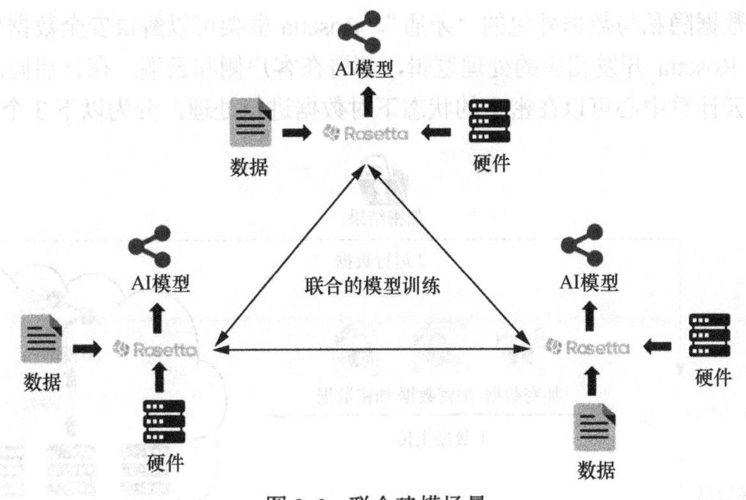

图 3-6 联合建模场景

（2）可验证开放 API

开放 API 已经成为一种新的互联网模式，旨在提高敏捷性、执行效率和有效性。如图 3-7 所示，在各类开放 API 应用中，企业提供各种 API 供外部查询。为保证企业的数据隐私，API 并不会返回所有原始数据，而是返回数据处理后的结果，如平均值、方差和数据训练的模型等。但在某些场景中，API 的调用方也希望确保返回数据的正确性与合法性。这就存在一定的“矛盾”，即用户没有原始数据也无法验证 API 返回数据的正确性。通过 Rosetta 框架可以解决可验证开放 API 的问题。开发者可以在 Rosetta 上开发相关的 API 功能，部署后，可以启动零知识证明的能力。该能力允许企业在不给出明文原始数据的前提下，为调用方证明返回数据的正确性。

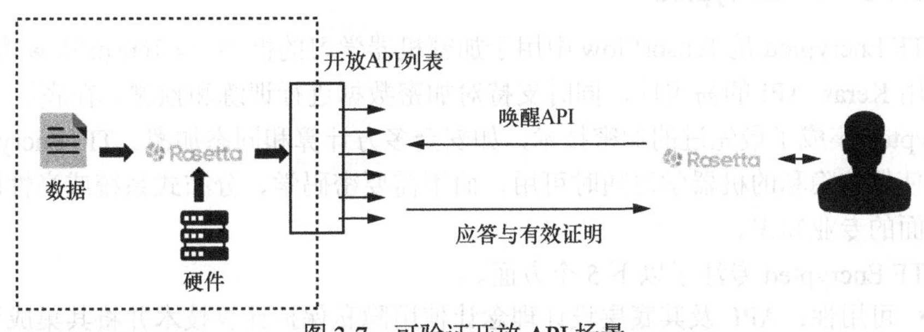

图 3-7 可验证开放 API 场景

（3）安全数据外包

随着云计算的兴起，中小企业的基础设施成本大幅度降低，云计算中心也逐渐转变为算力中心。如图 3-8 所示，为减少初期设备成本，中心企业往往将数据外包到云上进行计算。然而传统的云计算不可避免地需要用户将原始数据上传到云，因此引发了数据隐私与数据外包的“矛盾”。Rosetta 框架可以解决安全数据外包的问题。利用 Rosetta 开发相应的处理逻辑，部署在客户侧和云端，在开启同态加密的能力后，云计算中心可以在密文的状态下对数据进行处理，分为以下 3 个步骤。

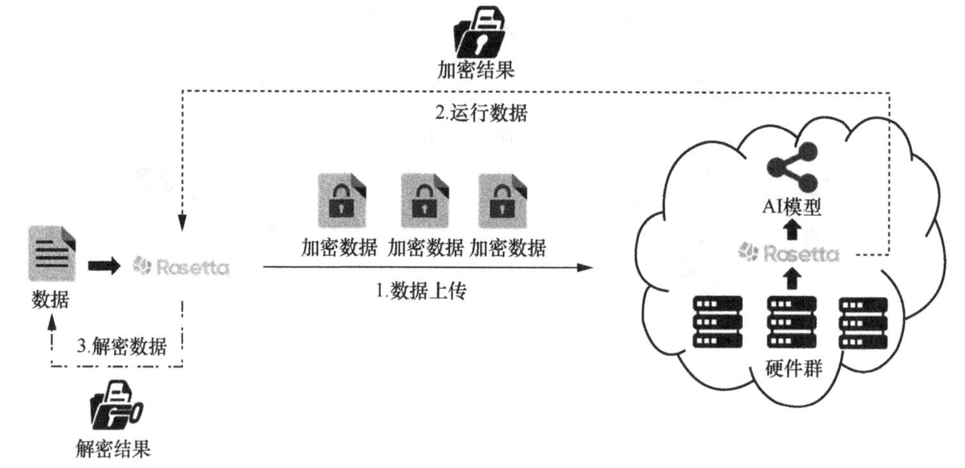

图 3-8　安全数据外包场景

步骤 1　用户通过调用 Rosetta 中同态加密的能力将数据加密上传到云端。

步骤 2　云端通过 Rosetta 部署相应的 AI 模型和硬件加速能力。在接收到用户的加密数据后进行同态运算，并将得到的密文发送给用户。计算过程中，云端会消耗大量的计算能力，但是全过程对数据不可见。

步骤 3　用户通过 Rosetta 将结果解密，存储在数据库中，准备下一步的应用。

3.1.3　TF Encrypted

TF Encrypted 是 TensorFlow 中用于加密机器学习的框架。与 TensorFlow 类似，其利用 Keras API 的易用性，同时支持对加密数据进行训练和预测。在底层，TF Encrypted 集成了最先进的加密技术，如安全多方计算和同态加密。TF Encrypted 旨在使保护隐私的机器学习随时可用，而不需要密码学、分布式系统或高性能计算方面的专业知识。

TF Encrypted 专注于以下 5 个方面。

- 可用性：API 及其底层设计理念让使用隐私保护计算技术并将其集成到预先存在的机器学习过程中变得容易。
- 可扩展性：该架构支持并鼓励新密码协议和机器学习算法的实验和基准测试。
- 性能：针对基于张量的应用程序进行优化，并依赖 TensorFlow 的后端，运行时的性能可与专门的独立框架相媲美。
- 社区：以推动技术进步为主要目标，该项目鼓励协作和开源，而不是专有和封闭的解决方案。

- 安全性：根据强大的安全性概念评估加密协议，并突出显示已知限制。

1. 环境配置

TF Encrypted 在 PyPI 上作为一个包提供，支持 Python 3.5+和 TensorFlow 1.12.0+。

```
pip install tf-encrypted
```

创建一个 conda 环境来运行 TF Encrypted 加密代码。

```
conda create -n tfe python=3.6
conda activate tfe
conda install tensorflow notebook
pip install tf-encrypted
```

或者在 GitHub 相应项目链接中克隆相应文件，可以使用以下方法进行源文件安装。

```
cd tf-encrypted
pip install -e .
make build
```

步骤 1 准备 3 台机器，搭建环境。

检查 Python3 和 pip3 是否安装正确，然后在 3 台机器上安装 TensorFlow 和 TF Encrypted。

```
# python3 --version
Python 3.6.9
# pip3 --version
pip 9.0.1 from /usr/lib/python3/dist-packages (python 3.6)
# pip3 install tensorflow == 1.13.2
# pip3 install tf-encrypted
```

步骤 2 编辑文件 config.json。

将 machine:port 替换为自己的 IP:port，确保 3 台机器能够通过 IP:port 相互访问，代码如下。

```
{
    "alice": "machine1:port1",
    "bob": "machine2:port2",
    "crypto-producer": "machine3:port3"
}
```

步骤 3 编写 TFE 训练代码。

框架提供了一个逻辑回归示例，共 4 个文件：common.py、training_alice.py、training_bob.py 和 training_server.py。

步骤 4 将文件复制到同一目录。

将 config.json、common.py、training_alice.py、aliceTrainFile.csv 复制到 machine1；

复制 config.json、training_bob.py、bobTrainFileWithLabel.csv 到 machine2；

复制 config.json 、training_server.py 到 machine3；

步骤 5 运行。

在 3 台机器上运行以下命令，将在 machine1 上打印训练好的逻辑回归模型，代码如下。

```
python3 training_bob.py
python3 training_server.py
python3 training_alice.py
```

2. 整体架构

TF Encrypted 中包含了 3 个协议，分别是 ABY3、pond 和 SecureNN，在非线性计算下依赖不同协议，具体内容见本书第 4 章。下面介绍该框架中算术秘密共享和比特秘密共享的相互转化过程。

算术秘密共享转化为比特秘密共享，代码如下。

```
def _A2B_private(prot, x, nbits):
    assert isinstance(x, ABY3PrivateTensor), type(x)
    assert x.share_type == ARITHMETIC
    x_shares = x.unwrapped
    zero = prot.define_constant(
        np.zeros(x.shape, dtype=np.int64), apply_scaling=False,
share_type = BOOLEAN
    )
    zero_on_0, zero_on_1, zero_on_2 = zero.unwrapped
    a0, a1, a2 = prot._gen_zero_sharing(x.shape, share_type =
BOOLEAN)
    operand1 = [[None, None], [None, None], [None, None]]
    operand2 = [[None, None], [None, None], [None, None]]
    with tf.name_scope("A2B"):
        with tf.device(prot.servers[0].device_name):
            x0_plus_x1 = x_shares[0][0] + x_shares[0][1]
            operand1[0][0] = x0_plus_x1 ^ a0
            operand1[0][1] = a1
            operand2[0][0] = zero_on_0
            operand2[0][1] = zero_on_0
        with tf.device(prot.servers[1].device_name):
            operand1[1][0] = a1
            operand1[1][1] = a2
            operand2[1][0] = zero_on_1
            operand2[1][1] = x_shares[1][1]
        with tf.device(prot.servers[2].device_name):
            operand1[2][0] = a2
            operand1[2][1] = operand1[0][0]
            operand2[2][0] = x_shares[2][0]
```

```
            operand2[2][1] = zero_on_2
        operand1 = ABY3PrivateTensor(prot, operand1, x.is_scaled,
BOOLEAN)
        operand2 = ABY3PrivateTensor(prot, operand2, x.is_scaled,
BOOLEAN)
        result = prot.B_ppa(operand1, operand2, nbits)
    return result
```

比特秘密共享转化为算术秘密共享，代码如下。

```
def _B2A_private(prot, x, nbits):
    assert isinstance(x, ABY3PrivateTensor), type(x)
    assert x.share_type == BOOLEAN
    x1_on_0, x1_on_1, x1_on_2, x1_shares = prot._gen_b2a_sharing(
        x.shape, prot.b2a_keys_1
    )
    assert x1_on_2 is None
    x2_on_0, x2_on_1, x2_on_2, x2_shares = prot._gen_b2a_sharing(
        x.shape, prot.b2a_keys_2
    )
    assert x2_on_0 is None
    a0, a1, a2 = prot._gen_zero_sharing(x.shape, share_type = BOOLEAN)
    with tf.name_scope("B2A"):
        # 服务器1 重新共享 (-x1-x2) 作为密文输入
        neg_x1_neg_x2 = [[None, None], [None, None], [None, None]]
        with tf.device(prot.servers[1].device_name):
            value = -x1_on_1 - x2_on_1
            neg_x1_neg_x2[1][0] = value ^ a1
            neg_x1_neg_x2[1][1] = a2
        with tf.device(prot.servers[0].device_name):
            neg_x1_neg_x2[0][0] = a0
            neg_x1_neg_x2[0][1] = neg_x1_neg_x2[1][0]
        with tf.device(prot.servers[2].device_name):
            neg_x1_neg_x2[2][0] = a2
            neg_x1_neg_x2[2][1] = a0
        neg_x1_neg_x2 = ABY3PrivateTensor(prot, neg_x1_neg_x2,
x.is_scaled, BOOLEAN)
        # 计算 x0 = x + (-x1-x2) 通过并行前缀加法器
        x0 = prot.B_ppa(x, neg_x1_neg_x2, nbits)
        # 揭露在服务器0和服务器2中x0的值
        with tf.device(prot.servers[0].device_name):
            x0_on_0 = prot._reconstruct(x0.unwrapped, prot.servers
[0], BOOLEAN)
        with tf.device(prot.servers[2].device_name):
            x0_on_2 = prot._reconstruct(x0.unwrapped, prot.servers
[2], BOOLEAN)
```

```
        # 组成算术秘密共享
        result = [[None, None], [None, None], [None, None]]
        with tf.device(prot.servers[0].device_name):
            result[0][0] = x0_on_0
            result[0][1] = x1_on_0
        with tf.device(prot.servers[1].device_name):
            result[1][0] = x1_on_1
            result[1][1] = x2_on_1
        with tf.device(prot.servers[2].device_name):
            result[2][0] = x2_on_2
            result[2][1] = x0_on_2
        result = ABY3PrivateTensor(prot, result, x.is_scaled,
ARITHMETIC)
    return result
```

3. 部署场景

TF Encrypted 架构如图 3-9 所示，在未来它有以下 3 个方面的规划。

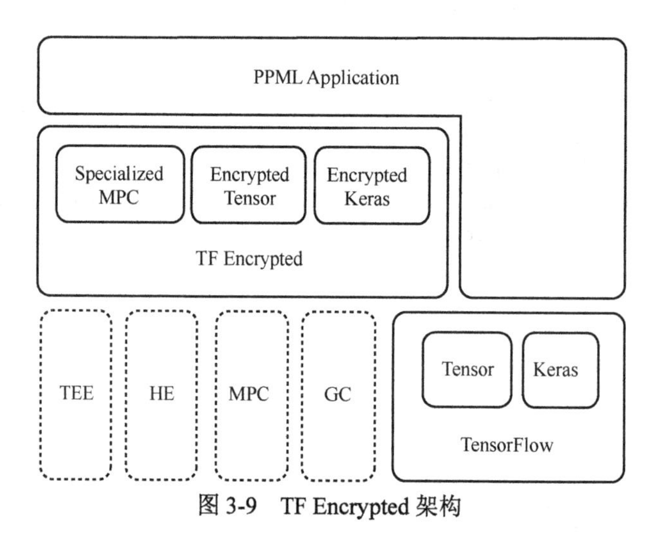

图 3-9　TF Encrypted 架构

- 用于结合隐私和机器学习的高级 API。目前，TF Encrypted 专注于其低级接口，应当明确未来对 Keras 等接口意味着什么。
- 与 TensorFlow 更紧密地集成。这与即将推出的 TensorFlow 2.0 保持一致，并需要明确 TF Encrypted 如何与 TF Privacy 和 TF Federated 等相关项目紧密合作。
- 支持第三方库。虽然 TF Encrypted 有自己的安全计算，但还有其他优秀的库可用于安全计算和同态加密，因此希望未来能够将这些第三方库引入，并为 TensorFlow 搭建桥梁。

3.1.4 SPDZ

SPDZ 是多方计算协议的实现。MP-SPDZ 是 SPDZ-2 的分支，将 SPDZ-2 扩展到 34 种 MPC 协议，这些协议都可以用同一个基于 Python 的高级编程接口。这大大减小了比较不同协议和安全模型的成本。这些协议涵盖了常用的安全模型，包括诚实/不诚实的多数人和半诚实/恶意模型，以及二进制和算术电路的计算。采用的基元包括秘密共享、不经意传输、同态加密和混淆电路。

MP-SPDZ 的基本库包括以下几部分。隐私保护计算数据分发加密协议包括不经意传输（OT）、秘密共享（SS）、同态加密（FHE、FHE Offline）、SimpleOT（第三方库）；乱码电路协议包括 GC、Yao、BMR；密码库为 ECDSA；数据库包括 Math、MPIR（开源的多精度整数和有理数计算库）；网络处理库为 Networking；其他库包括 Utils、Tools、SIMDE（对于不支持它们的硬件提供了 SIMD 内在函数的快速、可移植实现，例如在 ARM 上调用 SSE 函数）、Scripts（脚本库）；编译工具为 comiple.py。

1. 环境配置

Linux 基本配置要求发布于 2014 年及以后的版本（glibc2.17）；macOS 基本配置要求 macOS High Sierra 及其以后的版本，同时需要安装并配置 python3 以及支持命令行。

具体配置过程如下。

首先，从项目链接中下载 mp-spdz-0.3.3.tar.xz，在根目录下解压，文件夹重命名为 MP-SPDZ。

```
cd MP-SPDZ                                   """进入 MP-SPDZ 文件夹"""
Scripts/tldr.sh                              """运行 tldr.sh 脚本，获得各
virtual machine 的二进制文件"""
echo 1 2 3 4 > Player-Data/Input-P0-0        """输入数据至 Input-P0-0"""
echo 1 2 3 4 > Player-Data/Input-P1-0        """输入数据至 Input-P1-0"""
Scripts/mascot.sh tutorial                   """基于 mascot 协议运行
tutorial.mpc 文件"""
```

其次，通过 git clone git@GitHub.com:data61/MP-SPDZ.git 下载相应文件，重命名为 mp-spdz。

安装所需工具如下。

```
sudo apt-get install automake build-essential cmake git libboost
-dev libboost-thread-dev libntl-dev libsodium-dev libssl-dev libtool
 m4 python3 texinfo yasm
```

随后进行编译，代码如下。

```
cd mp-spdz                                   """进入 mp-spdz 文件夹"""
make -j 8 tldr                               """编译获得 virtual machine
```

```
的二进制文件"""
    ./compile.py tutorial                    """编译 tutorial 文件"""
    echo 1 2 3 4 > Player-Data/Input-P0-0   """输入数据至 Input-P0-0"""
    echo 1 2 3 4 > Player-Data/Input-P1-0   """输入数据至 Input-P1-0"""
    Scripts/mascot.sh tutorial               """基于 mascot 协议运行
tutorial.mpc 文件"""
```

配置时需要注意：boost 包需要 1.75.0 以上版本；git clone 的时候最好加上 --recursive；make -j 8 tldr 前确保能够访问外网。

2. 整体架构

SPDZ 架构如图 3-10 所示。虚拟机代码位于目录 MP-SPDZ/Processor。安全多方计算虚拟机的主要特点是，涉及通信的指令允许参数数量不受限制，从而最大限度地减少通信轮数。因为在安全多方计算中，加法和乘法之间不仅存在数量上的差异，而且存在质的差异，所以前者可以在本地完成，而后者涉及通信过程。这种差异因协议具体内容而异，由于存在网络时延，不受限制的并行化通信的优势巨大。

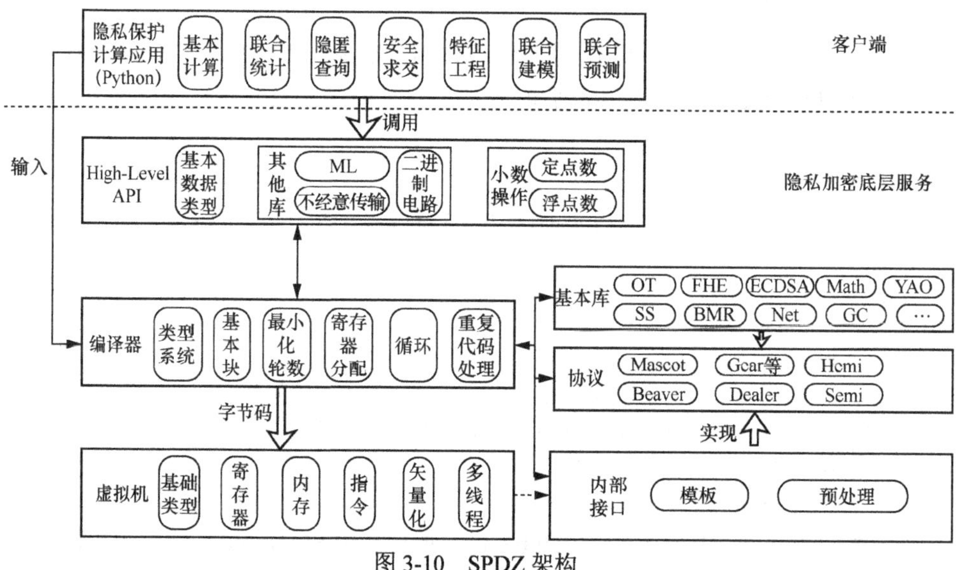

图 3-10　SPDZ 架构

编译器作用是将使用Python编写的隐私保护计算应用代码编译为虚拟机可以执行的字节码。MP-SPDZ 遵循 Python 的动态类型范式，这使编程更加直观。例如，任何涉及秘密和公共值的操作都会产生秘密值。基本块的概念来自一般编译器设计，表示没有分支的指令序列。编译器仅在基本块的上下文中执行最小化优化，因为它需要重新排列指令。MP-SPDZ 与 SPDZ-2 的区别在于，前者独立地合并不同操作，而后者使用 Beaver 乘法来减少乘法的接口，使后者不支持不使用

Beaver 乘法的协议。MP-SPDZ 编译器的打开过程分为两步：startopen 和 stoopopen，在等待网络信息的时候可以执行本地计算，减少耗时，但是增加了编译器复杂性。MP-SPDZ 的打开过程分为 3 步：先创建所有指令的有向无环图，然后根据轮次合并算法合并指令，最后根据依赖图的关系拓扑输出。MP-SPDZ 支持编译时和运行时公共数据的循环，应用中通过函数装饰器执行循环。MP-SPDZ 通过 trade-off 的方式在循环合并和通信之间进行平衡，通过使用生成指令数量的预算来调整使用的方法。

3. 部署场景

在实际使用过程中，.mpc 文件包含的程序可能需要动态输入，例如，要编译一个输入大小变化但不需要进行代码修改的.mpc 文件，需要引用编译器，并在需要编译的函数上使用装饰器，以下是 compiler.register_function('helloworld')的示例代码。

```
# hello_world.mpc
from Compiler.library import print_ln
from Compiler.compilerLib import Compiler
compiler = Compiler()
@compiler.register_function('helloworld')
def hello_world():
    print_ln('hello world')
if __name__ == "__main__":
    compiler.compile_func()
编译:
python hello_world.mpc <compile args>
```

如果需要添加不同的参数，可以参考 test_args.mpc 进行学习。使用这种方式时，需要导入所有使用的对象。此外，MP-SPDZ 支持特定 TensorFlow 计算图的推理，特别是 CrypTFlow 中的 DenseNet、ResNet 和 SqueezeNet。

3.1.5 ABY

ABY 是一个框架，允许使用混合协议的安全双方计算协议，允许双方在敏感数据上评估函数，同时保护这些数据的隐私。这些协议被表示为算术或布尔电路，可以使用算术共享、布尔共享（GMW 协议）或姚氏乱码电路进行私有评估。这些协议也可以自由组合，因为 ABY 引入了它们之间的有效转换。

1. 环境配置

ABY 所需的软件包为 g++（8 以上版本）或另一个实现 C++17 的编译器和标准库，包括文件系统库如下。

```
make
cmake
libgmp-dev
```

```
libssl-dev
libboost-all-dev（1.66 以上版本）
```

首先，克隆相应项目至本地目录。

其次，输入代码 cd ABY/进入框架目录，输入代码 mkdir build && cd build 创建并进入 build 目录，使用 CMake 配置构建：cmake。

最后，在构建目录中调用 cmake。可以分别在目录 bin/和目录 lib/中找到构建可执行文件和库。

其存储库结构如下。

```
bin/circ/ - ABY 格式的电路。
cmake/ - CMake 帮助文件。
extern/ - 作为 Git 子模块的外部依赖项。
src/ - 源代码。
src/abycore/ - 内部 ABY 函数的来源。
src/examples/ - 示例应用程序。每个应用程序都有一个/common 包含功能（电路）的目录，其作用是在应用程序之外重新使用这个电路。应用程序的根目录为.cpp，包含运行电路并用于验证正确性的主要方法的文件。
src/test/ - 目前有一个应用程序用于测试内部 ABY 功能，以及示例应用程序和打印调试信息。
```

2. 整体架构

在 ABY 框架中，支持 3 种不同类型的共享，即算术共享、布尔共享和姚共享，并允许三者之间的有效转换，每种安全计算技术都使用最新的优化和最佳实践来完成（Paillier 打包、DGK 生成乘法三元组、OT 等）。对框架进行测试，使用基于 OT 的转换协议，不同共享之间的转换更加便捷且更好扩展。

（1）算术共享

长度为 l bit 的值被分割成两份，每一份的范围都为 Z_2 。

共享值：长度为 l bit 的 x 的算术共享 $\langle x\rangle^{A}$ 。$\langle x\rangle_0^{A}+\langle x\rangle_1^{A}=x(\bmod 2^l)$ ，其中 $\langle x\rangle_0^{A},\langle x\rangle_1^{A}\in Z_{2^l}$ 。

共享过程 $\mathrm{Shr}_i^{A}(x)$ 。P_i 随机选择一个 $r\in Z_{2^l}$ ，使 $\langle x\rangle_i^{A}=x-r$ ，将 r 发送给 P_{1-i} ，即 $\langle x\rangle_{1-i}^{A}=r$ 。

重构 $\mathrm{Rec}_i^{A}(x)$ 。P_{1-i} 将自己的值 $\langle x\rangle_{1-i}^{A}$ 发送给 P_i ， P_i 计算 $x=\langle x\rangle_0^{A}+\langle x\rangle_1^{A}$ 。

加法 $\langle z\rangle^{A}=\langle x\rangle^{A}+\langle y\rangle^{A}$ 。P_i 本地计算 $\langle z\rangle_i^{A}=\langle x\rangle_i^{A}+\langle y\rangle_i^{A}$ 。

乘法 $\langle z\rangle^{A}=\langle x\rangle^{A}\langle y\rangle^{A}$ 。使用预先计算好的乘法三元组计算 $\langle c\rangle^{A}=\langle a\rangle^{A}\langle b\rangle^{A}$

三元组的计算过程如下。

① P_i 计算 $\langle e\rangle_i^{A}=\langle x\rangle_i^{A}-\langle a\rangle_i^{A}$ 和 $\langle f\rangle_i^{A}=\langle y\rangle_i^{A}-\langle b\rangle_i^{A}$ ；

② 双方计算 $e=\mathrm{Rec}^{A}(e)$ 和 $f=\mathrm{Rec}^{A}(f)$ ， $e=x-a,f=y-b$ ；

③ P_i计算$\langle z\rangle_i^{A}=ief+f\langle a\rangle_i^{A}+e\langle b\rangle_i^{A}\langle c\rangle_i^{A}$；

④ 计算$z=\langle z\rangle_0^{A}+\langle z\rangle_1^{A}=ef+f\langle a\rangle^{A}+e\langle b\rangle^{A}+\langle c\rangle^{A}=xy$。

（2）布尔共享

共享值$\langle x\rangle^{B}$。$x=\langle x\rangle_0^{B}\oplus\langle x\rangle_1^{B}$，其中$\langle x\rangle_0^{B},\langle x\rangle_1^{B}\in Z_2$。

共享过程$\mathrm{Shr}_i^{B}(x)$。P_i随机选择一个$r\in Z_{2^l}$，使$\langle x\rangle_i^{B}=x\oplus r$，将$r$发送给$P_{1-i}$，即$\langle x\rangle_{1-i}^{B}=r$。

重构$\mathrm{Rec}_i^{B}(x)$。P_{1-i}将自己的值$\langle x\rangle_{1-i}^{B}$发送给$P_i$，$P_i$计算$x=\langle x\rangle_0^{B}\oplus\langle x\rangle_1^{B}$。

XOR计算$\langle z\rangle^{B}=\langle x\rangle^{B}\oplus\langle y\rangle^{B}$。$P_i$本地计算$\langle z\rangle_i^{B}=\langle x\rangle_i^{B}\oplus\langle y\rangle_i^{B}$。

AND 计算$\langle z\rangle^{B}=\langle x\rangle^{B}\wedge\langle y\rangle^{B}$。使用预先计算好的乘法三元组计算$\langle c\rangle^{B}=\langle a\rangle^{B}\wedge\langle b\rangle^{B}$。

三元组的计算如下。

① P_i 计算$\langle e\rangle_i^{B}=\langle x\rangle_i^{B}\oplus\langle a\rangle_i^{B}$和$\langle f\rangle_i^{B}=\langle y\rangle_i^{B}\oplus\langle b\rangle_i^{B}$；

② 双方计算$e=\mathrm{Rec}^{B}(e)$和$f=\mathrm{Rec}^{B}(f)$；

③ P_i 计算$\langle z\rangle_i^{B}=ief\oplus f\langle a\rangle_i^{B}\oplus e\langle b\rangle_i^{B}\langle c\rangle_i^{B}$；

④ 计算$z=\langle z\rangle_0^{B}\oplus\langle z\rangle_1^{B}$。

MUX选择门$\mathrm{MUX}(x,y,b)$。如果$b==0$，则返回x，否则返回y。

（3）姚共享

P_0作为混淆者，P_1作为评价者，P_0利用free-XOR和点和置换（point-and-permute）技术随机选择一个全局的K bits字符串R。其中$R[0]=1$（最低有效比特）。对于每一条线路w，$k_0^{w}\in\{0,1\},k_1^{w}=k_0^{w}\oplus R$。$P_0$持有每条线路$w$的两个密钥$k_0^{w},k_1^{w}$，$P_1$持有其中一个密钥但是不知道对应的明文值，对于$l$ bit的值，并行执行l次。

共享值$\langle x\rangle^{Y}$。$\langle x\rangle_0^{Y}=k_0,\langle x\rangle_1^{Y}=k_x=k_0\oplus xR$。

共享过程$\mathrm{Shr}_i^{Y}(x)$。P_0令$\langle x\rangle_0^{Y}=k_0\in\{0,1\}$，将$k_x=k_0\oplus xR$发送给$P_1$。

重构$\mathrm{Rec}_i^{Y}(x)$。P_{1-i}将自己的置换比特$\langle x\rangle_{1-i}^{Y}[0]$发送给$P_i$，$P_i$计算$x=\langle x\rangle_{1-i}^{Y}[0]\oplus\langle x\rangle_i^{Y}[0]$。

XOR计算$\langle z\rangle^{Y}=\langle x\rangle^{Y}\oplus\langle y\rangle^{Y}$。$P_i$本地计算$\langle z\rangle_i^{Y}=\langle x\rangle_i^{Y}\oplus\langle y\rangle_i^{Y}$。

AND计算$\langle z\rangle^{Y}=\langle x\rangle^{Y}\wedge\langle y\rangle^{Y}$。

（4）姚共享到布尔共享（Yao to Boolean Sharing，Y2B）

由于姚共享使用了点和置换（point and permute）技术，因此标签中已经包含了置换比特（分别是0和1，已经在姚共享的重构过程中设定过，为标签的最后

1 bit，但是该比特不代表真实的值），因此在转为布尔共享时，可以直接利用置换比特，即 $\langle x\rangle_i^{\mathrm{B}}=\mathrm{Y2B}\left(\langle x\rangle_i^{\mathrm{Y}}\right)=\langle x\rangle_i^{\mathrm{Y}}[0]$。

（5）布尔共享到姚共享（Boolean to Yao Sharing，B2Y）

对于单个比特 x，令 $x_0=\langle x\rangle_0^{\mathrm{B}}$，$x_1=\langle x\rangle_1^{\mathrm{B}}$，随机选择 $\langle x\rangle_0^{\mathrm{Y}}=k_0\in\{0,1\}$，然后双方执行 OT，$P_0$ 将消息对 $(k_0\oplus x_0R,k_0\oplus(1-x_0)R)$ 作为输入，P_1 将 x_1 作为选择比特，然后得到 $\langle x\rangle_1^{\mathrm{Y}}=k_0\oplus(x_0\oplus x_1)R=k_x$。

（6）算术共享到姚共享（Arithmetic to Yao Sharing，A2Y）

令 $x_0=\langle x\rangle_0^{\mathrm{A}}$，$x_1=\langle x\rangle_1^{\mathrm{A}}$，然后得到 $\langle x_0\rangle^{\mathrm{Y}}=\mathrm{Shr}_0^{\mathrm{Y}}(x_0)$，$\langle x_1\rangle^{\mathrm{Y}}=\mathrm{Shr}_1^{\mathrm{Y}}(x_1)$，最后可得 $x=\langle x_0\rangle^{\mathrm{Y}}+\langle x_1\rangle^{\mathrm{Y}}$。

（7）算术共享到布尔共享（Arithmetic to Boolean Sharing，A2B）

$$\langle x\rangle^{\mathrm{B}}=\mathrm{A2B}\left(\langle x\rangle^{\mathrm{A}}\right)=\mathrm{Y2B}\left(\mathrm{A2Y}\left(\langle x\rangle^{\mathrm{A}}\right)\right)$$

（8）布尔共享到算术共享（Boolean to Arithmetic Sharing，B2A）

对于 l bit 秘密值 $x\in\{0,1\}^l$，满足 $x_i=\langle x_i\rangle_0^{\mathrm{B}}\oplus\langle x_i\rangle_1^{\mathrm{B}}$，则 $x=\sum_{i=0}^{l-1}2^i x_i=\sum_{i=0}^{l-1}2^i\left(\langle x_i\rangle_0^{\mathrm{B}}\oplus\langle x_i\rangle_1^{\mathrm{B}}\right)$，使用 OT 协议完成转换。

① P_0 作为发送者，选择随机数 $r_i\in Z_{2^l}$，输入 $\left(s_0^i,s_1^i\right)$。

$$s_1^i=2^i\langle x_i\rangle_0^{\mathrm{B}}-r_i$$

$$s_0^i=2^i\left(1-\langle x_i\rangle_0^{\mathrm{B}}\right)-r_i$$

② P_1 作为接收者输入 $\langle x_i\rangle_1^{\mathrm{B}}$，获得

$$\mathrm{out}_i=\begin{cases}2^i\left(\langle x\rangle_0^{\mathrm{B}}\oplus 0\right)-r_i,\langle x_i\rangle_1^{\mathrm{B}}=0\\ 2^i\left(\langle x\rangle_0^{\mathrm{B}}\oplus 1\right)-r_i,\langle x_i\rangle_1^{\mathrm{B}}=1\end{cases}$$

即 $\mathrm{out}_i=2^i\left(\langle x_i\rangle_0^{\mathrm{B}}\oplus\langle x_i\rangle_1^{\mathrm{B}}\right)-r_i=2^i x_i-r_i$。

③ P_0 设置 $\langle x\rangle_0^{\mathrm{A}}=\sum_{i=0}^{l-1}r_i$，$P_1$ 设置 $\langle x\rangle_1^{\mathrm{A}}=\sum_{i=0}^{l-1}\mathrm{out}_i=x-\langle x\rangle_0^{\mathrm{A}}$。

（9）姚共享到算术共享（Yao to Arithmetic Sharing，Y2A）

$$\langle x\rangle^{\mathrm{A}}=\mathrm{Y2A}\left(\langle x\rangle^{\mathrm{Y}}\right)=\mathrm{B2A}\left(\mathrm{Y2B}\left(\langle x\rangle^{\mathrm{Y}}\right)\right)$$

框架类型转换如图 3-11 所示。

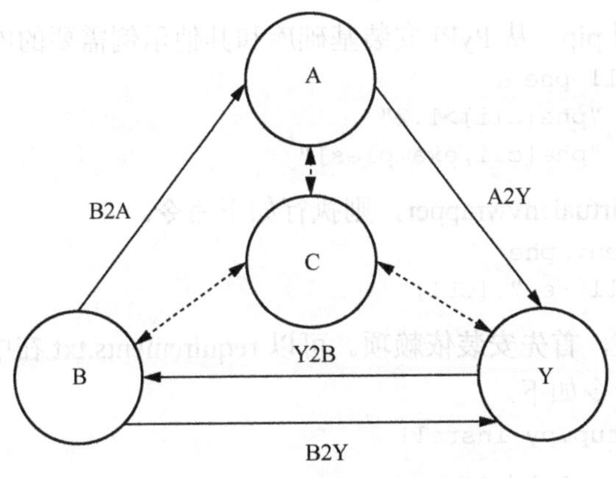

图 3-11 框架类型转换

3. 部署场景

“百万富翁问题”是姚期智于 1982 年提出的。两个富翁想在不透露实际财富的情况下，找出谁更富有。这个示例可以用作 ABY 应用程序的起点。

（1）将 ABY/src/examples 的 millionaire_prob 文件夹复制到 ABY/build/bin 里；

（2）进入 ABY/build/目录下进行操作 make；

（3）在 ABY/build/目录下进入 bin；

（4）在 ABY/build/bin/目录下打开两个终端，分别输入如下代码，就可以运行实例得到结果了。

```
./millionaire_prob_test -r 0
./millionaire_prob_test -r 1
```

3.2 同态加密框架

3.2.1 Paillier

python-paillier 是一个实现 Paillier 部分同态加密的 Python 3 库。Paillier 密码系统的同态性质如下：加密的数字可以乘以未加密的标量，可以将加密的数字添加到一起，可以将加密数字添加到非加密标量。

1. 环境配置

python-paillier 需要 Python 3.3 及以上版本。在 Ubuntu 系统上，应安装以下软件包：

```
libmpc-dev
libmpfr-dev
libmpfr4
libgmp3-dev
```

在命令行使用 pip，从 PyPI 安装基础库和其他示例需要的库，命令如下。

```
$ pip install phe
pip install "phe[cli]>1.2"
pip install "phe[cli,examples]"
```

如果安装了 virtualenvwrapper，则执行如下命令。

```
$ mkvirtualenv phe
$ pip install -e ".[CLI]"
```

要从源包安装，首先安装依赖项。可以 requirements.txt 在中找到一个列表，然后正常安装，命令如下。

```
$ python setup.py install
```

运行单元测试，命令如下。

```
python setup.py test
```

2. 整体架构

假设有两个角色使用这个库，一方控制私钥，另一方没有私钥，接下来展示如何扮演这两个角色。

首先需要导入库，命令如下。

```
from phe import paillier
```

角色 1 持有私钥，通常会生成密钥并进行解密。首先，生成一个公钥和私钥对，命令如下。

```
>>> public_key, private_key = paillier.generate_paillier_keypair()
```

如果有多个私钥，那么需要一个密钥环来存储类 phe.paillier.PaillierPrivateKey 的实例，命令如下。

```
>>> keyring = paillier.PaillierPrivateKeyring()
>>> keyring.add(private_key)
>>> public_key1, private_key1 = paillier.generate_paillier_keypair
(keyring)
>>> public_key2, private_key2 = paillier.generate_paillier_keypair
(keyring)
```

开始加密数字，命令如下。

```
>>> secret_number_list = [3.141592653, 300, -4.6e-12]
>>> encrypted_number_list = [public_key.encrypt(x) for x in secret_
number_list]
```

随后进行密文共享。在解密过程中，要解密类 phe.paillier.EncryptedNumber，需要使用相关的类 phe.paillier.PaillierPrivateKey，命令如下。

```
>>> [private_key.decrypt(x) for x in encrypted_number_list]
[3.141592653, 300, -4.6e-12]
```

如果有多个密钥对存储在类 phe.paillier.PaillierPrivateKeyring 中，则不需要手

动查找相关的类 phe.paillier.PaillierPrivateKey，命令如下。

```
>>> [keyring.decrypt(x) for x in encrypted_number_list]
[3.141592653, 300, -4.6e-12]
```

角色 2 无权访问私钥，并且通常使用其自己的未加密数据对提供的加密数据执行操作。一旦该方收到一些类 phe.paillier.EncryptedNumber 实例，它就可以执行 Paillier 加密支持的基本数学运算，命令如下。

```
>>> a, b, c = encrypted_number_list
>>> a
<phe.paillier.EncryptedNumber at 0x7f60a28c90b8>
>>> a_plus_5 = a + 5
>>> a_plus_b = a + b
>>> a_times_3_5 = a * 3.5
```

一些简单的扩展，命令如下。

```
>>> a_minus_1 = a - 1 # = a + (-1)
>>> a_div_minus_3_1 = a / -3.1 # = a * (-1 / 3.1)
>>> a_minus_b = a - b # = a + (b * -1)
```

仅依赖于这些操作的 Numpy 操作是允许的，如

```
>>> import numpy as np
>>> enc_mean = np.mean(encrypted_number_list)
>>> enc_dot = np.dot(encrypted_number_list, [2, -400.1, 5318008])
```

Paillier 的部分同态方案不支持的操作会引发错误，如

```
>>> a * b
NotImplementedError: Good luck with that...
>>> 1 / a
TypeError: unsupported operand type(s) for /: 'int' and 'Encrypted
Number'
```

一旦完成了必要的计算，该方会把生成的类 phe.paillier.EncryptedNumber 实例发送回私钥持有者进行解密。在某些情况下，可以通过降低浮点数的精度来提高性能，示例如下。

```
>>> a_times_3_5_lp = a * paillier.EncodedNumber.encode(a.public_
key, 3.5, 1e-2)
```

3. 部署场景

目录 python-paillier-master\examples 中给出了 4 个例子。alternative_base.py 演示了给定数字加密解密的验证过程，同时执行了加密相加运算并验证正确性。benchmarks.py 测试不同条件下加法、乘法等加密计算的时间效率。federated_learning_with_encryption.py 展示了使用多家医院的敏感医学数据来预测患者的糖尿病进展，数据是 sklearn 的标准数据集。logistic_regression_encrypted_ model.py 展示了在不泄露分类器模型数据和待分类数据的前提下获得分类结果的使用场景。

3.2.2 ElGamal

ElGamal 是一个 Python 模块，可使用 ElGamal 密码系统加密和解密文本。该程序为密码学练习而创建，不建议使用它来保护任何敏感信息。

1. 环境配置

该框架对 Python 3.4 兼容，通过下载 elgamal.py 并将其放置在模块搜索路径中来安装 elgamal。在使用中，首先导入模块，命令如下。

```
    import elgamal
```

要生成公钥/私钥对，需要执行以下命令。

```
    elgamal.generate_keys()
    # 返回一个字典{'privateKey': privateKeyObject, 'publicKey': publicKey
Object}
```

默认情况下 generate_keys()生成一个256 bit 的密钥，密钥是素数的概率为$1-2^{-32}$。可以通过设置传递参数（n,t）来更改密钥的比特数以及密钥是素数的概率。其中，n 是希望密钥具有的比特数，密钥为素数的概率为$1-2^{-t}$。设置参数的命令如下。

```
    elgamal.generate_keys(n, t)
```

执行以下命令进行消息加密。

```
    cipher = elgamal.encrypt(publicKey, "This is the message I want
to encrypt")
    # 返回一个串
```

执行以下命令进行密文解密。

```
    plaintext = elgamal.decrypt(privateKey, cipher)
    # 返回 elgamal.encrypt()的信息
```

2. 整体架构

将字节编码为整数并对素数取模，从文件中读取字节，命令如下。

```
def encode(sPlaintext, iNumBits):
        byte_array = bytearray(sPlaintext, 'utf-16')
        # z 是 mod p 整数的数组
        z = []
        # 每个编码整数将是 k 个消息字节的线性组合
        # k 必须是素数中的比特数除以 8，因为每个消息字节的长度为 8 bit
        k = iNumBits//8
        # j 标记第 j 个编码整数
        # j 将从 0 开始，因此使其为-k，因为 j 将在第一次迭代中递增
        j = -1 * k
        # num is the summation of the message bytes
        num = 0
        # i 表示迭代字节数组
        for i in range( len(byte_array) ):
                # 如果 i 可被 k 整除，则开始一个新的编码整数
```

```
            if i % k == 0:
                j += k
                num = 0
                z.append(0)
            # 将乘以 2 的字节加到 8 的倍数
            z[j//k] += byte_array[i]*(2**(8*(i%k)))
        return z
```

将整数解码为原始消息字节，命令如下。

```
def decode(aiPlaintext, iNumBits):
        # 字节数组将保存解码的原始消息字节
        bytes_array = []
        # 与 encode 函数中的处理相同。
        k = iNumBits//8
        # num 是列表 aiPlaintext 中的整数
        for num in aiPlaintext:
                # 从整数中获取 k 个消息字节，i 从 0 到 k-1 计数
                for i in range(k):
                        temp = num
                        for j in range(i+1, k):
                                # 获得整除 2^(8*j)的余数
                                temp = temp % (2**(8*j))
                        # 表示字母的消息字节等于 temp 除以 2^ (8*i)
                        letter = temp // (2**(8*i))
                        # 将消息字节字母添加到字节数组
                        bytes_array.append(letter)
                        # 从 num 中减去字母乘以 2^(8*i)
                        # 因此可以找到下一个消息字节
                        num = num - (letter*(2**(8*i)))
        decodedText = bytearray(b for b in bytes_array).decode
('utf-16')
        return decodedText
```

生成公钥 $K_1(p,g,h)$ 和私钥 $K_2(p,g,x)$，命令如下。

```
def generate_keys(iNumBits=256, iConfidence=32):
        # p是素数，g是原始根，x 是包含 (0, p-1) 中的随机数
        # h = g ^ x mod p
        p = find_prime(iNumBits, iConfidence)
        g = find_primitive_root(p)
        g = modexp( g, 2, p )
        x = random.randint( 1, (p - 1) // 2 )
        h = modexp( g, x, p )
        publicKey = PublicKey(p, g, h, iNumBits)
        privateKey = PrivateKey(p, g, x, iNumBits)
        return {'privateKey': privateKey, 'publicKey': publicKey}
```

使用公钥加密字符串，命令如下。

```
def encrypt(key, sPlaintext):
        z = encode(sPlaintext, key.iNumBits)
        # cipher_pairs 列表将保存每个整数的对 (c, d)
        cipher_pairs = []
        # i 是 z 中的一个整数
        for i in z:
                # 随机从包含 (0, p-1) 中选 y
                y = random.randint( 0, key.p )
                # c = g^y mod p
                c = modexp( key.g, y, key.p )
                # d = ih^y mod p
                d = (i*modexp( key.h, y, key.p)) % key.p
                # 将密钥对添加到密钥对列表
                cipher_pairs.append( [c, d] )
        encryptedStr = ""
        for pair in cipher_pairs:
                encryptedStr += str(pair[0]) + ' ' + str(pair[1]
) + ' '
        return encryptedStr
```

使用找到的密钥对，执行解密，并将解密后的值写入明文文件。

```
def decrypt(key, cipher):
        # 解密密钥对并将解密整数加入到明文整数列表中
        plaintext = []
        cipherArray = cipher.split()
        if (not len(cipherArray) % 2 == 0):
                return "Malformed Cipher Text"
        for i in range(0, len(cipherArray), 2):
                c = int(cipherArray[i])
                d = int(cipherArray[i+1])
                #s = c^x mod p
                s = modexp( c, key.x, key.p )
                # 明文整数 = ds^-1 mod p
                plain = (d*modexp( s, key.p-2, key.p)) % key.p
                # 将纯文本添加到纯文本整数列表
                plaintext.append( plain )
        decryptedText = decode(plaintext, key.iNumBits)
        # 删除尾随空字节
        decryptedText = "".join([ch for ch in decryptedText if
ch != '\x00'])
        return decryptedText
```

solovay-strassen 素性检验，测试 num 是否为素数，命令如下。

```
def SS( num, iConfidence ):
        # 确保 t 的置信度
```

```
        for i in range(iConfidence):
                # 在1和n-2之间选择随机a
                a = random.randint( 1, num-1 )
                # 如果a不是n的相对素数，则n是复合的
                if gcd( a, num ) > 1:
                        return False
                # 如果雅可比(a, n)与 a^((n-1)/2) mod n全等，则声明n素数
                if not jacobi( a, num ) % num == modexp ( a,
(num-1)//2, num ):
                        return False
        # 如果有t次迭代没有失败，num被认为是素数
        return True
```

计算雅可比符号，命令如下。

```
    def jacobi( a, n ):
        if a == 0:
                if n == 1:
                        return 1
                else:
                        return 0
        # 雅可比符号的性质
        elif a == -1:
                if n % 2 == 0:
                        return 1
                else:
                        return -1
        # 如果a==1，雅可比符号等于1
        elif a == 1:
                return 1
        # 雅可比符号的性质
        elif a == 2:
                if n % 8 == 1 or n % 8 == 7:
                        return 1
                elif n % 8 == 3 or n % 8 == 5:
                        return -1
        # 雅可比符号的性质
        # 如果 a = b mod n, jacobi(a, n) = jacobi( b, n )
        elif a >= n:
                return jacobi( a%n, n)
        elif a%2 == 0:
                return jacobi(2, n)*jacobi(a//2, n)
        # 二次互易定律
        # 如果a是奇数且a和n互质
        else:
                if a % 4 == 3 and n%4 == 3:
                        return -1 * jacobi( n, a)
```

```
                else:
                        return jacobi( n, a)
```

查找素数 p 的本原根，命令如下。

```
    def find_primitive_root( p ):
            if p == 2:
                    return 1
            # p-1 的素因子是 2 和 (p-1) /2，因为 p=2x+1，其中 x 是素数
            p1 = 2
            p2 = (p-1) // p1
            # 测试随机 g，直到发现一个是原始根 mod p
            while( 1 ):
                    g = random.randint( 2, p-1 )
                    # 如果对于 p-1 的所有素因子 p[i]，当 g^((p-1)/p[i])
(mod p) 与 1 不一致时，p 是本原根
                    if not (modexp(g, (p-1)//p1, p ) == 1):
                            if not modexp( g, (p-1)//p2, p ) == 1:
                                    return g
```

查找 n bit 素数，命令如下。

```
    def find_prime(iNumBits, iConfidence):
            # 继续测试，直到找到为止
            while(1):
                    # 随机生成可能是素数的数
                    p = random.randint( 2**(iNumBits-2), 2**(iNumBits
-1))
                    # 确保它是奇数
                    while( p % 2 == 0 ):
                            p = random.randint(2**(iNumBits-2),2**
(iNumBits-1))
                    # 如果 solovay-strassen 测试失败，请继续这样做
                    while( not SS(p, iConfidence) ):
                            p = random.randint( 2**(iNumBits-2), 2**
(iNumBits-1))
                            while( p % 2 == 0 ):
                                    p = random.randint(2**(iNumBits-
2), 2**(iNumBits-1))
                    # 如果 p 是素数，则计算 p=2*p+1
                    # 如果 p 是素数，就成功了；否则，重新开始
                    p = p * 2 + 1
                    if SS(p, iConfidence):
                            return p
```

3. 部署场景

这个 Python 程序实现了 ElGamal 密码系统。该程序能够对消息进行加密和解密。程序执行前需要输入以下信息：n，指定要生成素数的长度；t，指定生成结

果为素数的期望置信度；希望加密和解密的消息文件的名称。

在用户提供了必要的信息后，程序将生成一对用于加密和解密的密钥(K_1,K_2)。K_1是公钥，包含3个整数(p,g,h)，其中，p是一个n bit素数。实际上p是素数的概率为$1-2^{-t}$；g是本原根$\bmod p$的平方；$h=g^x \bmod p$。随机选择x，$1 \leqslant x < p$。h使用快速模幂计算。K_2是私钥，包含3个整数(p,g,x)。K_1和K_2被写入文件。

接下来，程序将消息的字节编码为整数$z[i] < p$，使用的模块为encode()。在消息被编码成整数后，整数被加密并写入一个文件，加密过程在encrypt()中实现。具体如下：每个整数对应于写入密文的一对(c,d)。对于整数$z[i]$，$c[i]=g^y (\bmod\ p), d[i]=z[i]h^y (\bmod\ p)$，其中，$y$是随机选择的，且$0 \leqslant y < p$。

解密模块decrypt()从密文中读取每对整数，并将其恢复为编码整数。其过程如下：$s=c[i]^x (\bmod\ p), z[i]=d[i] \cdot s^{-1} (\bmod\ p)$。decode()模块获取解密模块生成的整数，并将其分解为初始消息中接收的字节。这些字节以明文形式写入文件。

3.2.3 RSA

Python-RSA支持PKCS#1 1.5版本的加密和解密、签名和验证签名，以及密钥生成，可以用作Python库和命令行。

1. 环境配置

Python-RSA与Python 3.5及更高版本兼容，支持Python 2.7的最后一个版本是Python-RSA 4.0。Python-RSA的依赖项很少，但是加载和保存密钥确实需要一个额外的模块——pyasn1。

首先，使用以下方式进行安装。

```
pip install rsa
```

或从Python Package Index下载。开发环境设置如下。

```
python3 -m venv .venv
. ./.venv/bin/activate
pip install poetry
poetry install
```

2. 整体架构

公钥类表示公共RSA密钥。它包含n和e值，代码如下。

```
class PublicKey(AbstractKey):
    __slots__ = ()
    def __getitem__(self, key: str) -> int:
        return getattr(self, key)
    def __repr__(self) -> str:
        return "PublicKey(%i, %i)" % (self.n, self.e)
    def __getstate__(self) -> typing.Tuple[int, int]:
        """将键作为元组返回"""
```

```
        return self.n, self.e
    def __setstate__(self, state: typing.Tuple[int, int]) -> None:
        """从元组设置键"""
        self.n, self.e = state
        AbstractKey.__init__(self, self.n, self.e)
    def __eq__(self, other: typing.Any) -> bool:
        if other is None:
            return False
        if not isinstance(other, PublicKey):
            return False
        return self.n == other.n and self.e == other.e
    def __ne__(self, other: typing.Any) -> bool:
        return not (self == other)
    def __hash__(self) -> int:
        return hash((self.n, self.e))
    @classmethod
    def _load_pkcs1_der(cls, keyfile: bytes) -> "PublicKey":
        # 加载 PKCS#1 DER 格式的密钥。keyfile 包含公钥 DER 编码文件的内容
        from pyasn1.codec.der import decoder
        from rsa.asn1 import AsnPubKey
        (priv, _) = decoder.decode(keyfile, asn1Spec = AsnPubKey())
        return cls(n = int(priv["modulus"]), e = int(priv["public
Exponent"]))
    def _save_pkcs1_der(self) -> bytes:
        # 以 PKCS#1 DER 格式保存公钥
        from pyasn1.codec.der import encoder
        from rsa.asn1 import AsnPubKey
        # 创建 ASN 对象
        asn_key = AsnPubKey()
        asn_key.setComponentByName("modulus", self.n)
        asn_key.setComponentByName("publicExponent", self.e)
        return encoder.encode(asn_key)
    @classmethod
    def _load_pkcs1_pem(cls, keyfile: bytes) -> "PublicKey":
        # 加载 PKCS#1 PEM 编码的公钥文件
        der = rsa.pem.load_pem(keyfile, "RSA PUBLIC KEY")
        return cls._load_pkcs1_der(der)
    def _save_pkcs1_pem(self) -> bytes:
        # 保存 PKCS#1 PEM 编码的公钥文件
        der = self._save_pkcs1_der()
        return rsa.pem.save_pem(der, "RSA PUBLIC KEY")
    @classmethod
    def load_pkcs1_openssl_pem(cls, keyfile: bytes) -> "PublicKey":
        # 从 OpenSSL 加载 PKCS#1.5 PEM 编码的公钥文件
        der = rsa.pem.load_pem(keyfile, "PUBLIC KEY")
        return cls.load_pkcs1_openssl_der(der)
```

```
    @classmethod
    def load_pkcs1_openssl_der(cls, keyfile: bytes) -> "PublicKey":
        # 从 OpenSSL 加载 PKCS#1 DER 编码的公钥文件
        from rsa.asn1 import OpenSSLPubKey
        from pyasn1.codec.der import decoder
        from pyasn1.type import univ
        (keyinfo, _) = decoder.decode(keyfile, asn1Spec = OpenSSL
PubKey())
        if keyinfo["header"]["oid"] != univ.ObjectIdentifier("1.
2.840.113549.1.1.1"):
            raise TypeError("This is not a DER-encoded OpenSSL-
compatible public key")
        return cls._load_pkcs1_der(keyinfo["key"][1:])
```

私钥类表示私密 RSA 密钥。它包含n,e,d,p,q和其他值，代码如下。

```
class PrivateKey(AbstractKey):
    __slots__ = ("d", "p", "q", "exp1", "exp2", "coef")
    def __init__(self, n: int, e: int, d: int, p: int, q: int) -
> None:
        AbstractKey.__init__(self, n, e)
        self.d = d
        self.p = p
        self.q = q
        # 计算指数和系数
        self.exp1 = int(d % (p - 1))
        self.exp2 = int(d % (q - 1))
        self.coef = rsa.common.inverse(q, p)
    def __getitem__(self, key: str) -> int:
        return getattr(self, key)
    def __repr__(self) -> str:
        return "PrivateKey(%i, %i, %i, %i, %i)" % (
            self.n,
            self.e,
            self.d,
            self.p,
            self.q,
        )
    def __getstate__(self) -> typing.Tuple[int, int, int, int,
int, int, int, int]:
        """将键作为元组返回"""
        return self.n, self.e, self.d, self.p, self.q, self.exp1
, self.exp2, self.coef

    def __setstate__(self, state: typing.Tuple[int, int, int,
int, int, int, int, int]) -> None:
        """从元组设置键"""
```

```
        self.n, self.e, self.d, self.p, self.q, self.exp1, self.
exp2, self.coef = state
        AbstractKey.__init__(self, self.n, self.e)
    def __eq__(self, other: typing.Any) -> bool:
        if other is None:
            return False
        if not isinstance(other, PrivateKey):
            return False
        return (
            self.n == other.n
            and self.e == other.e
            and self.d == other.d
            and self.p == other.p
            and self.q == other.q
            and self.exp1 == other.exp1
            and self.exp2 == other.exp2
            and self.coef == other.coef
        )
    def __ne__(self, other: typing.Any) -> bool:
        return not (self == other)
    def __hash__(self) -> int:
        return hash((self.n, self.e, self.d, self.p, self.q, self.
exp1, self.exp2, self.coef))
    def blinded_decrypt(self, encrypted: int) -> int:
        # 使用盲法解密消息，以防止侧通道攻击
        s1 = pow(blinded, self.exp1, self.p)
        s2 = pow(blinded, self.exp2, self.q)
        h = ((s1 - s2) * self.coef) % self.p
        decrypted = s2 + self.q * h
        return self.unblind(decrypted, blindfac_inverse)
    def blinded_encrypt(self, message: int) -> int:
        # 使用盲法加密消息，以防止侧通道攻击
        blinded, blindfac_inverse = self.blind(message)
        encrypted = rsa.core.encrypt_int(blinded, self.d, self.n)
        return self.unblind(encrypted, blindfac_inverse)
    @classmethod
    def _load_pkcs1_der(cls, keyfile: bytes) -> "PrivateKey":
        # 加载 PKCS#1 DER 格式的密钥
        from pyasn1.codec.der import decoder
        (priv, _) = decoder.decode(keyfile)
            if priv[0] != 0:
            raise ValueError("Unable to read this file, version
%s != 0" % priv[0])
        as_ints = map(int, priv[1:6])
        key = cls(*as_ints)
        exp1, exp2, coef = map(int, priv[6:9])
```

```
        if (key.exp1, key.exp2, key.coef) != (exp1, exp2, coef):
            warnings.warn(
                "You have provided a malformed keyfile. Either 
the exponents "
                "or the coefficient are incorrect. Using the 
correct values "
                "instead.",
                UserWarning,
            )
        return key
    def _save_pkcs1_der(self) -> bytes:
        # 以PKCS#1 DER格式保存私钥
        from pyasn1.type import univ, namedtype
        from pyasn1.codec.der import encoder
        class AsnPrivKey(univ.Sequence):
            componentType = namedtype.NamedTypes(
                namedtype.NamedType("version", univ.Integer()),
                namedtype.NamedType("modulus", univ.Integer()),
                namedtype.NamedType("publicExponent", univ.
Integer()),
                namedtype.NamedType("privateExponent", univ.
Integer()),
                namedtype.NamedType("prime1", univ.Integer()),
                namedtype.NamedType("prime2", univ.Integer()),
                namedtype.NamedType("exponent1", univ.Integer()),
                namedtype.NamedType("exponent2", univ.Integer()),
                namedtype.NamedType("coefficient", univ.Integer()),
            )
        # 创建ASN对象
        asn_key = AsnPrivKey()
        asn_key.setComponentByName("version", 0)
        asn_key.setComponentByName("modulus", self.n)
        asn_key.setComponentByName("publicExponent", self.e)
        asn_key.setComponentByName("privateExponent", self.d)
        asn_key.setComponentByName("prime1", self.p)
        asn_key.setComponentByName("prime2", self.q)
        asn_key.setComponentByName("exponent1", self.exp1)
        asn_key.setComponentByName("exponent2", self.exp2)
        asn_key.setComponentByName("coefficient", self.coef)
        return encoder.encode(asn_key)
    @classmethod
    def _load_pkcs1_pem(cls, keyfile: bytes) -> "PrivateKey":
        # 加载PKCS#1 PEM编码的私钥文件
        der = rsa.pem.load_pem(keyfile, b"RSA PRIVATE KEY")
        return cls._load_pkcs1_der(der)
    def _save_pkcs1_pem(self) -> bytes:
```

```
        # 保存 PKCS#1 PEM 编码的私钥文件
        der = self._save_pkcs1_der()
        return rsa.pem.save_pem(der, b"RSA PRIVATE KEY")
```

3. 部署场景

本节介绍 Python-RSA 模块的使用。在使用 RSA 之前需要生成密钥。首先生成一个私钥和一个公钥，私钥不能与任何人共享。公钥用于加密消息，使其只能由私钥的所有者读取，因此，公钥也称加密密钥。解密消息只能使用私钥完成，因此私钥也称解密密钥。私钥用于对消息签名。根据签名和公钥，接收者可以确认消息是由私钥的所有者签名的，并且消息在签名后没有被修改。

（1）生成密钥

可以使用 rsa.newkeys 函数来创建密钥，命令如下。

```
>>> import rsa
>>> (pubkey, privkey) = rsa.newkeys(512)
```

或者使用 rsa.PrivateKey.load_pkcs1 和 rsa.PublicKey.load_pkcs1 从文件加载密钥，此处以 PrivateKey 为例，命令如下。

```
>>> import rsa
>>> with open('private.pem', mode = 'rb') as privatefile:
...     keydata = privatefile.read()
>>> privkey = rsa.PrivateKey.load_pkcs1(keydata)
```

生成密钥可能需要很长时间，具体取决于所需的比特数。比特数决定了密钥的加密强度，以及可以加密的消息大小。如果允许密钥比请求的略小，可以通过 accurate=False 加快密钥生成过程。加快密钥生成过程的另一种方法是并行使用多个进程来加速密钥生成。使用不超过机器可以并行运行的进程数 poolsize，双核机器 poolsize=2；四核超线程机器可以在每个核上运行两个线程，因此 poolsize=8。

```
>>> (pubkey, privkey) = rsa.newkeys(512, poolsize = 8)
```

（2）加密和解密

加密或解密消息需要分别使用 rsa.encrypt 和 rsa.decrypt。假设 Alice 想发送一条只有 Bob 可以阅读的消息。Bob 生成一个密钥对，并将公钥提供给 Alice。这样做是为了让 Alice 确定密钥确实是 Bob 的。

```
>>> import rsa
>>> (bob_pub, bob_priv) = rsa.newkeys(512)
```

Alice 写了一条消息，并用 UTF-8 对其进行编码。RSA 模块只对字节进行操作，而不对字符串进行操作，因此这一步是必要的。编码命令如下。

```
>>> message = 'hello Bob!'.encode('utf8')
```

Alice 使用 Bob 的公钥加密消息，并发送加密消息，命令如下。

```
>>> import rsa
>>> crypto = rsa.encrypt(message, bob_pub)
```

Bob 收到消息，并用其私钥对消息解密，命令如下。

```
>>> message = rsa.decrypt(crypto, bob_priv)
>>> print(message.decode('utf8'))
hello Bob!
```

由于 Bob 将其私钥保密，Alice 可以确定 Bob 是唯一可以阅读该消息的人，但 Bob 不能确定是谁发送了消息，因为 Alice 没有签名。

RSA 只能加密小于密钥的消息。随机填充会丢失几个字节，其余字节可用于消息本身。更改加密消息可能会导致错误，即 rsa.pkcs1.DecryptionError。如果想确定，可以使用 rsa.sign，命令如下。

```
>>> crypto = rsa.encrypt(b'hello', bob_pub)
>>> crypto = crypto[:-1] + b'X' # 改变最后一个字节
>>> rsa.decrypt(crypto, bob_priv)
Traceback (most recent call last):
...
rsa.pkcs1.DecryptionError: Decryption failed
```

（3）签名和验证

可以使用 rsa.sign 函数为消息创建分离签名，命令如下。

```
>>> (pubkey, privkey) = rsa.newkeys(512)
>>> message = 'Go left at the blue tree'.encode()
>>> signature = rsa.sign(message, privkey, 'SHA-1')
```

这里使用 SHA-1 对消息进行哈希处理。其他哈希算法也是可以实现的，读者可以查看 rsa.sign 函数文档以获取详细信息。用私钥对哈希进行签名，可以在单独的操作中计算哈希和签名。如果要哈希消息，可以使用 rsa.compute_hash 函数，然后使用 rsa.sign_hash 函数对哈希进行签名，命令如下。

```
>>> message = 'Go left at the blue tree'.encode()
>>> hash = rsa.compute_hash(message, 'SHA-1')
>>> signature = rsa.sign_hash(hash, privkey, 'SHA-1')
```

验证签名需使用 rsa.verify 函数。如果验证成功，此函数返回用作字符串的哈希算法，命令如下。

```
>>> message = 'Go left at the blue tree'.encode()
>>> rsa.verify(message, signature, pubkey)
'SHA-1'
```

修改消息，签名不再有效并显示 rsa.pkcs1.VerificationError，命令如下。

```
>>> message = 'Go right at the blue tree'.encode()
>>> rsa.verify(message, signature, pubkey)
Traceback (most recent call last):
  File "<stdin>", line 1, in <module>
  File "/home/sybren/workspace/python-rsa/rsa/pkcs1.py", line
289, in verify
```

```
    raise VerificationError('Verification failed')
rsa.pkcs1.VerificationError: Verification failed
```

3.2.4 SEAL

SEAL 是一个同态加密库，允许对加密的整数或实数执行加法和乘法运算。其他操作，如加密比较、排序或正则表达式，在大多数情况下无法使用此技术对加密数据进行评估。SEAL 有两种不同的同态加密方案，它们具有截然不同的属性。BFV 和 BGV 方案允许对加密整数执行模运算；CKKS 方案允许对加密的实数或复数执行加法和乘法运算，但只能产生近似结果。在加密实数求和、基于加密数据评估机器学习模型或计算加密位置的距离等应用中，CKKS 方案是目前的最佳选择。对于需要精确值的应用，BFV 和 BGV 方案更合适。

1．环境配置

在所有平台上，Microsoft SEAL 都是使用 CMake 构建的，其要求如表 3-9 所示。

表 3-9　SEAL 使用 CMake 构建要求

系统	工具
Windows	Visual Studio 2022 with C++ CMake Tools for Windows
Linux	Clang++ (5.0 及以上版本) or GNU G++ (6.0 及以上版本), CMake (3.13 及以上版本)
macOS/IOS	Xcode toolchain (9.3 及以上版本), CMake (3.13 及以上版本)
Android	Android Studio
FreeBSD	CMake (3.13 及以上版本)

在构建 SEAL 中，假设 SEAL 已被克隆到一个名为 SEAL 的目录中，并且假设下面显示的所有命令都在该目录中执行。可以通过执行以下命令为机器构建 SEAL 库。

```
cmake -S . -B build
cmake --build build
```

构建完成后，可以在目录中找到输出二进制文件 build/lib/和 build/bin/。

在安装 SEAL 过程中，如果有系统的 root 访问权限，可以按以下方式全局安装 Microsoft SEAL。

```
cmake -S . -B build
cmake --build build
sudo cmake --install build
```

要在本地安装 SEAL，例如~/mylibs/，执行以下命令。

```
cmake -S . -B build -DCMAKE_INSTALL_PREFIX=~/mylibs
cmake --build build
sudo cmake --install build
```

2. 整体架构

SEAL库功能模块如图3-12所示。NET提供信息安全应用开发接口。CKKS方案可以对加密的实数或复数进行同态运算和重线性化，得到近似精度的结果，可以用于评估加密数据的机器学习模型或用来计算加密位置距离等场景。BFV方案允许在对加密的整数上执行同态运算、重线性化、批处理，得到精确值结果。

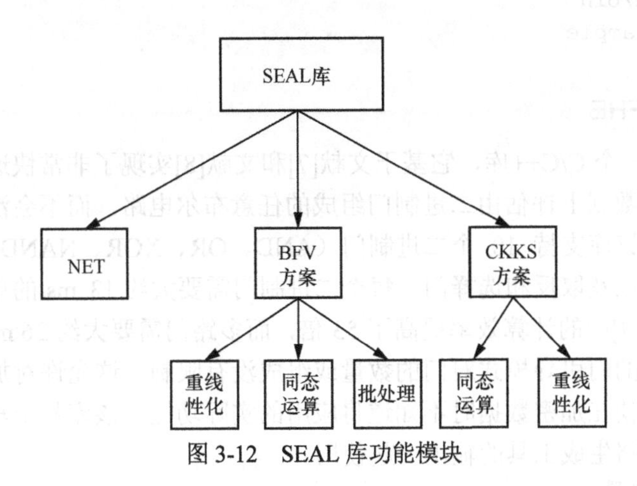

图3-12 SEAL库功能模块

SEAL库调用对象如表3-10所示。更大的poly_modulus_degree使密文的大小更大，操作更慢，但允许更复杂的加密计算。更大的coeff_modulus_modulus意味着更大的噪声预算，因此需要更强的加密计算能力。coeff_modulus_degree确定了coeff_modul_modulus总比特长度的上限，明文模量plain_modulus决定了明文数据类型的大小和乘法中噪声预算的消耗。

表3-10 SEAL库调用对象

调用对象	功能
parms.setpoly_modulus_degree(poly_modulus_degree)	设置多项式模的次数
parms.setcoeff_modulus(coeff_modulus_128(2048))	设置密文系数模数
parms.set_plain_modulus(1<<8)	设置明文模数
auto context = SEALContext::Create(parms)	生成 context 对象
Encryptor encryptor(context, public_key)	初始化加密器
Evaluator evaluator(context)	初始化运算器
Decryptor decryptor(context, secret_Skey)	初始化解密器

3. 部署场景

SEAL包含一些例子程序，放置在SEAL/native/examples下，包括BFV Basics、Encoders、Levels、BGV Basics、CKKS Basics、Rotation、Serialization、Performance Test。运行下面CMake命令编译这些例子。

```
cd native/examples
cmake -S . -B build -DSEAL_ROOT = ~/mylibs
cmake --build build
```

编译完成之后可在 SEAL/native/examples/build/bin 下面找到可执行二进制文件 sealexample。接着运行该二进制文件，命令如下。

```
cd build/bin
./sealexample
```

3.2.5 TFHE

TFHE 是一个 C/C++库，它基于文献[7]和文献[8]实现了非常快速的计算。该库允许在加密数据上评估由二进制门组成的任意布尔电路，而不会泄露关于数据的任何信息。该库支持 10 个二进制门（AND、OR、XOR、NAND、NOR 等）的同态求值，以及取反和选择门。每个二进制门需要大约 13 ms 的单核时间来评估，这将文献[9]中的计算效率提高了 53 倍，而多路门需要大约 26 ms。与其他库不同，TFHE 的门引导模式对门的数量或组成没有限制。这允许对加密数据执行任何计算，即使在加密数据时不知道将应用的实际功能。该库易于与手动制作的电路或自动电路生成工具的输出一起使用。

1. 环境配置

库接口可以在常规 C 语言代码中使用，但是要编译库的核心，需要一个标准的 C++11 编译器。要使用默认选项构建库，请从 TFHE 项目的顶级目录运行 make 和 make install，并且安装最新的 C++编译器（即 g++5.2 及以上版本或 clang3.8 及以上版本）。它将以优化模式编译共享库，并将其安装到/usr/local/lib 文件夹中。

如果想选择额外的编译选项，则需要手动运行 cmake 并传递所需的选项，命令如下。

```
mkdir build
cd build
cmake ../src -DENABLE_TESTS = on -DENABLE_FFTW = on -DCMAKE_BUILD_
TYPE=debug
make
```

2. 整体架构

下面将通过一个简单的用例介绍 TFHE 架构。该用例整体可分为 3 个阶段：第一阶段，客户端 Alice 生成密钥并加密两个数字；第二阶段，云进行同态计算，计算两个数中的最小值；第三阶段，Alice 解密并打印云端的答案。这 3 个阶段中的每一个都将被编码为一个单独的二进制文件，程序之间应该传输的数据将被保存并加载到文件中，以下通过 5 个步骤的详细代码进行用例说明。

（1）生成和保存参数和密钥

为了使用该库，首先需要生成一个密钥和一个云密钥。以下示例代码显示了如何执行此操作。密钥（secret.key）必须保持私密，而其对应的云密钥（cloud.key）可以安全地发送到云端。

```
    #include <tfhe/tfhe.h>
    #include <tfhe/tfhe_io.h>
    #include <stdio.h>
    int main() {
        // 生成密钥集
        const int minimum_lambda = 110;
        TFheGateBootstrappingParameterSet* params = new_default_
gate_bootstrapping_parameters(minimum_lambda);
        // 生成随机密钥
        uint32_t seed[] = { 314, 1592, 657 };
        tfhe_random_generator_setSeed(seed,3);
        TFheGateBootstrappingSecretKeySet* key = new_random_gate_
bootstrapping_secret_keyset(params);
        // 将密钥导出到文件以供以后使用
        FILE* secret_key = fopen("secret.key","wb");
        export_tfheGateBootstrappingSecretKeySet_toFile(secret_key,
key);
        fclose(secret_key);
        // 将云密钥导出到文件（用于云）
        FILE* cloud_key = fopen("cloud.key","wb");
        export_tfheGateBootstrappingCloudKeySet_toFile(cloud_key,
&key->cloud);
        fclose(cloud_key);
        // ...
        // 清除所有指针
        delete_gate_bootstrapping_secret_keyset(key);
        delete_gate_bootstrapping_parameters(params);
    }
```

（2）加密数据并导出密文

密钥的所有者可以加密数据。以下代码显示了如何加密 16 bit 整数 2017 和 42，并将密文导出到文件（cloud.data）。

```
        // 生成加密 2017 的 16 bit
        int16_t plaintext1 = 2017;
        LweSample* ciphertext1 = new_gate_bootstrapping_ciphertext_
array(16, params);
        for (int i=0; i<16; i++) {
            bootsSymEncrypt(&ciphertext1[i], (plaintext1>>i)&1, key);
        }
        // 生成加密 42 的 16 bit
        int16_t plaintext2 = 42;
        LweSample* ciphertext2 = new_gate_bootstrapping_ciphertext_
array(16, params);
```

```
        for (int i=0; i<16; i++) {
            bootsSymEncrypt(&ciphertext2[i], (plaintext2>>i)&1, key);
        }
        printf("Hi there! Today, I will ask the cloud what is the
minimum between %d and %d\n",plaintext1, plaintext2);
        // 将 2x16 密文导出到文件（用于云）
        FILE* cloud_data = fopen("cloud.data","wb");
        for (int i=0; i<16; i++)
            export_gate_bootstrapping_ciphertext_toFile(cloud_data,
&ciphertext1[i], params);
        for (int i=0; i<16; i++)
            export_gate_bootstrapping_ciphertext_toFile(cloud_data,
&ciphertext2[i], params);
        fclose(cloud_data);
        // 清除所有指针
        delete_gate_bootstrapping_ciphertext_array(16, ciphertext2);
        delete_gate_bootstrapping_ciphertext_array(16, ciphertext1);
```

（3）评估电路

云密钥的所有者可以评估密文的布尔门。最简单的方法是分层构建完整的电路。下面代码显示了如何编写一个在两个 16 bit 整数中求最小值的电路。

```
    // 用于比较第 i 位的基本全比较器门:
    //    输入: ai 和 bi 为 a 和 b 的第 i bit
    //          lsb_carry 为最低比特的比较结果
    //    algo: 如果（a == b）返回 lsb_carry，否则返回 b
    void compare_bit(LweSample* result, const LweSample* a, const
LweSample* b, const LweSample* lsb_carry, LweSample* tmp, const
TFheGateBootstrappingCloudKeySet* bk) {
        bootsXNOR(tmp, a, b, bk);
        bootsMUX(result, tmp, lsb_carry, a, bk);
    }
    // 此函数比较两个多比特字，并将最大值放入结果
    void minimum(LweSample* result, const LweSample* a, const LweSample
* b, const int nb_bits, const TFheGateBootstrappingCloudKeySet* bk) {
        LweSample* tmps = new_gate_bootstrapping_ciphertext_array(2,
 bk->params);
        // 将进位初始化为 0
        bootsCONSTANT(&tmps[0], 0, bk);
        // 运行基本比较器门 n 次
        for (int I = 0; i<nb_bits; i ++ ) {
            compare_bit(&tmps[0], &a[i], &b[i], &tmps[0], &tmps[1], bk);
        }
        // tmps[0]是比较的结果: 如果 a 更大，则结果为 0; 如果 b 更大，则结果为 1
        // 选择最大值并将其复制到结果
        for (int i = 0; i<nb_bits; i++) {
            bootsMUX(&result[i], &tmps[0], &b[i], &a[i], bk);
```

```
        }
        delete_gate_bootstrapping_ciphertext_array(2, tmps);
    }
```

（4）导入密文，并进行计算

将所有内容放在一个程序中，该程序首先导入云密钥和加密的输入数据，调用同态电路，然后将结果导出到文件，代码如下。

```
    int main() {
        // 从文件中读取云密钥
        FILE* cloud_key = fopen("cloud.key","rb");
        TFheGateBootstrappingCloudKeySet* bk = new_tfheGateBootstrapping
CloudKeySet_fromFile(cloud_key);
        fclose(cloud_key);
        // 如果需要，参数在键内
        const TFheGateBootstrappingParameterSet* params = bk->params;
        // 读取 2x16 密文
        LweSample* ciphertext1 = new_gate_bootstrapping_ciphertext_
array(16, params);
        LweSample* ciphertext2 = new_gate_bootstrapping_ciphertext_
array(16, params);
        // 从云文件中读取 2x16 密文
        FILE* cloud_data = fopen("cloud.data","rb");
        for (int i = 0; i<16; i++) import_gate_bootstrapping_ciphertext_
fromFile(cloud_data, &ciphertext1[i], params);
        for (int i = 0; i<16; i++) import_gate_bootstrapping_ciphertext_
fromFile(cloud_data, &ciphertext2[i], params);
        fclose(cloud_data);
        // 对密文进行一些操作：在这里，将计算两者的最小值
        LweSample* result = new_gate_bootstrapping_ciphertext_array
(16, params);
        minimum(result, ciphertext1, ciphertext2, 16, bk);
        // 将 32 个密文导出到文件（用于云）
        FILE* answer_data = fopen("answer.data","wb");
        for (int i = 0; i<16; i++) export_gate_bootstrapping_ciphertext_
toFile(answer_data, &result[i], params);
        fclose(answer_data);
        // 清理指针
        delete_gate_bootstrapping_ciphertext_array(16, result);
        delete_gate_bootstrapping_ciphertext_array(16, ciphertext2);
        delete_gate_bootstrapping_ciphertext_array(16, ciphertext1);
        delete_gate_bootstrapping_cloud_keyset(bk);
    }
```

（5）读取和解密最终结果

密钥的拥有者检索、解密并打印最终答案，代码如下。

```
    int main() {
        // 从文件中读取云密钥
```

```
        FILE* secret_key = fopen("secret.key","rb");
        TFheGateBootstrappingSecretKeySet* key = new_tfheGateBootstrapping
SecretKeySet_fromFile(secret_key);
        fclose(secret_key);
        // 如果需要，参数在键内
        const TFheGateBootstrappingParameterSet* params = key->params;
        // 读取 16 bit 密文的结果
        LweSample* answer = new_gate_bootstrapping_ciphertext_array
(16, params);
        // 从答案文件中导入 32 bit 密文
        FILE* answer_data = fopen("answer.data","rb");
        for (int i = 0; i<16; i++)
            import_gate_bootstrapping_ciphertext_fromFile(answer_data,
&answer[i], params);
        fclose(answer_data);
        // 解密并重建 16 bit 明文答案
        int16_t int_answer = 0;
        for (int i = 0; i<16; i++) {
            int ai = bootsSymDecrypt(&answer[i], key);
            int_answer |= (ai<<i);
        }
        printf("And the result is: %d\n",int_answer);
        printf("I hope you remember what was the question!\n");
        // 清理指针
        delete_gate_bootstrapping_ciphertext_array(16, answer);
        delete_gate_bootstrapping_secret_keyset(key);
    }
```

3. *部署场景*

从用户的角度来看，该框架可用于以下场景。

（1）生成一个密钥集和一个云密钥集。密钥集是私有的，并提供加密/解密能力。云密钥集可以导出到云端，并允许对加密数据进行操作。

（2）使用密钥集，库允许加密和解密数据。加密数据可以安全地外包到云端，以执行安全的同态计算。

（3）借助云密钥集。该库可以以每核每秒约 76 个门的速率同态评估二进制门的网表，而不需要解密其输入，提供门序列和输入比特的密文即可。

3.3 本章小结

本章通过选择现有 GitHub 中流行的隐私保护计算框架，以秘密共享和同态加密两种技术为主导，进行相关框架的介绍。对于每个框架介绍了环境配置、整体架

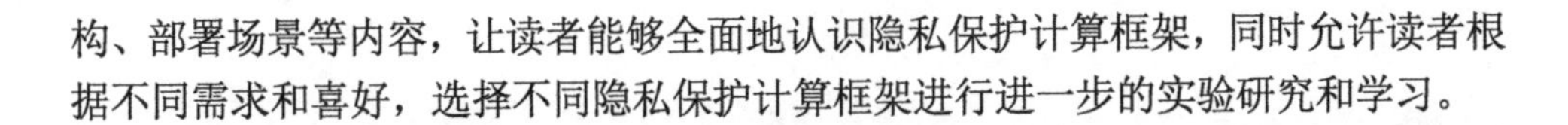

构、部署场景等内容，让读者能够全面地认识隐私保护计算框架，同时允许读者根据不同需求和喜好，选择不同隐私保护计算框架进行进一步的实验研究和学习。

参考文献

[1] PASZKE A, GROSS S, CHINTALA S, et al. PyTorch: tensors and dynamic neural networks in Python with strong GPU acceleration[R]. 2017.

[2] HASTINGS M, HEMENWAY B, NOBLE D, et al. SoK: general purpose compilers for secure multi-party computation[C]//Proceedings of 2019 IEEE Symposium on Security and Privacy. Piscataway: IEEE Press, 2019: 1220-1237.

[3] ABADI M, BARHAM P, CHEN J, et al. Tensorflflow: a system for large-scale machine learning[C]//Proceedings of the 12th USENIX Conference on Operating Systems Design and Implementation In Usenix, 2016: 256-283.

[4] DAMGARD I, PASTRO V, SMART N, et al. Multiparty computation from somewhat homomorphic encryption[R]. 2011.

[5] GOLDREICH O, MICALI S, WIGDERSON A. How to play any mental game or a completeness theorem for protocols with honest majority[C]//Proceedings of the twentieth Annual ACM Symposium on Theory of Computing. New York: ACM Press, 1987: 218-229.

[6] CRAMER R, DAMGARD I, ISHAI Y. Share conversion, pseudorandom secret-sharing and applications to secure computation[C]//Proceedings of Theory of Cryptography Conference. Berlin: Springer, 2005: 342-362.

[7] CHILLOTTI I, GAMA N, GEORGIEVA M, et al. A homomorphic LWE based E-voting scheme[C]//Proceedings of Post-Quantum Cryptography. Cham: Springer International Publishing, 2016: 245-265.

[8] CHILLOTTI I, GAMA N, GEORGIEVA M, et al. Faster packed homomorphic operations and efficient circuit bootstrapping for TFHE[C]//Proceedings of Advances in Cryptology – ASIACRYPT 2017. Cham: Springer International Publishing, 2017: 377-408.

[9] DUCAS L, MICCIANCIO D. FHEW: bootstrapping homomorphic encryption in less than a second[C]//Proceedings of Advances in Cryptology -- EUROCRYPT 2015. Berlin: Springer, 2015: 617-640.

第 4 章 隐私保护计算原语

本章结合现有框架的实现，对线性隐私保护计算、非线性隐私保护计算和其他隐私保护计算原语进行阐述。其中的加密方法主要涉及密码学基础知识和计算机基本原理；隐私保护计算方法主要围绕同态加密技术和秘密共享技术进行理论介绍，同时展示了实现代码。

在同态加密算法中，主要涉及半同态和全同态加密。其中半同态加密包括 Paillier、ElGamal 和 RSA；全同态加密包括 SEAL 和 TFHE。同态加密算法主要涉及截断函数的实现。在线性隐私保护计算中，秘密共享主要涉及加法、乘法和逻辑运算；在非线性隐私保护计算中，秘密共享主要涉及除法、指数、多项式、平方根、对数、三角函数和复杂函数运算。在其他隐私保护计算方法中，主要介绍常见数据处理方法，如 argmax 函数。

4.1 秘密共享

本节介绍秘密共享的常见隐私保护计算方法，依据不同计算方法，展示并分析了现有隐私保护计算框架，如 CrypTen、Rosetta、TF Encrypted、ABY 和 SPDZ 中的实现代码。

4.1.1 加法与减法运算

1. Rosetta 中的加法与减法

各类安全加法函数位于目录 cc/modules/protocol/mpc/snn/src/internal/ops/snn_internal_math_basic.cpp 中，其中包括以明文形式（浮点数类型或字符串类型）或密文形式（秘密共享类型）为输入参数的执行过程。以下代码是以两个密文形式为输入进行相加减的过程，以明文形式浮点数类型为输入只需要通过 convert_double_to_mpctype 函数进行类型转化即可调用两个密文形式作为输入的安全加减法函数。

（1）密文加法

```
int SnnInternal::Add(const vector<mpc_t>& a, const vector<mpc_t>
& b, vector<mpc_t>& c) {
    // 确保 c 的张量形状与输入相同
    c.resize(a.size());
    addVectors(a, b, c, a.size());
    return 0;
}
```

（2）密文减法

```
int SnnInternal::Sub(const vector<mpc_t>& a, const vector<mpc_t>
& b, vector<mpc_t>& c) {
    c.resize(a.size());
    subtractVectors(a, b, c, a.size());
    return 0;
}
```

2. *TF Encrypted 中的加法与减法*

TF Encrypted 框架下的二进制加法函数位于目录 tf_encrypted/tf-encrypted/protocol/aby3/aby3.py 中。以下代码展示的是两种结构形式的加法与减法运算过程。第一种为 Sklansky 树形结构的并行前缀加法器，掩码值为固定值；第二种为 Kogge-Stone 树形结构的并行前缀加法器，掩码值根据输入值进行设置。

（1）Sklansky 树形结构的并行前缀加法器

```
def _B_ppa_sklansky_private_private(prot, x, y, n_bits):
    ...    // 输入类型验证
    with tf.name_scope("B_ppa"):
    ...    // 定义 keep_masks 和 copy_masks
        G = x & y
        P = x ^ y
        k = prot.nbits
        if n_bits is not None:
            k = n_bits
        for i in range(ceil(log2(k))):
            c_mask = prot.define_constant(
                np.ones(x.shape, dtype = np.object) * copy_
masks[i],
                apply_scaling = False,
                share_type = BOOLEAN,
            )
            k_mask = prot.define_constant(
                np.ones(x.shape, dtype = np.object) * keep_
masks[i],
                apply_scaling = False,
                share_type = BOOLEAN,
            )
```

```
                # 复制所选比特到 2^I bit，例如当 i = 2 时，第 4 bit 被复制到第
(5,6,7,8) bit
                G1 = (G & c_mask) << 1
                P1 = (P & c_mask) << 1
                for j in range(i):
                    G1 = (G1 << (2 ** j)) ^ G1
                    P1 = (P1 << (2 ** j)) ^ P1
                ...    // 介绍两轮 impl 和一轮 impl 使用方法,'o'表示 PPA 操作,
'+'为或运算, '*'为和运算
                ...    // 两轮 impl 为(G, P) o (G1, P1) = (G + P*G1, P*P1)
                ...    // 一轮 impl 为(G, P) o (G1, P1) = (G ^ (P*G1), P*P1)
                # 方法 1: Using (G, P) o (0, P) = (G, P)
                # P1 = P1 ^ (P & k_mask)
                # 方法 2: Using (G, P) o (0, 1) = (G, P)
                P1 = P1 ^ k_mask
                G = G ^ (P & G1)
                P = P & P1
            # G 存储进位到下一个位置
            C = G << 1
            P = x ^ y
            z = C ^ P
        return z
```

（2）Kogge-Stone 树形结构的并行前缀加法器

```
    def _B_ppa_kogge_stone_private_private(prot, x, y, n_bits):
        ...    // 输入类型验证
        with tf.name_scope("B_ppa"):
            ...    // 定义 keep_masks
            G = x & y
            P = x ^ y
            k = prot.nbits if n_bits is None else n_bits
            for i in range(ceil(log2(k))):
                k_mask = prot.define_constant(
                    np.ones(x.shape, dtype = np.object) * keep_
masks[i],
                    apply_scaling = False,
                    share_type = BOOLEAN,
                )

                G1 = G << (2 ** i)
                P1 = P << (2 ** i)
                ...    // 介绍一轮 impl。'o'为 PPA 操作符，“^”为异或运算，'*'
为和运算
                ...    // 修改为：(G、P) o (G1, P1) = (G ^ (P * G1),
 P * P1),
                # 方法 1: Using (G, P) o (0, P) = (G, P)
```

```
            # P1 = P1 ^ (P & k_mask)
            # 方法 2: Using (G, P) o (0, 1) = (G, P)
            P1 = P1 ^ k_mask
            G = G ^ (P & G1)
            P = P & P1
        # G 存储进位到下一个位置
        C = G << 1
        P = x ^ y
        z = C ^ P
    return z
```

3. ABY 中的加法与减法

（1）ABY 在算术电路下的加法函数

ABY 在算术电路下的加法函数位于目录 ABY-public/src/abycore/circuit/arithmeticcircuits.cpp 中，其核心代码如下。

```
    uint32_t ArithmeticCircuit::PutADDGate(uint32_t inleft, uint32_t
 inright) {
        uint32_t gateid = m_cCircuit->PutPrimitiveGate(G_LIN, inleft
, inright, m_nRoundsXOR);
        UpdateLocalQueue(gateid);
        return gateid;
    }
```

（2）ABY 在布尔电路下的加法函数

ABY 在布尔电路下的加法函数位于目录 ABY-public/src/abycore/circuit/booleancircuits.cpp 中。根据类型来选择处理方式，若为 BOOL，则调用深度优化加法函数；若为 SPLUT，则调用查找表加法函数；否则调用块优化加法函数。布尔电路下的加法函数的核心代码如下。

```
    std::vector<uint32_t> BooleanCircuit::PutAddGate(std::vector
<uint32_t> left,
    std::vector<uint32_t> right, BOOL bCarry) {
        PadWithLeadingZeros(left, right);
        if (m_eContext == S_BOOL) {
            return PutDepthOptimizedAddGate(left, right, bCarry);
        } if (m_eContext == S_SPLUT) {
            return PutLUTAddGate(left, right, bCarry);
        } else {
            return PutSizeOptimizedAddGate(left, right, bCarry);
        }
    }
```

ABY 在布尔电路下的深度优化加法函数位于目录 ABY-public/src/abycore/circuit/booleancircuits.cpp 中，其核心代码如下。

```
    // 当将 3 和 1 相加为两个 2 bit 数字并期望进位时，会出现错误
    std::vector<uint32_t> BooleanCircuit::PutDepthOptimizedAddGate
```

```
(std::vector<uint32_t> a, std::vector<uint32_t> b, BOOL bCARRY, bool
vector_and) {
        PadWithLeadingZeros(a, b);
        uint32_t id, inputbitlen = std::min(a.size(), b.size());
        std::vector<uint32_t> out(a.size() + bCARRY);
        std::vector<uint32_t> parity(a.size()), carry(inputbitlen),
parity_zero(inputbitlen);
        uint32_t zerogate = PutConstantGate(0, m_vGates[a[0]].nvals);
        share* zero_share = new boolshare(2, this);
        share* ina = new boolshare(2, this);
        share* sel = new boolshare(1, this);
        share* s_out = new boolshare(2, this);
        zero_share->set_wire_id(0, zerogate);
        zero_share->set_wire_id(1, zerogate);
        for (uint32_t i = 0; i < inputbitlen; i++) { //0-th layer
            parity[i] = PutXORGate(a[i], b[i]);
            parity_zero[i] = parity[i];
            carry[i] = PutANDGate(a[i], b[i]);
        }
        for (uint32_t i = 1; i <= (uint32_t) ceil(log(inputbitlen) /
log(2)); i++) {
            for (uint32_t j = 0; j < inputbitlen; j++) {
                if (j % (uint32_t) pow(2, i) >= pow(2, (i - 1))) {
                    id = pow(2, (i - 1)) + pow(2, i) * ((uint32_t)
floor(j / (pow(2, i)))) - 1;
                    if(m_eContext == S_BOOL && vector_and) {
                        ina->set_wire_id(0, carry[id]);
                        ina->set_wire_id(1, parity[id]);
                        sel->set_wire_id(0, parity[j]);
                        PutMultiMUXGate(&ina, &zero_share, sel, 1,
&s_out);
                        carry[j] = PutXORGate(s_out->get_wire_id(0),
carry[j]);
                        parity[j] = s_out->get_wire_id(1);
                    } else {
                        // 应用公式 c = c XOR (p and c-1)
                        carry[j] = PutXORGate(carry[j], PutANDGate
(parity[j], carry[id]));
                        parity[j] = PutANDGate(parity[j], parity[id]);
                    }
                }
            }
        }
        out[0] = parity_zero[0];
        for (uint32_t i = 1; i < inputbitlen; i++) {
            out[i] = PutXORGate(parity_zero[i], carry[i - 1]);
```

```
    }
    if (bCARRY)
        out[inputbitlen] = carry[inputbitlen - 1];
    ...  // 删除变量
    return out;
}
```

ABY 在布尔电路下的 Brent-Kung 加法器位于目录 ABY-public/src/abycore/circuit/booleancircuits.cpp 中，ABY 框架中布尔电路下的 Brent-Kung 加法器是一种高效的加法器，其核心代码如下。

```
/*
 * 实现了用于 Bool-No-MT 共享的 Brent-Kung 加法器。要处理这些值，需要 5 个查找表：
 * 1)用于输入，2)用于中间进位转发，3)用于关键路径上的输入，4)用于关键路径，5)用于逆进位树。
 */
std::vector<uint32_t> BooleanCircuit::PutLUTAddGate(std::vector<uint32_t> a,
std::vector<uint32_t> b, BOOL bCARRY) {
    uint32_t inputbitlen = std::max(a.size(), b.size());
    PadWithLeadingZeros(a, b);
    std::vector<uint32_t> out(a.size() + bCARRY);
    std::vector<uint32_t> parity(inputbitlen), carry(inputbitlen),
parity_zero(inputbitlen), tmp;
    std::vector<uint32_t> lut_in(2*inputbitlen);
    uint32_t max_ins = 4, processed_ins;
    uint32_t n_crit_ins = std::min(inputbitlen, (uint32_t) max_
ins);
    std::vector<uint32_t> tmpout;
    // 步骤 1:处理输入值并生成进位/奇偶校验信号
    // 计算第 0 层的校验比特
    for (uint32_t i = 0; i < inputbitlen; i++) { //0-th layer
        parity_zero[i] = PutXORGate(a[i], b[i]);
        parity[i] = parity_zero[i];
    }
    lut_in.clear();
    lut_in.resize(n_crit_ins*2);
    for(uint32_t i = 0; i < n_crit_ins; i++) {
        lut_in[2*i] = a[i];
        lut_in[2*i+1] = b[i];
    }
    // 处理关键路径上的第 1 bit 并获得进位
    tmp = PutTruthTableMultiOutputGate(lut_in, n_crit_ins,
(uint64_t*) m_vLUT_ADD_CRIT_IN[n_crit_ins-1]);
    for(uint32_t i = 0; i < tmp.size(); i++) {
        carry[i] = tmp[i];
```

```
        }
        // 处理剩余的输入位以获得所有进位/奇偶校验信号
        for(uint32_t i = n_crit_ins; i < inputbitlen; ) {
            processed_ins = std::min(inputbitlen - i, max_ins);
            // 为 LUT 赋值
            lut_in.clear();
            lut_in.resize(2*processed_ins);
            for(uint32_t j = 0; j < processed_ins; j++) {
                lut_in[2*j] = a[i+j];
                lut_in[2*j+1] = b[i+j];
            }
            // 通过 LUT 处理输入，并将更新的门写入进位/奇偶校验向量
            tmp = PutTruthTableMultiOutputGate(lut_in, m_vLUT_ADD_N_
OUTS[processed_ins-1], (uint64_t*) m_vLUT_ADD_IN[processed_ins-1]);
            carry[i] = tmp[0];
            if(processed_ins > 1) {
                parity[i+1] = tmp[1];
                carry[i+1] = tmp[2];
                if(processed_ins > 2) {
                    carry[i+2] = tmp[3];
                    if(processed_ins > 3) {
                        parity[i+3] = tmp[4];
                        carry[i+3] = tmp[5];
                    }
                }
            }
            i+= processed_ins;
        }
        // 步骤 2:处理进位 / 奇偶校验信号并转发到树中
        for(uint32_t d = 1; d < ceil_log2(inputbitlen+1)/2; d++) {
            // 步骤 2.1: 处理关键路径上的进位信号
            uint32_t base = 8 * (1<<(2*(d-1)));
            uint32_t dist = base/2;
            processed_ins = 1+ std::min((inputbitlen - base)/dist,
max_ins-2);
            lut_in.clear();
            lut_in.resize(2*processed_ins+1);
            lut_in[0] = carry[(base-1)-dist];
            for(uint32_t j = 0; j < processed_ins; j++) {
                lut_in[2*j+1] = parity[(base-1)+j*(dist)];
                lut_in[2*j+2] = carry[(base-1)+j*(dist)];
            }
            tmp = PutTruthTableMultiOutputGate(lut_in, processed_ins,
(uint64_t*) m_vLUT_ADD_CRIT[processed_ins-1]);
            for(uint32_t j = 0; j < tmp.size(); j++) {
                carry[base-1+j*dist] = tmp[j];
```

```
            }
            // 步骤 2.2:沿着树转发进位和奇偶校验信号
            for(uint32_t i = (base+3*dist)-1; i+dist < inputbitlen;
i+=(4*dist)) {
                processed_ins = std::min(ceil_divide((inputbitlen -
(i+dist)),2*dist), max_ins-2);
                lut_in.clear();
                lut_in.resize(4*processed_ins);
                for(uint32_t j = 0; j < processed_ins*2; j++) {
                    lut_in[2*j] = parity[i+j*(dist)];
                    lut_in[2*j+1] = carry[i+j*(dist)];
                }
                tmp = PutTruthTableMultiOutputGate(lut_in, processed_
ins*2, (uint64_t*) m_vLUT_ADD_INTERNAL[processed_ins-1]);
                for(uint32_t j = 0; j < tmp.size()/2; j++) {
                    parity[i+dist+j*2*dist] = tmp[2*j];
                    carry[i+dist+j*2*dist] = tmp[2*j+1];
                }
            }
        }
        // 步骤 3:构建逆进位树
        // d 随着 d = 0: 5, d = 1: 20, d = 2: 80; d = 3: 320, ... 而增加
        for(int32_t d = (floor_log2(inputbitlen/5)/2); d >= 0; d--) {
            // 对于 d = 0: 4, d = 1: 16, d = 2: 64
            uint32_t start = 4 * (1<<(2*d));
            // 对于 start = 4: 1, start = 16: 4, start = 64: 16
            uint32_t dist = start/4;
            for(uint32_t i = start; i < inputbitlen; i+=start) {
                // 此处processed_ins 必须介于 1 和 3 之间
                processed_ins = std::min((inputbitlen - i)/dist, max_
ins-1);

                if(processed_ins > 0) {
                    // 为 LUT 赋值
                    lut_in.clear();
                    lut_in.resize(2*processed_ins+1);
                    lut_in[0] = carry[i-1];
                    for(uint32_t j = 0; j < processed_ins; j++) {
                        lut_in[2*j+1] = parity[(i-1)+(j+1)*dist];
                        lut_in[2*j+2] = carry[(i-1)+(j+1)*dist];
                    }
                    tmp = PutTruthTableMultiOutputGate(lut_in,
processed_ins, (uint64_t*) m_vLUT_ADD_INV[processed_ins-1]);
                    // 将结果进位复制到进位中
                    for(uint32_t j = 0; j < tmp.size(); j++) {
                        carry[(i-1)+(j+1)*dist] = tmp[j];
                    }
                }
```

```
            }
        }
        // 步骤 4:计算从零级的携带信号和奇偶校验比特的输出
        out[0] = parity_zero[0];
        for (uint32_t i = 1; i < inputbitlen; i++) {
            out[i] = PutXORGate(parity_zero[i], carry[i - 1]);
        }
        if (bCARRY)     //在最重要比特的位置进行进位
            out[inputbitlen] = carry[inputbitlen - 1];
        return out;
    }
```

ABY 在布尔电路下的块优化加法函数位于目录 ABY-public/src/abycore/circuit booleancircuits.cpp 中，通过异或运算获得结果，其核心代码如下。

```
    std::vector<uint32_t> BooleanCircuit::PutSizeOptimizedAddGate
(std::vector<uint32_t> a,
    std::vector<uint32_t> b, BOOL bCarry) {
        // 构造 C[i]门
        PadWithLeadingZeros(a, b);
        uint32_t inputbitlen = a.size();
        std::vector<uint32_t> C(inputbitlen);
        uint32_t axc, bxc, acNbc;
        C[0] = PutXORGate(a[0], a[0]);
        uint32_t i = 0;
        for (; i < inputbitlen - 1; i++) {
            axc = PutXORGate(a[i], C[i]);
            bxc = PutXORGate(b[i], C[i]);
            acNbc = PutANDGate(axc, bxc);
            C[i + 1] = PutXORGate(C[i], acNbc);
        }
    }
```

（3）ABY 在算术电路下的减法函数

ABY 在算术电路下的减法函数位于目录 ABY-public/src/abycore/circuit/ arithmeticcircuits.cpp 中，其核心代码如下。

```
    uint32_t ArithmeticCircuit::PutSUBGate(uint32_t inleft, uint32_t
 inright) {
        uint32_t rightinv = m_cCircuit->PutINVGate(inright);
        UpdateLocalQueue(rightinv);
        uint32_t gateid = m_cCircuit->PutPrimitiveGate(G_LIN, inleft,
 rightinv, m_nRoundsXOR);
        UpdateLocalQueue(gateid);
        return gateid;
    }
```

（4）ABY 在布尔电路下的减法函数

ABY 在布尔电路下的减法函数位于目录 ABY-public/src/abycore/circuit/

booleancircuits.cpp 中，首先对输入值进行零填充到最大比特数，然后通过异或和与运算得到结果，其核心代码如下。

```
    std::vector<uint32_t> BooleanCircuit::PutSUBGate(std::vector
<uint32_t> a,
    std::vector<uint32_t> b, uint32_t max_bitlength) {
        // 零填充
        if(a.size() < max_bitlength) {
            uint32_t zerogate = PutConstantGate(0, m_vGates[a[0]].
nvals);
            a.resize(max_bitlength, zerogate);
        }
        if(b.size() < max_bitlength) {
            uint32_t zerogate = PutConstantGate(0, m_vGates[a[0]].
nvals);
            b.resize(max_bitlength, zerogate);
        }
        uint32_t bitlen = a.size();
        std::vector<uint32_t> C(bitlen);
        uint32_t i, ainvNbxc, ainvxc, bxc;
        std::vector<uint32_t> ainv(bitlen);
        std::vector<uint32_t> out(bitlen);
        for (i = 0; i < bitlen; i++) {
            ainv[i] = PutINVGate(a[i]);
        }
        C[0] = PutConstantGate(0, m_vGates[a[0]].nvals);
        for (i = 0; i < bitlen - 1; i++) {
            // C[i+1]计算过程为c[i] xor (ainv[i] xor c[i]) AND (b[i]
xor c[i])
            ainvxc = PutXORGate(ainv[i], C[i]);
            bxc = PutXORGate(b[i], C[i]);
            ainvNbxc = PutANDGate(ainvxc, bxc);
            C[i + 1] = PutXORGate(ainvNbxc, C[i]);
        }
        for (i = 0; i < bitlen; i++) {
            bxc = PutXORGate(b[i], C[i]);
            out[i] = PutXORGate(bxc, a[i]);
        }
        return out;
    }
```

4.1.2　乘法运算

1. CrypTen 中的乘法

进行乘法运算时，CrypTen 使用离线预处理阶段产生的随机 Beaver 三元组乘法[1]，一个 Beaver 三元组由一组算术共享值$([a],[b],[c])$构成，并且满足$c=ab$。参与方运用三元组计算$[\varepsilon]=[x]-[a]$与$[\delta]=[y]-[b]$，并解密出ε和δ，$[x][y]$的结果可通过$[c]+\varepsilon[b]+\delta[a]+\varepsilon\delta$计算得出，其中$\varepsilon$和$\delta$需要进行一轮所有参与方的通信，并且过程中不会泄露有关x和y的任何信息。三元组乘法的正确性证明如下。

$$[c]+\varepsilon[b]+\delta[a]+\varepsilon\delta=[a][b]+[x][b]-[a][b]+$$
$$[y][a]-[b][a]+([x]-[a])([y]-[b])=[x][y]$$

该方法同样可以运用于矩阵乘法与卷积运算中，运算方法和过程不再进行赘述。在进行平方运算时，使用 Beaver 数对$([a],[b])$，其中$b=a^2$。参与方计算$[\varepsilon]=[x]-[a]$并解密ε，通过计算$[x^2]=[b]+2\varepsilon[a]+\varepsilon^2$得出结果。

以下代码为 Beaver 三元组乘法运算过程，位于目录 src/crypten/mpc/primitives/beaver.py 中。

```
    def __beaver_protocol(op, x, y, *args, **kwargs):
        ...// 确认操作规范和环境
        provider = crypten.mpc.get_default_provider()
        a, b, c = provider.generate_additive_triple(
            x.size(), y.size(), op, device = x.device, *args, **kwargs
        )
        from .arithmetic import ArithmeticSharedTensor
        if crypten.mpc.config.active_security:
            #  考虑主动安全
            f, g, h = provider.generate_additive_triple(
                x.size(), y.size(), op, device = x.device, *args, **
kwargs
            )
            t = ArithmeticSharedTensor.PRSS(a.size(), device = x.
device)
            t_plain_text = t.get_plain_text()
            rho = (t_plain_text * a - f).get_plain_text()
            sigma = (b - g).get_plain_text()
            triples_check = t_plain_text * c - h - sigma * f - rho *
 g - rho * sigma
            triples_check = triples_check.get_plain_text()
            if torch.any(triples_check != 0):
                raise ValueError("Beaver Triples verification failed!")
        # 矢量化揭示，减少交流次数
        with IgnoreEncodings([a, b, x, y]):
            epsilon, delta = ArithmeticSharedTensor.reveal_batch([x -
a, y - b])
        # 计算 z
        c._tensor += getattr(torch, op)(epsilon, b._tensor, *args, *
*kwargs)
```

```
    c._tensor += getattr(torch, op)(a._tensor, delta, *args, **
kwargs)
    c += getattr(torch, op)(epsilon, delta, *args, **kwargs)
    return c
```

2. Rosetta 中的乘法

Rosetta 同样采用 Beaver 三元组乘法来进行矩阵乘法运算，代码位于目录 cc/modules/protocol/mpc/snn/src/internal/ops/snn_internal_math_basic.cpp 中，核心代码如下。

```
int SnnInternal::MatMul(
  const vector<mpc_t>& a,
  const vector<mpc_t>& b,
  vector<mpc_t>& c,
  size_t rows,
  size_t common_dim,
  size_t columns,
  size_t transpose_a,
  size_t transpose_b) {
  assert(THREE_PC && "SelectShares called in non-3PC mode");
  size_t size = rows * columns;
  size_t size_left = rows * common_dim;
  size_t size_right = common_dim * columns;
  vector<mpc_t> A(size_left, 0), B(size_right, 0), C(size, 0);
  // 生成三元组
  if (HELPER) {
    vector<mpc_t> A1(size_left, 0), A2(size_left, 0), B1(size_
right, 0), B2(size_right, 0),C1(size, 0), C2(size, 0);
    populateRandomVector<mpc_t>(A1, size_left, "a_1", "POSITIVE");
    populateRandomVector<mpc_t>(A2, size_left, "a_2", "POSITIVE");
    populateRandomVector<mpc_t>(B1, size_right, "a_1", "POSITIVE");
    populateRandomVector<mpc_t>(B2, size_right, "a_2", "POSITIVE");
    populateRandomVector<mpc_t>(C1, size, "a_1", "POSITIVE");
    addVectors<mpc_t>(A1, A2, A, size_left);
    addVectors<mpc_t>(B1, B2, B, size_right);
    EigenMatMul(A, B, C, rows, common_dim, columns, transpose_a,
 transpose_b);
    subtractVectors<mpc_t>(C, C1, C2, size);
    sendVector<mpc_t>(C2, PARTY_B, size);
  }
  if (PRIMARY) {
    vector<mpc_t> E(size_left), F(size_right);
    vector<mpc_t> temp_E(size_left), temp_F(size_right);
    vector<mpc_t> temp_c(size);
    if (partyNum == PARTY_A) {
      populateRandomVector<mpc_t>(A, size_left, "a_1", "POSITIVE");
```

```
        populateRandomVector<mpc_t>(B, size_right, "a_1", "
POSITIVE");
        populateRandomVector<mpc_t>(C, size, "a_1", "POSITIVE");
      }
      if (partyNum == PARTY_B) {
        populateRandomVector<mpc_t>(A, size_left, "a_2", "POSITIVE");
        populateRandomVector<mpc_t>(B, size_right, "a_2", "POSITIVE");
        receiveVector<mpc_t>(C, PARTY_C, size);
      }
      // 利用三元组计算乘法
      subtractVectors<mpc_t>(a, A, E, size_left);
      subtractVectors<mpc_t>(b, B, F, size_right);
      thread* threads = new thread[2];
      threads[0] = thread(
        &SnnInternal::sendTwoVectors<mpc_t>, this, ref(E), ref(F),
adversary(partyNum), size_left,
        size_right);
      threads[1] = thread(
        &SnnInternal::receiveTwoVectors<mpc_t>, this, ref(temp_E),
ref(temp_F), adversary(partyNum),
        size_left, size_right);
      for (int i = 0; i < 2; i++)
        threads[i].join();
      delete[] threads;
      addVectors<mpc_t>(E, temp_E, E, size_left);
      addVectors<mpc_t>(F, temp_F, F, size_right);
      EigenMatMul(a, F, c, rows, common_dim, columns, transpose_a,
transpose_b);
      EigenMatMul(E, b, temp_c, rows, common_dim, columns, transpose_a,
transpose_b);
      addVectors<mpc_t>(c, temp_c, c, size);
      addVectors<mpc_t>(c, C, c, size);
      if (partyNum == PARTY_A) {
        EigenMatMul(E, F, temp_c, rows, common_dim, columns,
transpose_a, transpose_b);
        subtractVectors<mpc_t>(c, temp_c, c, size);
      }
      Truncate(c, GetMpcContext()->FLOAT_PRECISION, size, PARTY_A,
PARTY_B, partyNum);
    }
    return 0;
  }
```

3. TF Encrypted 中的乘法

（1）TF Encrypted 中的 ABY 3 协议乘法函数

TF Encrypted 中的 ABY 3 协议乘法函数位于目录 tf_encrypted/tf-encrypted/protocol/aby3/aby3.py 中，各方分别计算 z_0, z_1, z_2，然后共同恢复 z。其核心代码如下。

```
    def _mul_private_private(prot, x, y):
        assert isinstance(x, ABY3PrivateTensor), type(x)
        assert isinstance(y, ABY3PrivateTensor), type(y)
        x_shares = x.unwrapped
        y_shares = y.unwrapped
        # 分配律计算
        z = [[None, None], [None, None], [None, None]]
        with tf.name_scope("mul"):
            a0, a1, a2 = prot._gen_zero_sharing(x.shape)
            with tf.device(prot.servers[0].device_name):
                z0 = (
                    x_shares[0][0] * y_shares[0][0]
                    + x_shares[0][0] * y_shares[0][1]
                    + x_shares[0][1] * y_shares[0][0]
                    + a0
                )
            with tf.device(prot.servers[1].device_name):
                z1 = (
                    x_shares[1][0] * y_shares[1][0]
                    + x_shares[1][0] * y_shares[1][1]
                    + x_shares[1][1] * y_shares[1][0]
                    + a1
                )
            with tf.device(prot.servers[2].device_name):
                z2 = (
                    x_shares[2][0] * y_shares[2][0]
                    + x_shares[2][0] * y_shares[2][1]
                    + x_shares[2][1] * y_shares[2][0]
                    + a2
                )
            # Re-sharing
            with tf.device(prot.servers[0].device_name):
                z[0][0] = z0
                z[0][1] = z1
            with tf.device(prot.servers[1].device_name):
                z[1][0] = z1
                z[1][1] = z2
            with tf.device(prot.servers[2].device_name):
                z[2][0] = z2
                z[2][1] = z0
            z = ABY3PrivateTensor(prot, z, x.is_scaled or y.is_scaled,
x.share_type)
            z = prot.truncate(z) if x.is_scaled and y.is_scaled else z
            return z
```

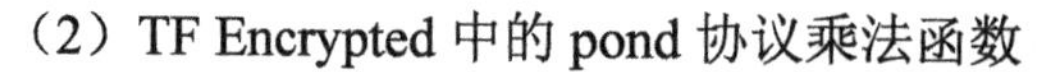

（2）TF Encrypted 中的 pond 协议乘法函数

TF Encrypted 中的 pond 协议乘法函数位于目录 tf_encrypted/tf-encrypted/protocol/pond/pond.py 中，通过乘法三元组对输入值进行掩盖，然后分别进行计算，最后共同恢复输出值。pond 协议乘法函数的核心代码如下。

```
def _mul_masked_masked(prot, x, y):
    ...   // 输入类型验证
    a, a0, a1, alpha_on_0, alpha_on_1 = x.unwrapped
    b, b0, b1, beta_on_0, beta_on_1 = y.unwrapped
    with tf.name_scope("mul"):
        ab0, ab1 = prot.triple_source.mul_triple(a, b)
        # 进行三元组乘法计算
        with tf.device(prot.server_0.device_name):
            with tf.name_scope("combine"):
                alpha = alpha_on_0
                beta = beta_on_0
                z0 = ab0 + (a0 * beta) + (alpha * b0) + (alpha *
beta)
        with tf.device(prot.server_1.device_name):
            with tf.name_scope("combine"):
                alpha = alpha_on_1
                beta = beta_on_1
                z1 = ab1 + (a1 * beta) + (alpha * b1)
        z = PondPrivateTensor(prot, z0, z1, x.is_scaled or y.is_
scaled)
        z = prot.truncate(z) if x.is_scaled and y.is_scaled else z
        return z
```

（3）TF Encrypted 中的 pond 协议平方函数

TF Encrypted 中的 pond 协议平方函数位于目录 tf_encrypted/tf-encrypted/protocol/pond/pond.py 中，通过乘法三元组对输入值进行掩盖，然后分别进行计算，最后共同恢复输出值。其核心代码如下。

```
_square_masked(prot, x):
    ...   // 输入类型验证
    a, a0, a1, alpha_on_0, alpha_on_1 = x.unwrapped
    with tf.name_scope("square"):
        aa0, aa1 = prot.triple_source.square_triple(a)
        # 使用三元组进行平方计算
        with tf.device(prot.server_0.device_name):
            with tf.name_scope("combine"):
                alpha = alpha_on_0
                y0 = aa0 + (a0 * alpha) * 2 + (alpha * alpha)
        with tf.device(prot.server_1.device_name):
            with tf.name_scope("combine"):
                alpha = alpha_on_1
```

```
                y1 = aa1 + (a1 * alpha) * 2
        y = PondPrivateTensor(prot, y0, y1, x.is_scaled)
        y = prot.truncate(y) if y.is_scaled else y
        return y
```

4. ABY 中的乘法

（1）ABY 在算术电路下的乘法函数

ABY 在算术电路下的乘法函数位于目录 ABY-public/src/abycore/circuit/arithmeticcircuits.cpp 中，其核心代码如下。

```
    uint32_t ArithmeticCircuit::PutMULGate(uint32_t inleft, uint32_t inright) {
        // 检查其中一个输入是否为 CONST 门，如果是则使用 MUL CONST 门
        if (m_vGates[inleft].type == G_CONSTANT || m_vGates[inright].type == G_CONSTANT) {
            std::cout << "MUL(" << inleft << ", " << inright <<
                "): Constant factor present, putting a MULCONST gate instead." << std::endl;
            return PutMULCONSTGate(inleft, inright);
        }
        uint32_t gateid = m_cCircuit->PutPrimitiveGate(G_NON_LIN, inleft, inright, m_nRoundsAND);
        UpdateInteractiveQueue(gateid);
        if (m_vGates[gateid].nvals != INT_MAX) {
            m_nMULs += m_vGates[gateid].nvals;
        }
        return gateid;
    }
```

（2）ABY 在布尔电路下的乘法函数

ABY 在布尔电路下的乘法函数位于目录 ABY-public/src/abycore/circuit/booleancircuits.cpp 中，首先对输入值进行 0 填充，若输入值仅有 1 bit，则进行与运算得到结果。若类型为 BOOL，则进行布尔共享，然后执行乘法运算；否则通过与运算得到结果。其核心代码如下。

```
    std::vector<uint32_t> BooleanCircuit::PutMulGate(std::vector<uint32_t> a,
    std::vector<uint32_t> b, uint32_t resultbitlen, bool depth_optimized, bool vector_ands) {
        PadWithLeadingZeros(a, b);
        uint32_t inputbitlen = a.size();
        if(inputbitlen == 1) {
            return PutANDGate(a, b);
        }
        std::vector<std::vector<uint32_t> > vAdds(inputbitlen);
        uint32_t zerogate = PutConstantGate(0, m_vGates[a[0]].nvals);
        resultbitlen = std::min(resultbitlen, 2 * inputbitlen);
```

```
        if(m_eContext == S_BOOL && vector_ands) {
            share *ina, *inb, **mulout, *zero_share;
            ina = new boolshare(a, this);
            inb = new boolshare(b, this);
            zero_share = new boolshare(inputbitlen, this);
            mulout = (share**) malloc(sizeof(share*) * inputbitlen);
            for(uint32_t i = 0; i < inputbitlen; i++) {
                mulout[i] = new boolshare(inputbitlen, this);
                zero_share->set_wire_id(i, zerogate);
            }
            for(uint32_t i = 0; i < inputbitlen; i++) {
                PutMultiMUXGate(&ina, &zero_share, inb->get_wire_
ids_as_share(i),  1, &(mulout[i]));
            }
            for (uint32_t i = 0, ctr; i < inputbitlen; i++) {
                ctr = 0;
                vAdds[i].resize(resultbitlen);
                for (uint32_t j = 0; j < i && ctr < resultbitlen;
j++, ctr++) {
                    vAdds[i][ctr] = zerogate;
                }
                for (uint32_t j = 0; j < inputbitlen && ctr < result
bitlen; j++, ctr++) {
                    vAdds[i][ctr] = mulout[j]->get_wire_id(i);
                }
                for (uint32_t j = i; j < inputbitlen && ctr < result
bitlen; j++, ctr++) {
                    vAdds[i][ctr] = zerogate;
                }
            }
            free(mulout);
        } else {
            // 与运算
            std::cout << "Starting to construct multiplication gate
for " << inputbitlen << " bits" << std::endl;
            for (uint32_t i = 0, ctr; i < inputbitlen; i++) {
                ctr = 0;
                vAdds[i].resize(resultbitlen);
                std::cout << "New Iteration with ctr = " << ctr << ",
 and resultbitlen = " << resultbitlen << std::endl;
                for (uint32_t j = 0; j < i && ctr < resultbitlen;
j++, ctr++) {
                    vAdds[i][ctr] = zerogate;
                }
                for (uint32_t j = 0; j < inputbitlen && ctr < result
bitlen; j++, ctr++) {
```

```
                vAdds[i][ctr] = PutANDGate(a[j], b[i]);
            }
            for (uint32_t j = i; j < inputbitlen && ctr < result
bitlen; j++, ctr++) {
                vAdds[i][ctr] = zerogate;
            }
        }
    }
    if (depth_optimized) {
        std::vector<std::vector<uint32_t> > out = PutCSNNetwork
(vAdds);
        return PutDepthOptimizedAddGate(out[0], out[1]);
    } else {
        return PutWideAddGate(vAdds);
    }
}
```

4.1.3　或运算

1. TF Encrypted 中的或运算

TF Encrypted 中的 ABY 3 协议或运算函数位于目录 tf_encrypted/tf-encrypted/protocol/aby3/aby3.py 中，其核心代码如下。

```
_B_or_private_private(prot, x, y):
    assert isinstance(x, ABY3PrivateTensor), type(x)
    assert isinstance(y, ABY3PrivateTensor), type(y)
    with tf.name_scope("B_or"):
        z = (x ^ y) ^ (x & y)
    return z
```

2. ABY 中的或运算

ABY 在布尔电路下的或运算函数位于目录 ABY-public/src/abycore/circuit/booleancircuits.cpp 中，其核心代码如下。

```
uint32_t BooleanCircuit::PutORGate(uint32_t a, uint32_t b) {
    return PutINVGate(PutANDGate(PutINVGate(a), PutINVGate(b)));
}
```

4.1.4　异或运算

1. CrypTen 中的异或运算

由于二进制秘密共享满足 $x=\oplus_{p\in P}\langle x\rangle_p$，因此计算 $\langle z\rangle=\langle x\rangle+\langle y\rangle$ 时，计算过程可转换为各参与方 $p\in P$ 进行 $\langle z\rangle_p=\langle x\rangle_p\oplus\langle y\rangle_p$ 计算，并得出答案。CrypTen 异或运算函数的代码如下。

```
    def __ixor__(self, y):
        # 按比特元素 XOR 运算符
        if is_tensor(y) or isinstance(y, int):
            if self.rank == 0:
                self.share ^= y
        elif isinstance(y, BinarySharedTensor):
            self.share ^= y.share
        else:
            raise TypeError("Cannot XOR %s with %s." % (type(y),
type(self)))
        return self
```

2. TF Encrypted 中的异或运算

TF Encrypted 中的 ABY 3 协议异或运算函数位于目录 tf_encrypted/tf-encrypted/protocol/aby3/aby3.py 中，各方分别计算 z_0, z_1, z_2，最后共同恢复输出值 z，其核心代码如下。

```
    def _B_xor_private_private(prot: ABY3, x: ABY3PrivateTensor, y:
ABY3PrivateTensor):
        assert isinstance(x, ABY3PrivateTensor), type(x)
        assert isinstance(y, ABY3PrivateTensor), type(y)
        assert x.backing_dtype == y.backing_dtype
        z = [[None, None], [None, None], [None, None]]
        with tf.name_scope("b_xor"):
            with tf.device(prot.servers[0].device_name):
                z[0][0] = x.shares[0][0] ^ y.shares[0][0]
                z[0][1] = x.shares[0][1] ^ y.shares[0][1]
            with tf.device(prot.servers[1].device_name):
                z[1][0] = x.shares[1][0] ^ y.shares[1][0]
                z[1][1] = x.shares[1][1] ^ y.shares[1][1]
            with tf.device(prot.servers[2].device_name):
                z[2][0] = x.shares[2][0] ^ y.shares[2][0]
                z[2][1] = x.shares[2][1] ^ y.shares[2][1]
        return ABY3PrivateTensor(prot, z, x.is_scaled, x.share_type)
```

3. ABY 中的异或运算

ABY 在布尔电路下的异或运算函数位于目录 ABY-public/src/abycore/circuit/booleancircuits.cpp 中，其核心代码如下。

```
    uint32_t BooleanCircuit::PutXORGate(uint32_t inleft, uint32_t
inright) {
        uint32_t gateid = m_cCircuit->PutPrimitiveGate(G_LIN, inleft,
 inright, m_nRoundsXOR);
        UpdateLocalQueue(gateid);
        m_nNumXORVals += m_vGates[gateid].nvals;
        m_nNumXORGates += 1;
```

```
    return gateid;
}
```

4.1.5 与运算

1. CrypTen 中的与运算

由于比特与运算相当于模 2 乘法运算，因此同样可以生成一个三元组 $(\langle a\rangle,\langle b\rangle,\langle c\rangle)$，其中 $c=a\otimes b$，计算 $\langle\varepsilon\rangle=\langle x\rangle\oplus\langle a\rangle$ 和 $\langle\delta\rangle=\langle y\rangle\oplus\langle b\rangle$ 并解密出 ε 和 δ。$\langle x\rangle\oplus\langle y\rangle$ 的结果可通过 $\langle c\rangle\oplus(\varepsilon\otimes[b])\oplus(\delta\otimes\langle a\rangle)\oplus(\varepsilon\otimes\delta)$ 计算得出，其中 ε 和 δ 需要进行一轮所有参与方的通信，并且过程中不会泄露有关 x 和 y 的任何信息。CrypTen 与运算函数位于目录 src/crypten/mpc/primitives/binary.py 中，其核心代码如下。

```
    def __iand__(self, y):
        # 按比特按元素与运算
        if is_tensor(y) or isinstance(y, int):
            self.share &= y
        elif isinstance(y, BinarySharedTensor):
            self.share.set_(beaver.AND(self, y).share.data)
        else:
            raise TypeError("Cannot AND %s with %s." % (type(y),
type(self)))
        return self
```

2. TF Encrypted 中的与运算

TF Encrypted 中的 ABY 3 协议与运算函数位于目录 tf_encrypted/tf-encrypted/protocol/aby3/aby3.py 中，首先，生成 a 掩盖输入值，然后各方分别计算 z_0,z_1,z_2，最后共同恢复输出值 z，其核心代码如下。

```
    def _B_and_private_private(prot: ABY3, x: ABY3PrivateTensor, y:
ABY3PrivateTensor):
        assert isinstance(x, ABY3PrivateTensor), type(x)
        assert isinstance(y, ABY3PrivateTensor), type(y)
        assert x.backing_dtype == y.backing_dtype
        x_shares = x.unwrapped
        y_shares = y.unwrapped
        z = [[None, None], [None, None], [None, None]]
        with tf.name_scope("b_and"):
            a0, a1, a2 = prot._gen_zero_sharing(
                x.shape, share_type=BOOLEAN, factory=x.backing_dtype
            )
            with tf.device(prot.servers[0].device_name):
                tmp0 = x_shares[0][0] & y_shares[0][0]
                tmp1 = x_shares[0][0] & y_shares[0][1]
```

```
            tmp2 = x_shares[0][1] & y_shares[0][0]
            z0 = tmp0 ^ tmp1 ^ tmp2 ^ a0
        with tf.device(prot.servers[1].device_name):
            tmp0 = x_shares[1][0] & y_shares[1][0]
            tmp1 = x_shares[1][0] & y_shares[1][1]
            tmp2 = x_shares[1][1] & y_shares[1][0]
            z1 = tmp0 ^ tmp1 ^ tmp2 ^ a1
        with tf.device(prot.servers[2].device_name):
            tmp0 = x_shares[2][0] & y_shares[2][0]
            tmp1 = x_shares[2][0] & y_shares[2][1]
            tmp2 = x_shares[2][1] & y_shares[2][0]
            z2 = tmp0 ^ tmp1 ^ tmp2 ^ a2
        # Re-sharing
        with tf.device(prot.servers[0].device_name):
            z[0][0] = z0
            z[0][1] = z1
        with tf.device(prot.servers[1].device_name):
            z[1][0] = z1
            z[1][1] = z2
        with tf.device(prot.servers[2].device_name):
            z[2][0] = z2
            z[2][1] = z0
        z = ABY3PrivateTensor(prot, z, x.is_scaled or y.is_scaled,
 x.share_type)
        return z
```

3. ABY 中的与运算

ABY 在布尔电路下的与运算函数位于目录 ABY-public/src/bycore/circuit/booleancircuits.cpp 中。若类型为 BOOL，则进行交互式更新；若类型为 YAO，则不需要交互，在本地进行更新；若两种类型都不是，则提示类型错误。ABY 在布尔电路下的与运算函数核心代码如下。

```
    uint32_t BooleanCircuit::PutANDGate(uint32_t inleft, uint32_t
inright) {
        uint32_t gateid;
        if(m_eContext != S_SPLUT) {
            gateid = m_cCircuit->PutPrimitiveGate(G_NON_LIN, inleft,
 inright, m_nRoundsAND);
            if (m_eContext == S_BOOL) {
                UpdateInteractiveQueue(gateid);
            } else if (m_eContext == S_YAO || m_eContext == S_YAO_
REV) {
                // 类型为YAO，无通信代价
                UpdateLocalQueue(gateid);
            } else {
                std::cerr << "Context not recognized" << std::endl;
```

```
            }
            if (m_vGates[gateid].nvals != INT_MAX) {
                m_vANDs[0].numgates += m_vGates[gateid].nvals;
            } else {
                std::cerr << "INT_MAX not allowed as nvals" << std::
endl;
            }
        } else {
            std::vector<uint32_t> in(2);
            uint64_t andttable=8;
            in[0] = inleft;
            in[1] = inright;
            gateid = PutTruthTableGate(in, 1, &andttable);
        }
        return gateid;
    }
```

4.1.6 非运算

TF Encrypted 中的 ABY 3 协议非运算函数位于目录 tf_encrypted/tf-encrypted/protocol/aby3/aby3.py 中，各方分别计算 z_0,z_1,z_2，最后共同恢复输出值 z，其核心代码如下。

```
_B_not_private(prot, x):
    assert isinstance(x, ABY3PrivateTensor), type(x)
    x_shares = x.unwrapped
    z = [[None, None], [None, None], [None, None]]
    with tf.name_scope("B_not"):
        with tf.device(prot.servers[0].device_name):
            z[0][0] = ~x_shares[0][0]
            z[0][1] = x_shares[0][1]
        with tf.device(prot.servers[1].device_name):
            z[1][0] = x_shares[1][0]
            z[1][1] = x_shares[1][1]
        with tf.device(prot.servers[2].device_name):
            z[2][0] = x_shares[2][0]
            z[2][1] = ~x_shares[2][1]
        z = ABY3PrivateTensor(prot, z, x.is_scaled, x.share_type)
    return z
```

4.1.7 逻辑位移

1. CrypTen 中的逻辑位移

二进制秘密共享中信息的每一比特都是独立的秘密共享比特。假设将二进制秘密共享$\langle x \rangle$的位移至常数k，每个参与方计算其秘密共享的移位$\langle y \rangle_p = \langle x \rangle_p >> k$即可。CrypTen 中的逻辑位移函数包括左移运算函数和右移运算函数，位于目录 src/crypten/mpc/primitives/binary.py 中，核心代码分别如下。

（1）CrypTen 左移运算函数

```
    def lshift_(self, value):
        """Left shift elements by `value` bits"""
        assert isinstance(value, int), "lshift must take an integer
argument."
        self.share <<= value
        return self
```

（2）CrypTen 右移运算函数

```
    def rshift_(self, value):
        """Right shift elements by `value` bits"""
        assert isinstance(value, int), "rshift must take an integer
argument."
        self.share >>= value
        return self
```

2. TF Encrypted 中的逻辑位移

TF Encrypted 中的 ABY 3 协议逻辑位移函数包括左移运算函数和右移运算函数，位于目录 tf_encrypted/tf-encrypted/protocol/aby3/aby3.py 中，各方分别计算z_0, z_1, z_2，最后共同恢复输出值z，核心代码分别如下。

（1）ABY 3 协议左移运算函数

```
    def _lshift_private(prot, x, steps):
        assert isinstance(x, ABY3PrivateTensor), type(x)
        x_shares = x.unwrapped
        z = [[None, None], [None, None], [None, None]]
        with tf.name_scope("lshift"):
            for i in range(3):
                with tf.device(prot.servers[i].device_name):
                    z[i][0] = x_shares[i][0] << steps
                    z[i][1] = x_shares[i][1] << steps
            z = ABY3PrivateTensor(prot, z, x.is_scaled, x.share_type)
        return z
```

（2）ABY 3 协议右移运算函数

```
    def _rshift_private(prot, x, steps):
        assert isinstance(x, ABY3PrivateTensor), type(x)
        x_shares = x.unwrapped
        z = [[None, None], [None, None], [None, None]]
        with tf.name_scope("rshift"):
            for i in range(3):
                with tf.device(prot.servers[i].device_name):
```

```
                z[i][0] = x_shares[i][0] >> steps
                z[i][1] = x_shares[i][1] >> steps
        z = ABY3PrivateTensor(prot, z, x.is_scaled, x.share_type)
    return z
```

4.1.8 比较运算

1. CrypTen 中的比较函数

在比较两个算术秘密共享$[x]$和$[y]$时，可以先计算$[z]=[x]-[y]$，然后判断$[z]$与0的大小关系来得出算术秘密共享的比较结果，以$[x<y]$为例，即判断$[z<0]$是否成立。首先，CrypTen 将$[z]$转化为二进制秘密共享$\langle z\rangle$，通过向右移$(L-1)$ bit，即$\langle b\rangle=\langle z\rangle>>(L-1)$，并将$\langle b\rangle$转化为算术秘密共享。

计算$[x<y]$后，可以通过以下计算式来完成不同比较运算。CrypTen 中的比较函数位于目录 crypten/mpc/mpc.py 中。

$$[x>y]=[y<x]$$
$$[x\geqslant y]=1-[x<y]$$
$$[x\leqslant y]=1-[y<x]$$
$$[x=y]=[x\leqslant y]-[x<y]$$
$$[x\neq y]=1-[x=y]$$

CrypTen 比较函数核心代码如下。

```
# 当self < 0时返回1，否则返回0
def _ltz(self):
    # 将右移量设为总比特长度减1，留出符号位
    shift = torch.iinfo(torch.long).bits - 1
    precision = 0 if self.encoder.scale == 1 else None
    # 转为二进制秘密共享进行右移，再转回算术秘密共享
    result = self._to_ptype(Ptype.binary)
    result.share >>= shift
    result = result._to_ptype(Ptype.arithmetic, precision =
precision, bits=1)
    result.encoder._scale = 1
    return result
# 返回self == y
def eq(self, y):
    if comm.get().get_world_size() == 2:
        return (self - y)._eqz_2PC()
    return 1 - self.ne(y)
# 返回self != y
def ne(self, y):
    if comm.get().get_world_size() == 2:
        return 1 - self.eq(y)
```

```
        # 计算[x≠y] = [(x - y)<0] + [(y - x)<0]
        difference = self - y
        difference.share = torch_stack([difference.share, -
(difference.share)])
        return difference._ltz().sum(0)
    # 判断两个参与方时 self == 0
    def _eqz_2PC(self):
        # 将两方的算术秘密共享分别转化为两个二进制秘密共享
        x0 = MPCTensor(self.share, src=0, ptype = Ptype.binary)
        x1 = MPCTensor(-self.share, src=1, ptype = Ptype.binary)
        # 通过将两个二进制秘密共享进行异或得到是否相等的结果
        x0._tensor = x0._tensor.eq(x1._tensor)
        x0.encoder = self.encoder
        # 将结果转化为算术秘密共享
        result = x0.to(Ptype.arithmetic, bits = 1)
        result.encoder._scale = 1
        return result
```

CrypTen 比较函数的应用示例如下。

```
    # 计算张量的符号值（0 被视为正数）
    def sign(self):
        return 1 - 2 * self._ltz()
    # 计算张量的绝对值
    def abs(self):
        return self * self.sign()
    # 计算输入张量上的线性整流函数
    def relu(self):
        return self * self.ge(0)
```

2. Rosetta 中的比较函数

由于 Rosetta 在 cc/modules/protocol/mpc/snn/src/internal/ops/snn_internal_drelu_basic.cpp 中实现了 SecureNN 中的 ComputeMSB 协议，并在 cc/modules/protocol/mpc/snn/src/internal/ops/snn_internal_nn.cpp 目录下实现了线性整流函数的导数（ReluPrime 函数），执行符号函数时可以通过调用该函数进行符号判断。比较函数存在于目录 cc/modules/protocol/mpc/snn/src/internal/ops/snn_internal_cmp.cpp 中，不同的比较方式都基于 ReluPrime 函数得出比较结果。值得注意的是，Rosetta 在使用等于函数时采用了两种方法，一种方法是将大于或等于函数的结果 $A = \text{greaterEqual}([z])$ 与小于或等于函数的结果 $B = \text{lessEqual}([z])$ 进行计算，得到 $C = A + B - 1 = \text{Equal}([z])$，但这种方法效率较低。另一种方法是引入二进制的等于函数，该方法执行效率较高，其代码如下。

```
    int SnnInternal::FastEqual(const vector<mpc_t>& a, const vector
<mpc_t>& b, vector<mpc_t>& c) {
      c.resize(a.size());
      size_t size = a.size();
```

```
    vector<mpc_t> z(size, 0);
    subtractVectors<mpc_t>(a, b, z, size);
    vector<mpc_t> r_0(size, 0);
    vector<mpc_t> r_1(size, 0);
    vector<mpc_t> r(size, 0);
    // 在两方中生成 r_0 和 r_1 两个随机数，令 r = r_0+r_1
    if (HELPER) {
      populateRandomVector<mpc_t>(r_0, size, "a_1", "POSITIVE");
      populateRandomVector<mpc_t>(r_1, size, "a_2", "POSITIVE");
      addVectors<mpc_t>(r_0, r_1, r, size);
    } else if (partyNum == PARTY_A) {
      populateRandomVector<mpc_t>(r_0, size, "a_1", "POSITIVE");
      r = r_0;
    } else if (partyNum == PARTY_B) {
      populateRandomVector<mpc_t>(r_1, size, "a_2", "POSITIVE");
      r = r_1;
    }
    // 将 r 转为二进制秘密共享<r>_0,<r>_1
    vector<mpc_t> r_0_b(size, 0);
    vector<mpc_t> r_1_b(size, 0);
    // 这是为了符合通信的接口要求
    int BIT_L = sizeof(mpc_t) * 8;
    vector<vector<small_mpc_t>> bit_share(size, vector<small_mpc_
t>(BIT_L, 0));
    if (HELPER || partyNum == PARTY_A) {
      populateRandomVector<mpc_t>(r_0_b, size, "a_1", "POSITIVE");
    }
    if (HELPER) {
      for (size_t i = 0; i < size; ++i) {
        r_1_b[i] = r[i] ^ r_0_b[i];
      }
      sendVector<mpc_t>(r_1_b, PARTY_B, size);
    }
    if (partyNum == PARTY_B) {
      receiveVector<mpc_t>(r_1_b, PARTY_C, size);
    }
    // 展示明文 Z = [z]+[r]
    addVectors<mpc_t>(z, r, z, size);
    vector<mpc_t> plain_z(size, 0);
    if (PRIMARY) {
      thread* exchange_threads = new thread[2];
      exchange_threads[0] =
        thread(&SnnInternal::sendVector<mpc_t>, this, ref(z),
adversary(partyNum), size);
      exchange_threads[1] =
        thread(&SnnInternal::receiveVector<mpc_t>, this,
```

```
ref(plain_z), adversary(partyNum), size);
        exchange_threads[0].join();
        exchange_threads[1].join();
        delete[] exchange_threads;
        addVectors<mpc_t>(z, plain_z, plain_z, size);
        // 一方计算 tmp_v = ~<r>_0^Z，另一方保留<r>_1
        for (size_t i = 0; i < size; ++i) {
          mpc_t tmp_v = ~(r_0_b[i] ^ plain_z[i]);
          for (size_t j = 0; j < BIT_L; ++j) {
            if (partyNum == PARTY_B) {
              bit_share[i][j] = (r_1_b[i] >> j) & 0x01;
            } else if (partyNum == PARTY_A) {
              bit_share[i][j] = (tmp_v >> j) & 0x01;
            }
          }
        }
      }
      vector<small_mpc_t> res(size, 0);
      // 将 tmp_v 和<r>_1 进行比特相加 并其结果转化为加性秘密共享
      FanInBitAdd(bit_share, res);
      B2A(res, c);
      return 0;
    }
```

3. TF Encrypted 中的比较函数

（1）TF Encrypted 中的 ABY 3 协议比特提取函数

TF Encrypted 中的 ABY 3 协议比特提取函数位于目录 tf_encrypted/tf-encrypted/protocol/aby3/aby3.py 中，首先判断数据类型，然后提取第 i bit，各方分别计算结果，然后共同恢复输出值，其核心代码如下。

```
    def _bit_extract_private(prot, x, i):
        ...   // 输入类型验证
        with tf.name_scope("bit_extract"):
            # 如果是算术秘密共享 则转化为比特秘密共享，方法同 A2B
            # 提取第 i bit
            mask = prot.define_constant(
                np.array([0x1 << i]), apply_scaling = False, share_
type = BOOLEAN
            )
            x = x & mask
            x_shares = x.unwrapped
            result = [[None, None], [None, None], [None, None]]
            for i in range(3):
                with tf.device(prot.servers[i].device_name):
                    result[i][0] = x_shares[i][0].cast(prot.bool_
factory)
```

```
                result[i][1] = x_shares[i][1].cast(prot.bool_
factory)
        result = ABY3PrivateTensor(prot, result, False, BOOLEAN)
    return result
```

（2）TF Encrypted 中的 SecureNN 协议最低比特运算函数

TF Encrypted 中的 SecureNN 协议最低比特运算函数位于目录 tf_encrypted/tf-encrypted/protocol/securenn/securenn.py 中，其核心代码如下。

```
def _lsb_private(prot, x: PondPrivateTensor):
    odd_dtype = x.backing_dtype
    out_dtype = prot.tensor_factory
    prime_dtype = prot.prime_factory
    assert odd_dtype.modulus % 2 == 1
    # 由于'r'掩盖，需要安全保护
    assert x.backing_dtype.native_type == odd_dtype.native_type
    with tf.name_scope("lsb"):
        with tf.name_scope("blind"):
            # 使服务器 2 产生 r 的掩盖和它的比特
            with tf.device(prot.server_2.device_name):
                r0 = odd_dtype.sample_uniform(x.shape)
                r1 = odd_dtype.sample_uniform(x.shape)
                r = PondPrivateTensor(prot, r0, r1, False)
                r_raw = r0 + r1
                rbits_raw = r_raw.bits(factory = prime_dtype)
                rbits = prot._share_and_wrap(rbits_raw, False)
                rlsb_raw = rbits_raw[..., 0].cast(out_dtype)
                rlsb = prot._share_and_wrap(rlsb_raw, False)
            # 掩盖并揭露
            c = (x + r).reveal()
            c = prot.cast_backing(c, out_dtype)
            c.is_scaled = False
        with tf.name_scope("compare"):
            # 让服务器 0 或者服务器 1 生成 beta
            server = random.choice([prot.server_0, prot.server_1])
            with tf.device(server.device_name):
                beta_raw = prime_dtype.sample_bits(x.shape)
                beta = PondPublicTensor(prot, beta_raw, beta_raw,
is_scaled=False)
            greater_xor_beta = _private_compare(prot, rbits, c,
beta)
            clsb = prot.lsb(c)
        with tf.name_scope("unblind"):
            gamma = prot.bitwise_xor(
                greater_xor_beta, prot.cast_backing(beta, out_
dtype)
```

```
                )
                delta = prot.bitwise_xor(rlsb, clsb)
                alpha = prot.bitwise_xor(gamma, delta)
            assert alpha.backing_dtype is out_dtype
            return alpha
    def _private_compare(
        prot, x_bits: PondPrivateTensor, r: PondPublicTensor, beta:
PondPublicTensor,
    ):
          ...   //数值类型验证
        out_shape = r.shape
        out_dtype = r.backing_dtype
        prime_dtype = x_bits.backing_dtype
        bit_length = x_bits.shape[-1]
            ...   //数值类型验证
        with tf.name_scope("private_compare"):
            with tf.name_scope("bit_comparisons"):
                # 由beta决定使用r或者t = r+1
                s = prot.select(prot.cast_backing(beta, out_dtype),
r, r + 1)
                s_bits = prot.bits(s, factory = prime_dtype)
                assert s_bits.shape[-1] == bit_length
                # 计算 w_sum
                w_bits = prot.bitwise_xor(x_bits, s_bits)
                w_sum = prot.cumsum(w_bits, axis = -1, reverse =
True, exclusive = True)
                assert w_sum.backing_dtype == prime_dtype
                # 计算 c 首先忽略边缘情况
                sign = prot.select(beta, 1, -1)
                sign = prot.expand_dims(sign, axis=-1)
                c_except_edge_case = (s_bits - x_bits) * sign + 1 +
w_sum
                assert c_except_edge_case.backing_dtype == prime_dtype
            with tf.name_scope("edge_cases"):
                # 针对边缘情况进行调整,即beta为1,s为0
                # 识别边缘情况
                edge_cases = prot.bitwise_and(beta, prot.equal_zero
(s, prime_dtype))
                edge_cases = prot.expand_dims(edge_cases, axis = -1)
                # 边缘情况的张量:一个0,其余为1
                c_edge_vals = [0] + [1] * (bit_length - 1)
                c_const = tf.constant(
                    c_edge_vals, dtype = prime_dtype.native_type,
shape = (1, bit_length)
                )
                c_edge_case_raw = prime_dtype.tensor(c_const)
```

```
            c_edge_case = prot._share_and_wrap(c_edge_case_raw,
False)
            c = prot.select(edge_cases, c_except_edge_case,
c_edge_case)
            assert c.backing_dtype == prime_dtype
        with tf.name_scope("zero_search"):
            # 生成乘法掩码以隐藏非零值
            with tf.device(prot.server_0.device_name):
                mask_raw = prime_dtype.sample_uniform(c.shape,
minval = 1)
                mask = PondPublicTensor(prot, mask_raw, mask_raw,
False)
            # 屏蔽非零值
            c_masked = c * mask
            assert c_masked.backing_dtype == prime_dtype
            # 未进行顺序打乱（permutation）
            # 在服务器 2 上重建屏蔽值以查找带零的条目
            with tf.device(prot.server_2.device_name):
                d = prot._reconstruct(*c_masked.unwrapped)
                # 查找所有零项
                zeros = d.equal_zero(out_dtype)
                # 对于每个比特序列，确定其中是否有一个零
                rows_with_zeros = zeros.reduce_sum(axis = -1,
keepdims = False)
                # 重构结果
                result = prot._share_and_wrap(rows_with_zeros,
False)
        assert result.backing_dtype.native_type == out_dtype.
native_type
        return result
```

（3）TF Encrypted 中的 pond 协议 ReLU 运算函数

TF Encrypted 中的 pond 协议 ReLU 运算函数位于目录 tf_encrypted/tf-encrypted/protocol/pond/pond.py 中，使用 *w* 掩盖输入值，通过平方函数进行计算，其核心代码如下。

```
    def relu(self, x: "PondTensor", **kwargs):  # pylint: disable =
unused - argument
        """A Chebyshev polynomial approximation of the ReLU
function."""
        assert isinstance(x, PondTensor), type(x)
        w0 = 0.44015372000819103
        w1 = 0.500000000
        w2 = 0.11217537671414643
        w4 = -0.0013660836712429923
        w6 = 9.009136367360004e - 06
```

```
    w8 = -2.1097433984e-08
    with tf.name_scope("relu"):
        x1 = x
        x2 = x.square()
        x4 = x2 * x2
        x6 = x2 * x4
        x8 = x2 * x6
        y1 = x1 * w1
        y2 = x2 * w2
        y4 = x4 * w4
        y6 = x6 * w6
        y8 = x8 * w8
        z = y8 + y6 + y4 + y2 + y1 + w0
    return z
```

4. SPDZ 中的比较函数

SPDZ 有两种比较方式，第一种比较方式在本书第 2 章中已进行了介绍，这里介绍第二种比较方式，即 SPDZ 比较函数。该函数的计算同样在素数域下，位于目录 MP-SPDZ-master/Compiler/comparison.py 中，其核心代码如下。

```
def ltz(self, a, k, kappa = None):
    return -self.trunc(a, k, k - 1, kappa, True)
def _trunc(self, a, k, m, signed = None):
    a_prime = self.mod2m(a, k, m, signed)
    tmp = cint()
    inv2m(tmp, m)# 求模 2 的逆元
    return (a - a_prime) * tmp
 def _mod2m(self, a, k, m, signed):
    if signed:
            a += cint(1) << (k - 1)
    return sint.bit_compose(self.bit_dec(a, k, m, True)) #从比特
中计算数值
```

在绝对值函数中，利用比较函数的结果进行计算得出绝对值，代码如下。

```
def abs_fx(x):
    s = x < 0
    return (1 - 2 * s) * x
```

求最高比特的值可使用 MSB 函数，其代码如下。其中，PreOR 在文献[2]中有详细阐述。

```
def MSB(b, k):
    # 计算 z
    # 将 b 按 0 - k 的顺序分解为 x
    x_order = b.bit_decompose(k)
    x = [0] * k
    # 翻转顺序
    for i in range(k - 1, -1, -1):
```

```
        x[k - 1 - i] = x_order[i]
    # y 先翻转执行 PreOR，然后重新存储
    y_order = floatingpoint.PreOR(x)
    # 翻转顺序
    y = [0] * k
    for i in range(k - 1, -1, -1):
        y[k - 1 - i] = y_order[i]
    # 获得 z
    z = [0] * (k + 1 - k % 2)
    for i in range(k - 1):
        z[i] = y[i] - y[i + 1]
    z[k - 1] = y[k - 1]
    return z
```

5. ABY 中的比较函数

（1）布尔电路下的 GT 运算函数

布尔电路下的 GT 运算函数位于目录 ABY-public/src/abycore/circuit/booleancircuits.cpp 中，根据数据的类型（YAO 或 BOOL），选择相应的函数计算，其核心代码如下。

```
// 计算 ci = a > b ? 1 : 0; 假设两个值的长度相等
uint32_t BooleanCircuit::PutGTGate(std::vector<uint32_t> a,
std::vector<uint32_t> b) {
    PadWithLeadingZeros(a, b);

    if (m_eContext == S_YAO) {
        return PutSizeOptimizedGTGate(a, b);
    } else if(m_eContext == S_BOOL) {
        return PutDepthOptimizedGTGate(a, b);
    } else {
        return PutLUTGTGate(a, b);
    }
}
```

（2）布尔电路下的块优化 GT 运算函数

布尔电路下的块优化 GT 运算函数位于目录 ABY-public/src/abycore/circuit/booleancircuits.cpp 中，若数据类型为 YAO，则选择该函数计算，通过异或和与操作完成 GT 优化，其核心代码如下。

```
// 计算 ci = a > b ? 1 : 0; 假设两个值的长度相等
uint32_t BooleanCircuit::PutSizeOptimizedGTGate(std::vector
<uint32_t> a, std::vector<uint32_t> b) {
    PadWithLeadingZeros(a, b);
    uint32_t ci = 0, ci1, ac, bc, acNbc;
    ci = PutConstantGate((UGATE_T) 0, m_vGates[a[0]].nvals);
    for (uint32_t i = 0; i < a.size(); i++, ci = ci1) {
```

```
        ac = PutXORGate(a[i], ci);
        bc = PutXORGate(b[i], ci);
        acNbc = PutANDGate(ac, bc);
        ci1 = PutXORGate(a[i], acNbc);
    }
    return ci;
}
```

（3）布尔电路下的深度优化 GT 运算函数

布尔电路下的深度优化 GT 运算函数位于目录 ABY-public/src/abycore/circuit/booleancircuits.cpp 中。若数据类型为 BOOL，则选择该函数计算，通过与和 INV 操作完成 GT 优化，其核心代码如下。

```
uint32_t BooleanCircuit::PutDepthOptimizedGTGate(std::vector<
uint32_t> a, std::vector<uint32_t> b) {
    PadWithLeadingZeros(a, b);
    uint32_t i, rem;
    uint32_t inputbitlen = std::min(a.size(), b.size());
    std::vector<uint32_t> agtb(inputbitlen);
    std::vector<uint32_t> eq(inputbitlen);
    // 放置从中构建树的叶比较节点
    for (i = 0; i < inputbitlen; i++) {
        agtb[i] = PutANDGate(a[i], PutINVGate(b[i])); //PutBit
GreaterThanGate(a[i], b[i]);
    }
    // 计算从比特 1 到 inputbitlen 的相等性
    for (i = 1;  i < inputbitlen; i++) {
        eq[i] = PutINVGate(PutXORGate(a[i], b[i]));
    }
    rem = inputbitlen;
    while (rem > 1) {
        uint32_t j = 0;
        for (i = 0; i < rem;) {
            if (i + 1 >= rem) {
                agtb[j] = agtb[i];
                eq[j] = eq[i];
                i++;
                j++;
            } else {
                agtb[j] = PutXORGate(agtb[i + 1], PutANDGate
(eq[I + 1], agtb[i]));
                if(j > 0) {
                    eq[j] = PutANDGate(eq[i], eq[I + 1]);
                }
                i += 2;
                j++;
```

```
            }
        }
        rem = j;
    }
    return agtb[0];
}
```

（4）布尔电路下的查找表 GT 运算函数

布尔电路下的查找表 GT 运算函数位于目录 ABY-public/src/abycore/circuit/booleancircuits.cpp 中。首先，对输入值进行处理；然后，建立树的叶节点，调整内部值大小；最后，为剩余比特建立树，其核心代码如下。

```
uint32_t BooleanCircuit::PutLUTGTGate(std::vector<uint32_t> a,
std::vector<uint32_t> b) {
        // 建立平衡树
        uint32_t nins, maxins = 8, minins = 0, j = 0;
        std::vector<uint32_t> lut_ins, tmp;
        // 将 a 和 b 复制到内部状态
        assert(a.size() == b.size());
        std::vector<uint32_t> state(a.size() + b.size());
        for(uint32_t i = 0; i < a.size(); i++) {
            state[2*i] = a[i];
            state[2*i+1] = b[i];
        }
        // 为树建立叶节点
        for(uint32_t i = 0; i < state.size(); ) {
            // 为此节点分配输入
            nins = std::min(maxins, (uint32_t) state.size() - i);
            // nins 应总是 2 的倍数
            assert((nins & 0x01) == 0);
            lut_ins.clear();
            lut_ins.assign(state.begin() + i, state.begin() + i +
nins);
            tmp = PutTruthTableMultiOutputGate(lut_ins, 2, (uint64_t*)
m_vLUT_GT_IN[(nins/2)-1]);
            // 将 gt 比特和 eq 比特分配给 state
            state[j] = tmp[0];
            state[j + 1] = tmp[1];
            i += nins;
            j += 2;
        }
        // 处理输入比特后，调整 state 的大小
        state.resize(j);
        // 为剩余的比特构建树
        while (state.size() > 2) {
```

```
        j = 0;
        for (uint32_t i = 0; i < state.size();) {
            nins = std::min(maxins, (uint32_t) state.size() - i);
            //在这里建立一个门的效率低，所以把输入值复制到下一层
            if(nins <= minins && state.size() > minins) {
                for(; i < state.size();) {
                    state[j++] = state[i++];
                }
            } else {
                lut_ins.clear();
                lut_ins.assign(state.begin() + i, state.begin()
+ i + nins);
                tmp = PutTruthTableMultiOutputGate(lut_ins, 2,
(uint64_t*) _vLUT_GT_INTERNAL[nins/2-2]);
                state[j] = tmp[0];
                state[j+1] = tmp[1];
                i += nins;
                j += 2;
            }
        }
        state.resize(j);
    }
    return state[0];
}
```

4.1.9 选择运算

1. CrypTen 中的选择函数

当编码中需要使用分支语句时，可以通过选择函数进行多路复用。假设一个多路复用根据二进制值$[c]$来选择$[x]$或$[y]$，其中$[c]\in\{[0],[1]\}$，则可以通过计算$[c?x:y]=[c][x]+(1-[c])[y]$来实现。由于这种方式需要列出分支后的执行过程，因此无法使用在基于树形与动态规划等最优解技术中。CrypTen 中的选择函数位于目录 src/crypten/common/functions/logic.py 中，其核心代码如下。

```
# 基于 condition 选择 self 或者 y 元素
def where(self, condition, y):
    if is_tensor(condition):
        condition = condition.float()
        y_masked = y * (1 - condition)
    else:
        # 密文 condition 须在乘号前面，规则见 tutorials/Tutorial_1_
Basics_of_CrypTen_Tensors.ipynb
        y_masked = (1 - condition) * y
    return self * condition + y_masked
```

2. ABY 中的选择函数

ABY 在布尔电路下的选择函数位于目录 ABY-public/src/abycore/circuit/booleancircuits.cpp 中，对于不同数据类型采用不同的处理方式，若数据为 BOOL 型，则先将 a、b 进行合并，然后通过与、选择和分割操作输出；否则通过异或和与操作进行输出。其核心代码如下。

```
    #判断 s == 0 ? b : a
    std::vector<uint32_t> BooleanCircuit::PutMUXGate(std::vector
<uint32_t> a,
    std::vector<uint32_t> b, uint32_t s, BOOL vecand) {
        std::vector<uint32_t> out;
        uint32_t inputbitlen = std::max(a.size(), b.size());
        uint32_t sab, ab;
        PadWithLeadingZeros(a, b);
        out.resize(inputbitlen);
        uint32_t nvals=1;
        for(uint32_t i = 0; i < a.size(); i++) {
            if(m_vGates[a[i]].nvals > nvals)
                nvals = m_vGates[a[i]].nvals;
        }
        for(uint32_t i = 0; i < b.size(); i++)
            if(m_vGates[b[i]].nvals > nvals)
                nvals = m_vGates[b[i]].nvals;
        if (m_eContext == S_BOOL && vecand && nvals == 1) {
            uint32_t avec = PutCombinerGate(a);
            uint32_t bvec = PutCombinerGate(b);
            out = PutSplitterGate(PutVecANDMUXGate(avec, bvec, s));
        } else {
            for (uint32_t i = 0; i < inputbitlen; i++) {
                ab = PutXORGate(a[i], b[i]);
                sab = PutANDGate(s, ab);
                out[i] = PutXORGate(b[i], sab);
            }
        }
        return out;
    }
```

4.1.10 除法运算

1. CrypTen 中的除法函数

CrypTen 中的除法函数使用 Newton-Raphson 迭代计算倒数。此方法使用初始猜测 y_0 表示倒数，并重复以下迭代：$y_{n+1} = y_n(2 - xy_n)$。当 y_0 满足收敛原则 $0 < y_0 < \frac{2}{x}$ 时，y_n 满足 $\lim_{n \to \infty} y_n = \frac{1}{x}$。CrypTen 通过定性检查，使用 $y_0 = 3e^{1-2x} + 0.003$

初始化近似值，也可以通过 CrypTen 的配置 API 由用户自定义。由于该方法仅收敛于 x 的正值，因此 $\frac{1}{x}=\frac{\text{sgn}(x)}{\text{abs}(x)}$。CrypTen 中的除法函数位于目录 src/crypten/common/functions/approximations.py 中，其核心代码如下。

```
    def reciprocal(self, input_in_01 = False):
        pos_override = {"functions.reciprocal_all_pos": True}
        if input_in_01:
            with cfg.temp_override(pos_override):
                rec = reciprocal(self.mul(64)).mul(64)
            return rec
        # 配置方法
        method = cfg.functions.reciprocal_method
        all_pos = cfg.functions.reciprocal_all_pos
        initial = cfg.functions.reciprocal_initial
        if not all_pos:
            sgn = self.sign()
            pos = sgn * self
            with cfg.temp_override(pos_override):
                return sgn * reciprocal(pos)
        # 使用 Newton-Raphson 方法
        if method == "NR":
            nr_iters = cfg.functions.reciprocal_nr_iters
            if initial is None:
                result = 3 * (1 - 2 * self).exp() + 0.003
            else:
                result = initial
            for _ in range(nr_iters):
                if hasattr(result, "square"):
                    result += result - result.square().mul_(self)
                else:
                    result = 2 * result - result * result * self
            return result
        # 使用对数方法
        elif method == "log":
            log_iters = cfg.functions.reciprocal_log_iters
            with cfg.temp_override({"functions.log_iters": log_iters}):
                return exp(-log(self))
        else:
            raise ValueError(f"Invalid method {method} given for
reciprocal function")
```

2. Rosetta 中的除法函数

Rosetta 中使用不同方式实现了多种除法计算，具体实现方式位于目录 cc/modules/protocol/mpc/snn/src/internal/ops/snn_internal_math_basic.cpp 中。在计算

类算子中，SecureRealDiv 和 SecureTrueDiv 等价于 SecureDivide，算子的计算时间开销和通信数据量开销都较大。SecureReciprocalDiv 通过计算分母的倒数来实现除法，即计算分母的倒数乘以分子得到商，此方法比 SecureTrueDiv 快 5 倍，采用的是迭代方法，初始迭代为 $y_0 = 3e^{1-2x} + 0.003$，迭代方程为 $y_{n+1} = 2y_n - xy_n^2$，迭代次数为 15 次。以下代码展示了此方法的执行过程。

```
int SnnInternal::ReciprocalDivfor2(
  const vector<mpc_t>& shared_numerator_vec,
  const vector<mpc_t>& shared_denominator_vec,
  vector<mpc_t>& shared_quotient_vec,
  bool all_less /*= false*/) {
  size_t vec_size = shared_numerator_vec.size();
  if (all_less) {
    Division(shared_numerator_vec, shared_denominator_vec, shared_
quotient_vec, all_less);
    return 0;
  }
  if (THREE_PC) {
    // 确定值的符号
    vector<mpc_t> shared_numer_sign(vec_size, 0);
    ComputeMSB(shared_numerator_vec, shared_numer_sign);
    vector<mpc_t> shared_denom_sign(vec_size, 0);
    ComputeMSB(shared_denominator_vec, shared_denom_sign);
    vector<mpc_t> shared_sign_pos(vec_size, 0);
    if (partyNum == PARTY_A) {
      shared_sign_pos = vector<mpc_t>(vec_size, FloatToMpcType(1,
GetMpcContext() -> FLOAT_PRECISION));
    }
    vector<mpc_t> shared_sign_neg(vec_size, 0);
    if (partyNum == PARTY_A) {
      shared_sign_neg = vector<mpc_t>(vec_size, FloatToMpcType
(-1, GetMpcContext() -> FLOAT_PRECISION));
    }
    vector<mpc_t> shared_x_sign(vec_size, 0);
    Select1Of2(shared_sign_neg, shared_sign_pos, shared_numer_
sign, shared_x_sign);
    vector<mpc_t> shared_y_sign(vec_size, 0);
    Select1Of2(shared_sign_neg, shared_sign_pos, shared_denom_
sign, shared_y_sign);
    vector<mpc_t> quotient_sign_bit(vec_size, 0);
    XorBit(shared_numer_sign, shared_denom_sign, quotient_sign_
bit);
    vector<mpc_t> numerator_vec(vec_size, 0);
    vector<mpc_t> denominator_vec(vec_size, 0);
    DotProduct(shared_numerator_vec, shared_x_sign, numerator_
```

```
vec);
        DotProduct(shared_denominator_vec, shared_y_sign, denominator_
vec);
        vector<mpc_t> quotient_sign(vec_size, 0);
        Select1Of2(shared_sign_neg, shared_sign_pos, quotient_sign_
bit, quotient_sign);
        vector<mpc_t> quotient_vec = shared_quotient_vec;
        // 限制分母，以扩大计算范围和精度
        vector<mpc_t> SHARED_ONE(vec_size, 0);
        if(partyNum == PARTY_A) {
          SHARED_ONE = vector<mpc_t>(vec_size, FloatToMpcType(1,
GetMpcContext()->FLOAT_PRECISION));
        }
        vector<mpc_t> SHARED_TEN(vec_size, 0);
        if(partyNum == PARTY_A) {
          SHARED_TEN = vector<mpc_t>(vec_size, FloatToMpcType(10,
GetMpcContext() -> FLOAT_PRECISION));
        }
        vector<mpc_t> SHARED_divTEN(vec_size, 0);
        if(partyNum == PARTY_A) {
          SHARED_divTEN = vector<mpc_t>(vec_size, FloatToMpcType(0.1,
 GetMpcContext() -> FLOAT_PRECISION));
        }
        vector<mpc_t> judge_val_1(vec_size, 0);
        vector<mpc_t> judge_val_2(vec_size, 0);
        vector<mpc_t> judge_val_1_p(vec_size, 0);// 判断数的MSB
        vector<mpc_t> judge_val_2_p(vec_size, 0);
        vector<mpc_t> judge(vec_size, 0);
        vector<mpc_t> factor(vec_size, 0);// 乘数因子
        vector<mpc_t> denominator_temp(vec_size, 0);
        vector<mpc_t> numerator_temp(vec_size, 0);
        for(int i = 0 ; i < 4 ; i++) {
          subtractVectors<mpc_t>(denominator_vec, SHARED_TEN, judge_
val_1, vec_size);//x-10
          subtractVectors<mpc_t>(denominator_vec, SHARED_ONE, judge_
val_2, vec_size);//x-1
          ComputeMSB(judge_val_1, judge_val_1_p);
          ComputeMSB(judge_val_2, judge_val_2_p);// 正值或负值
          XorBit(judge_val_1_p, judge_val_2_p, judge);
          Select1Of2(SHARED_TEN, SHARED_divTEN, judge_val_1_p, factor);
          Select1Of2(SHARED_ONE, factor, judge, factor);
          DotProduct(factor, denominator_vec, denominator_temp);
          DotProduct(factor, numerator_vec, numerator_temp);
          denominator_vec = denominator_temp;
          numerator_vec = numerator_temp;
        }
```

```
    // 初始化 1/x
    vector<mpc_t> result(vec_size,0);
    vector<mpc_t> initial_temp(vec_size,0);
    vector<mpc_t> initial_exp(vec_size,0);
    // 计算初始值
    vector<mpc_t> SHARED_Factorialof3(vec_size, 0);
    if(partyNum == PARTY_A) {
      SHARED_Factorialof3 = vector<mpc_t>(vec_size, FloatToMpc
Type(0.16667, GetMpcContext() -> FLOAT_PRECISION));
    }
    vector<mpc_t> NUM_ONE(vec_size, 0);
    NUM_ONE = vector<mpc_t>(vec_size, FloatToMpcType(1, GetMpc
Context()->FLOAT_PRECISION));
    vector<mpc_t> NUM_Factorialof3(vec_size, 0);
    NUM_Factorialof3 = vector<mpc_t>(vec_size, FloatToMpcType
(0.16667, GetMpcContext() -> FLOAT_PRECISION));
    if (PRIMARY) {
      for (int i = 0; i < vec_size; ++i) {
        initial_temp[i] = denominator_vec[i] << 1;
      }
    }
    subtractVectors<mpc_t>(SHARED_ONE, initial_temp, initial_exp,
 vec_size);
    vector<mpc_t> shared_beta(vec_size,0);
    vector<mpc_t> update(vec_size,0);
    ReluPrime(initial_exp, shared_beta);
    initial_exp = vector<mpc_t>(vec_size,0);
    if(partyNum == PARTY_A) {
      initial_exp = vector<mpc_t>(vec_size, FloatToMpcType(0.003,
 GetMpcContext()->FLOAT_PRECISION));
      update = vector<mpc_t>(vec_size, FloatToMpcType(4.074,
GetMpcContext() -> FLOAT_PRECISION));
    }
    SelectShares(update, shared_beta, update);
    addVectors<mpc_t>(initial_exp, update, result, vec_size);
    // 2y_n
    vector<mpc_t> iteraion_temp_2A(vec_size,0);
    // y^2_n
    vector<mpc_t> iteraion_temp_AA(vec_size,0);
    vector<mpc_t> den_reprocial_temp(vec_size,0);
    vector<mpc_t> quo(vec_size,0);
    // 进行迭代
    for(int i = 0; i <= ITERATION_TIME; i++) {
      DotProduct(result, NUM_ONE, iteraion_temp_2A);
      Square(result, iteraion_temp_AA);
      // 计算 xy^2_n
```

```
            DotProduct(iteraion_temp_AA, denominator_vec, den_reprocial
_temp);
            subtractVectors<mpc_t>(iteraion_temp_2A,den_reprocial_temp,
result,vec_size);
        }
        DotProduct(numerator_vec, result, quo);
        DotProduct(quo, quotient_sign, shared_quotient_vec);
    }
    return 0;
}
```

3. ABY 中的除法函数

（1）ABY 在算术电路下的除法函数

ABY 在算术电路下的除法函数位于目录 ABY-public/src/abycore/circuit/arithmeticcircuits.cpp 中，其核心代码如下。

```
uint32_t ArithmeticCircuit::PutINVGate(uint32_t parentid) {
    uint32_t gateid = m_cCircuit -> PutINVGate(parentid);
    UpdateLocalQueue(gateid);
    return gateid;
}
```

（2）ABY 在布尔电路下的除法函数

ABY 在布尔电路下的除法函数位于目录 ABY-public/src/abycore/circuit/booleancircuits.cpp 中，其核心代码如下。

```
uint32_t BooleanCircuit::PutINVGate(uint32_t parentid) {
    uint32_t gateid = m_cCircuit -> PutINVGate(parentid);
    UpdateLocalQueue(gateid);
    return gateid;
}
```

（3）ABY 电路下的除法函数

ABY 电路下的除法函数位于目录 ABY-public/src/abycore/circuit/ abycircuits.cpp 中，其核心代码如下。

```
uint32_t ABYCircuit::PutINVGate(uint32_t in) {
    GATE* gate = InitGate(G_INV, in);
    gate -> nvals = m_vGates[in].nvals;
    return currentGateId();
}
```

4.1.11 指数运算

1. CrypTen 中的指数函数

由于指数函数比多项式函数增长快得多，近似指数函数所需的多项式次数随着域的增加呈指数级增长。因此，CrypTen 使用极限近似法进行非常有效的重复

平方运算：$e^x = \lim_{n\to\infty}\left(1+\frac{x}{2^n}\right)^{2^n}$。CrypTen 中的指数函数位于目录 src/crypten/common/functions/approximations.py 中，其核心代码如下。

```
# 使用极限近似法近似自然常数指数函数
def exp(self):
    iters = cfg.functions.exp_iterations
    result = 1 + self.div(2 ** iters)
    for _ in range(iters):
        result = result.square()
    return result
```

2. Rosetta 中的指数函数和多项式函数

Rosetta 当前版本中的自然常数指数函数计算式为 $e^x \approx \left(1+\frac{x}{500}\right)^{500}$，Rosetta 中的指数函数位于目录 cc/modules/protocol/mpc/snn/src/internal/ops/snn_internal_math_basic.cpp 中，其核心代码如下。

```
int SnnInternal::Exp(const vector<mpc_t>& a, vector<mpc_t>& c) {
  size_t a_size = a.size();
  size_t n = 500;
  const vector<double_t> n_reciprocal(a_size, 0.002);
  vector<mpc_t> m(a_size, 0);
  vector<mpc_t> result(a_size, 0);
  DotProduct(n_reciprocal, a, m);
  const vector<mpc_t> one(a_size, FloatToMpcType(1, GetMpcContext
() -> FLOAT_PRECISION));
  if (partyNum == PARTY_A)
      addVectors<mpc_t>(m, one, m, a_size);
  // 进行 m 的 n 次方运算，将结果存在 c 中
  PowV1(m, n, c);
  return 0;
}
```

进行指数函数运算的关键是 PolynomialPowConst 函数，多项式运算和指数运算都是在此函数的基础上进行的，其功能为计算算术秘密共享的常数次运算，采用二进制快速幂次乘法加速运算。Rosetta 中的多项式函数位于目录 cc/modules/protocol/mpc/snn/src/internal/ops/snn_internal_math.cpp 中，其核心代码如下。

```
void SnnInternal::PolynomialPowConst(
  const vector<mpc_t>& shared_X,
  mpc_t common_k,
  vector<mpc_t>& shared_Y) {
  int vec_size = shared_X.size();
  shared_Y.resize(vec_size);
  // 初始化 1
```

```
    vector<mpc_t> curr_Y(vec_size, FloatToMpcType(1.0 / 2,
GetMpcContext() -> FLOAT_PRECISION));
    if (common_k == 0) {
      shared_Y = curr_Y;
      return;
    }
    if (common_k == 1) {
      shared_Y = shared_X;
      return;
    }
    int curr_k = common_k;
    // 二进制中当前比特的值
    int curr_bit = 0;
    // 2 的指数值
    int curr_p = 1;
    vector<mpc_t> P = shared_X;
    vector<mpc_t> tmp_new_y = curr_Y;
    vector<mpc_t> tmp_new_P = P;
    bool least_bit_covered = false;
    while (curr_k != 0) {
      curr_bit = curr_k % 2;
      if (curr_p != 1) {
        DotProduct(P, P, tmp_new_P);
        P = tmp_new_P;
      }
      if (curr_bit) {
        // 最低有效比特，不需要使用 MPC 进行乘 1 操作
        if (!least_bit_covered) {
          curr_Y = P;
          least_bit_covered = true;
        } else {
          DotProduct(P, curr_Y, tmp_new_y);
          curr_Y = tmp_new_y;
        }
      }
      curr_k = int(curr_k / 2);
      curr_p++;
    }
    shared_Y = curr_Y;
    return;
  }
```

3. TF Encrypted 中的指数函数和多项式函数

TF Encrypted 的指数函数位于目录 tf_encrypted/tf-encrypted/protocol/aby3/aby3.py 中，其核心代码如下。

```
    def _pow_private(prot, x, p):
        ...   // 输入类型验证
        # 快速幂
        with tf.name_scope("pow"):
            result = 1
            tmp = x
            while p > 0:
                bit = p & 0x1
                if bit > 0:
                    result = result * tmp
                p >>= 1
                if p > 0:
                    tmp = tmp * tmp
        return result
```

TF Encrypted 的多项式函数位于目录 tf_encrypted/tf-encrypted/protocol/aby3/aby3.py 中，其核心代码如下。

```
    def _polynomial_private(prot, x, coeffs):
        ...   // 输入类型验证
        with tf.name_scope("polynomial"):
            result = prot.define_constant(np.zeros(x.shape), apply_
scaling = x.is_scaled)
            for i in range(len(coeffs)):
                if i == 0:
                    result = result + coeffs[i]
                elif coeffs[i] == 0:
                    continue
                elif (coeffs[i] - int(coeffs[i])) == 0:
                    # 系数为整数时，可在本地执行多重应用不需要交互截断
                    tmp = prot.define_constant(np.array([coeffs[i]]),
apply_scaling=False)
                    tmp = tmp * (x ** i)
                    result = result + tmp
                else:
                    tmp = coeffs[i] * (x ** i)
                    result = result + tmp
        return result
    def _polynomial_piecewise_private(prot, x, c, coeffs):
        # c 为片段之间的拆分点列表
        ...   // 输入类型验证
        with tf.name_scope("polynomial_piecewise"):
            # 计算每个多项式的选择比特
            with tf.name_scope("polynomial - selection - bit"):
                msbs = [None] * len(c)
                for i in range(len(c)):
                    msbs[i] = prot.msb(x - c[i])
```

```
            b = [None] * len(coeffs)
            b[0] = msbs[0]
            for i in range(len(c) - 1):
                b[i + 1] = ~msbs[i] & msbs[i + 1]
            b[len(c)] = ~msbs[len(c) - 1]
        # 计算分段结合的结果
        result = 0
        for i in range(len(coeffs)):
            fi = prot.polynomial(x, coeffs[i])
            result = result + prot.mul_AB(fi, b[i])
    return result
```

4. SPDZ 中的指数函数

SPDZ 中的指数函数运算过程如下。首先，判断数据的类型，得到以 2 为底数的对数值；然后，调用 exp 函数计算结果。SPDZ 中的指数函数位于目录 MP-SPDZ-0.2.9/Compiler/mpc_math.py 中，其核心代码如下。

```
def pow_fx(x, y):
    # 计算 x^y
    log2_x =0
    # 获取 log2(x)
    if (type(x) == int or type(x) == float):
        log2_x = math.log(x,2)
    else:
        log2_x = log2_fx(x)
    # 获取 y * log2(x)
    exp = y * log2_x
    # 返回 2^(y*log2(x))
    return exp2_fx(exp)
```

4.1.12 平方根运算

1. CrypTen 中的平方根函数

CrypTen 使用 Newton-Raphson 迭代计算平方根。然而，Newton-Raphson 平方根的更新公式为 $y_{n+1}=\frac{1}{2}\left(y_n+\frac{x}{y_n}\right)$，其对秘密共享的计算效率非常低。可以使用更有效的 Newton-Raphson 逆平方根更新公式 $y_{n+1}=\frac{1}{2}y_n(3-xy_n^2)$，然后乘以输入值 x，得到平方根 $\sqrt{x}=(x^{-0.5})x$。也可以使用逆平方根函数进行有效的规范化，即 $\frac{x}{\|x\|}=x\left(\sum_i x_i^2\right)^{-\frac{1}{2}}$。CrypTen 中的平方根函数位于目录 src/crypten/common/functions/approximations.py 中，其核心代码如下。

```
def inv_sqrt(self):
```

```
        initial = cfg.functions.sqrt_nr_initial
        iters = cfg.functions.sqrt_nr_iters
        # 使用适当的近似值进行初始化
        if initial is None:
            y = exp(self.div(2).add(0.2).neg()).mul(2.2).add(0.2)
            y -= self.div(1024)
        else:
            y = initial
        # 逆平方根的Newton-Raphson迭代
        for _ in range(iters):
            y = y.mul_(3 - self * y.square()).div_(2)
        return y
    def sqrt(self):
        return inv_sqrt(self).mul_(self)
```

2. Rosetta 中的平方根函数

Rosetta 使用 Newton-Raphson 迭代计算平方根，迭代初值的计算可参考文献[3]中的算法 5 和算法 7。Rosetta 中的平方根函数位于目录 cc/modules/protocol/mpc/snn/src/internal/ops/snn_internal_math_basic.cpp 中，其核心代码如下。

```
int SnnInternal::Rsqrt(const vector<mpc_t>& a, vector<mpc_t>& c) {
  const int sqrt_nr_iters = 3;
  vector<mpc_t> rsqrt_nr_initial = a;
  size_t size = a.size();
  const vector<double> float_half(size, 0.5);
  const vector<double> float_two_ten(size, 0.2);
  const vector<double> float_two_dot_two(size, 2.2);
  const vector<double> float_milli(size, 0.0009765625);
  const vector<double> float_three(size, 3);
  vector<mpc_t> inter_Number(size);
  DotProduct(float_half, a, rsqrt_nr_initial);
  Add(rsqrt_nr_initial, float_two_ten, inter_Number); // x/2 + 0.2
  Negative(inter_Number, rsqrt_nr_initial); // 取反
  Exp(rsqrt_nr_initial, inter_Number); //e^-x/2-0.2
  Mul(inter_Number, float_two_dot_two, rsqrt_nr_initial); //
乘 2.2
  Add(rsqrt_nr_initial, float_two_ten, inter_Number);// 加 0.2
  vector<mpc_t> temp(a.size());
  Mul(a, float_milli, temp); // 计算 a/1024
  Sub(inter_Number, temp, rsqrt_nr_initial);
  vector<mpc_t> temp_number0(size), temp_number1(size),
temp_number2(size);
  for (int i = 0; i < sqrt_nr_iters; i++)
  {
    // x_i(3-bx^2_i)/2
    Mul(rsqrt_nr_initial, rsqrt_nr_initial, temp_number1);
```

```
    Mul(temp_number1, a, temp_number0);
    Negative(temp_number0, temp_number1);
    Add(temp_number1, float_three, temp_number0);
    Mul(temp_number0, rsqrt_nr_initial, temp_number2);
    Mul(temp_number2, float_half, temp_number0);
    rsqrt_nr_initial = temp_number0;
  }
  Abs(rsqrt_nr_initial, c);
  return 0;
}
```

3. SPDZ 中的平方根函数

SPDZ 中的平方根函数运用了 Newton-Raphson 的思想进行求解，位于目录 MP-SPDZ-0.2.9/Compiler/mpc_math.py 中，其核心代码如下。

```
def sqrt_simplified_fx(x):
    # 固定迭代次数 theta
    theta = max(int(math.ceil(math.log(x.k))), 6)
    # 使用 2^(m/2) 近似过程
    m_odd, m, w = norm_simplified_SQ(x.v, x.k)
    # 设置精度并分配正确的 2**f 的过程
    if x.f % 2 == 1:
        m_odd =  (1 - 2 * m_odd) + m_odd
        w = m_odd.if_else(w, 2 * w)
    # 使用 sfix 格式映射编号并实例化编号
    w = x._new(w << ((x.f - (x.f % 2)) // 2), k = x.k, f = x.f)
    # 获取 2 ** (m/2)
    w = (w * (2 ** (1/2.0)) - w) * m_odd + w
    # 计算 x/ 2^(m/2)
    y_0 = 1 / w
    g_0 = (y_0 * x)
    h_0 = y_0 * 0.5
    gh_0 = g_0 * h_0
    # 初始化
    g = g_0
    h = h_0
    gh = gh_0
    for i in range(1, theta - 2):
        r = (3 / 2.0) - gh
        g = g * r
        h = h * r
        gh = g * h
    # Newton-Raphson
    r = (3 / 2.0) - gh
    h = h * r
    H = 4 * (h * h)
```

```
        if not x.round_nearest or (2 * f < k - 1):
            H = (h < 2 ** (-x.f / 2) / 2).if_else(0, H)
        H = H * x
        H = (3) - H
        H = h * H
        g = H * x
        g = g
        return g
    # 同上，处理范围不一样
    def sqrt_fx(x_l, k, f):
        factor = 1.0 / (2.0 ** f)
        x = load_sint(x_l, types.sfix) * factor
        theta = int(math.ceil(math.log(k/5.4)))
        y_0 = lin_app_SQ(x_l,k,f) #cfix(1.0/ (cx ** (1/2.0))) # lin_
app_SQ(x_l,5,2)
        y_0 = y_0 * factor #*((1.0/(2.0 ** f)))
        g_0 = y_0 * x
        h_0 = y_0 *(0.5)
        gh_0 = g_0 * h_0
        # 初始化
        g= g_0
        h= h_0
        gh =gh_0
        for i in range(1,theta-2): # to implement \in [1,\theta - 2]
            r = (3/2.0) - gh
            g = g * r
            h = h * r
            gh = g * h
        # Newton-Raphson
        r = (3/2.0) - gh
        h = h * r
        H = 4 * (h * h)
        H = H * x
        H = (3) - H
        H = h * H
        g = H * x
        g = g #* (0.5)
        return g
    def sqrt(x, k=None, f=None):
      # 根据不同范围选择不同函数
        if k is None:
            k = x.k
        if f is None:
            f = x.f
        if (3 *k -2 * f >= f):
            return sqrt_simplified_fx(x)
```

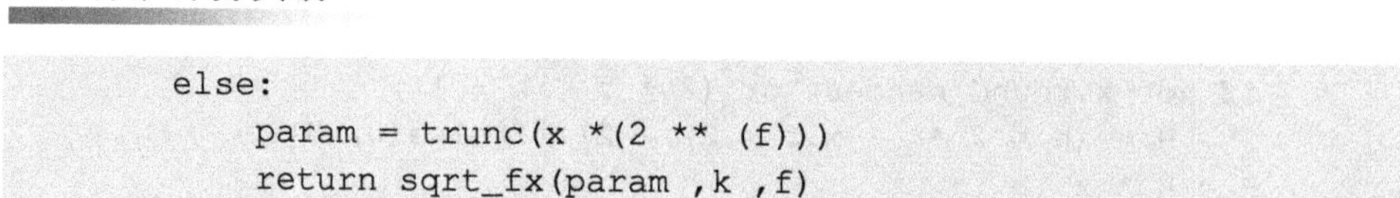

```
        else:
            param = trunc(x *(2 ** (f)))
            return sqrt_fx(param ,k ,f)
```

4.1.13 对数运算

1. CrypTen 中的对数函数

CrypTen 使用高阶迭代方法计算对数函数，以实现更好的收敛性。以下迭代公式可以用于 $\ln(x)$ 的高阶修正 Householder 方法[4]或控制 $\ln(1-x)$ 的泰勒级数展开。

$$h_n = 1 - xe^{-y_n}$$

$$y_{n+1} = y_n - \sum_{k=1}^{\infty} \frac{1}{k} h_n^k$$

注意，在 $\ln(x) = y_n + \ln(1-h_n)$ 的每一步计算中，通过截断的泰勒级数近似来近似计算 $\ln(1-h_n)$。对于该方法，Householder 方法的阶数决定了收敛速度，因为每次迭代的收敛速度与多项式次数成正比，而每次迭代都必须计算一个指数，所以用高次多项式代替多次迭代能拥有更高的效率。默认情况下，CrypTen 使用多项式阶数为 8，初始值 $y_0 = \frac{120}{x} - 20e^{-x-1} + 3$ 并进行 3 次迭代，在域 $[10^{-4}, 10^2]$ 上收敛。通过对数函数与指数函数，可以通过公式 $x^y = e^{y\ln(x)}$ 计算输入值 x 的指数。CrypTen 中的对数函数位于目录 src/crypten/common/functions/approximations.py 中，其核心代码如下。

```
    def log(self, input_in_01=False):
        if input_in_01:
            return log(self.mul(100)) - 4.605170
        # 初始化到合理的估计值
        iterations = cfg.functions.log_iterations
        exp_iterations = cfg.functions.log_exp_iterations
        order = cfg.functions.log_order
        term1 = self.div(120)
        term2 = exp(self.mul(2).add(1.0).neg()).mul(20)
        y = term1 - term2 + 3.0
        # 8 阶 Householder 迭代
        with cfg.temp_override({"functions.exp_iterations": exp_
iterations}):
            for _ in range(iterations):
                h = 1 - self * exp(-y)
                y -= h.polynomial([1 / (i + 1) for i in range
(order)])
        return y
```

2. Rosetta 中的对数函数

Rosetta 中的对数函数位于目录 cc/modules/protocol/mpc/snn/src/internal/ops/snn_internal_nn.cpp。Rosetta 提供了两种安全对数函数。一种安全对数函数是 SecureLog，其实现原理是通过多项式函数进行拟合，使在机器学习常用数值范围内的输入能够更有效、更精确地计算出结果。SecureLog 采用的拟合多项式如下。

$$\ln(x)=\begin{cases}85873.96716x^3-8360.491679x^2+284.0022382x-6.805568387, & x\in(0.0001,0.05)\\3.404663323x^3-8.668159044x^2+8.253302766x-3.0312942, & x\in[0.05,1.2)\\-0.022636005x^2+0.463403306x-0.147409486, & x\in[1.2,10.0)\end{cases}$$

另一种安全对数函数是 SecureHLog，适用于定义域内任意参数值的计算。其实现原理是将输入 x 分解为 $x=2^m r/2$，其中 $r\in[1,2)$。根据对数性质可得 $\ln(x)=m\ln 2+\ln(r/2)$，其中 $\ln(r/2)$ 采用足够精度的多项式拟合计算。SecureHLog 实现较复杂，需要较多的计算时间和通信量，其核心代码如下。

```
  int SnnInternal::HLog(const vector <mpc_t>& shared_X, vector
<mpc_t>& shared_Y) {
      assert(THREE_PC && "non - 3PC running mode!!!");
      size_t vec_size = shared_X.size();
      mpc_t LEN = 8 * sizeof(mpc_t);
      vector < mpc_t> SHARED_LN_2(vec_size, 0);
      const int float_precision = GetMpcContext() -> FLOAT_PRECISION;
      if (partyNum == PARTY_A) {
        // ln(2)=0.693147181
        SHARED_LN_2 = vector <mpc_t> (vec_size, FloatToMpcType
(0.693147181, float_precision));
      }
      vector <mpc_t> SHARED_HALF(vec_size, 0);
      if (partyNum == PARTY_A) {
        SHARED_HALF = vector <mpc_t> (vec_size, FloatToMpcType(0.5,
float_precision));
      }
      vector <mpc_t> SHARED_ONE(vec_size, 0);
      if (partyNum == PARTY_A) {
        SHARED_ONE = vector <mpc_t> (vec_size, FloatToMpcType(1,
float_precision));
      }
      vector <mpc_t> SHARED_TWO(vec_size, 0);
      if (partyNum == PARTY_A) {
        SHARED_TWO = vector <mpc_t> (vec_size, FloatToMpcType(2,
float_precision));
      }
      vector <mpc_t> SHARED_ZERO(vec_size, 0);
      vector<mpc_t> SHARED_NEG_ONE(vec_size, 0);
```

```
    if (partyNum == PARTY_A) {
      SHARED_NEG_ONE = vector<mpc_t>(vec_size, FloatToMpcType( - 1,
 float_precision));
    }
    vector<mpc_t> shared_val_multiplier(vec_size, 0);
    vector<mpc_t> shared_power_add(vec_size, 0);
    auto curr_x = shared_X;
    vector<mpc_t> curr_power(vec_size, 0);
    // 将 x 分解为(2^m)*r/2
    // 缩小整数部分
    for (int i = 0; i < LEN - float_precision; ++i) {
      auto curr_x_minus_one = curr_x;
      vector<mpc_t> shared_cmp(vec_size, 0);
      subtractVectors<mpc_t>(curr_x, SHARED_ONE, curr_x_minus_one,
 vec_size);
      ReluPrime(curr_x_minus_one, shared_cmp);
      // 根据 x-1>0 判断范围
      Select1Of2(SHARED_HALF, SHARED_ONE, shared_cmp, shared_val_
multiplier);
      Select1Of2(SHARED_ONE, SHARED_ZERO, shared_cmp, shared_power_
add);
      vector<mpc_t> tmp_vec(vec_size, 0);
      DotProduct(curr_x, shared_val_multiplier, tmp_vec);
      curr_x = tmp_vec;
      addVectors<mpc_t>(curr_power, shared_power_add, tmp_vec,
vec_size);
      curr_power = tmp_vec;
    }
    // 放大分数部分
    for (int i = 0; i < float_precision; ++i) {
      auto curr_x_minus_half = curr_x;
      vector<mpc_t> shared_cmp(vec_size, 0);
      subtractVectors<mpc_t>(curr_x, SHARED_HALF, curr_x_minus_half,
vec_size);
      ReluPrime(curr_x_minus_half, shared_cmp);
      Select1Of2(SHARED_ONE, SHARED_TWO, shared_cmp, shared_val_
multiplier);
      Select1Of2(SHARED_ZERO, SHARED_NEG_ONE, shared_cmp, shared_
power_add);
      vector<mpc_t> tmp_vec(vec_size, 0);
      DotProduct(curr_x, shared_val_multiplier, tmp_vec);
      curr_x = tmp_vec;
      addVectors<mpc_t>(curr_power, shared_power_add, tmp_vec,
vec_size);
      curr_power = tmp_vec;
    }
```

```
    // 通过多项式计算ln(r/2)
    vector<mpc_t> power_list;
    vector<mpc_t> coff_list;
    string my_func = "LOG_HD";
    vector<ConstPolynomial>* log_hd_p = NULL;
    if (!PolyConfFactory::get_func_polys(my_func, &log_hd_p)) {
      cout << "ERROR! can not find polynomials for func " << my_
func << endl;
      return -1;
    }
    log_hd_p->at(0).get_power_list(power_list);
    log_hd_p->at(0).get_coff_list(coff_list, float_precision);
    vector<mpc_t> shared_basic_val(vec_size, 0);
    vector<mpc_t> tmp_v(vec_size);
    UniPolynomial(curr_x, power_list, coff_list, tmp_v);
    for (int i = 0; i < vec_size; ++i) {
      shared_basic_val[i] = CoffDown(tmp_v[i]);
    }
    vector<mpc_t> shared_high_part(vec_size, 0);
    DotProduct(curr_power, SHARED_LN_2, shared_high_part);
    addVectors<mpc_t>(shared_high_part, shared_basic_val, shared_Y,
 vec_size);
    return 0;
  }
```

3. TF Encrypted 中的对数函数

TF Encrypted 中的对数函数位于目录 tf_encrypted/tf-encrypted/protocol/aby3/aby3.py 中，使用 w 掩盖输入值，通过平方进行计算。其核心代码如下。

```
  def log(self, x: "PondTensor"):
      assert isinstance(x, PondTensor), type(x)
      w0 = - 3.35674972
      w1 = 12.79333646
      w2 = - 26.18955259
      w3 = 30.24596692
      w4 = - 17.30367641
      w5 = 3.82474222
      with tf.name_scope("log"):
          x1 = x
          x2 = x.square()
          x3 = x2 * x1
          x4 = x3 * x1
          x5 = x2 * x3
          y1 = x1 * w1
          y2 = x2 * w2
          y3 = x3 * w3
          y4 = x4 * w4
```

```
        y5 = x5 * w5
        z = y5 + y4 + y3 + y2 + y1 + w0
    return z
```

4. SPDZ 中的对数函数

SPDZ 中的对数函数运算过程如下：首先进行类型转换，然后求解 $\log_2$ 的求值多项式，最后将除法结果加上 p 得到最终结果。SODZ 中的对数函数位于目录 MP-SPDZ-0.2.9/Compiler/mpc_math.py 中，其核心代码如下。

```
def log2_fx(x, use_division = True):
    # 计算 log2(x)
    if isinstance(x, types._fix):
        # 将 sfix 转换为 f*2^n, f ∈ [0.5,1]
        # 将输入转换为 sfloat 类型，使其值∈ [0.5,1]
        v, p, z, s = floatingpoint.Int2FL(x.v, x.k, x.f, x.kappa)
        p -= x.f
        vlen = x.f
        v = x._new(v, k=x.k, f = x.f)
    else:
        d = types.sfloat(x)
        v, p, vlen = d.v, d.p, d.vlen
        w = x.coerce(1.0 / (2 ** (vlen)))
        v *= w
    # 分离出 d 的元素，现在 n 也可以被 d 的秘密共享 p 所取代
    # 计算 f 的 log_2 求值多项式
    if use_division:
        P = p_eval(p_2524, v)
        Q = p_eval(q_2524, v)
        approx = P / Q
    else:
        approx = p_eval(p_2508, v)
    # 将除法结果加上 p 返回结果
    a = approx + (vlen + p)
    return a  # *(1 - (f.z))*(1 - f.s)*(1 - f.error)
def log_fx(x, b):
    # 计算 logb(2)
    logb_2 = math.log(2, b)
    # 返回 logb(2) * log2(x)
    return logb_2 * log2_fx(x)
```

4.1.14 三角函数

1. CrypTen 中的三角函数

CrypTen 使用重复平方法高效地计算复指数，可用于计算正弦函数和余弦函数：$\sin x = \Im(e^{ix})$，$\cos x = \Re(e^{ix})$，CrypTen 中的三角函数位于目录 src/crypten/common/

functions/approximations.py 中，其核心代码如下。

```
# 计算e^(i*self)，其中 i 是虚单位，返回cos(self)和sin(self)
def _eix(self):
    iterations = cfg.functions.trig_iterations
    re = 1
    im = self.div(2 ** iterations)
    re -= im.square()
    im *= 2
    # 计算(a+bi)^2->(a^2-b^2)+(2ab)i次迭代
    for _ in range(iterations - 1):
        a2 = re.square()
        b2 = im.square()
        im = im.mul_(re)
        im._tensor *= 2
        re = a2 - b2
    return re, im
def cossin(self):
    return self._eix()
def cos(self):
    return cossin(self)[0]
def sin(self):
    return cossin(self)[1]
```

2. SPDZ 中的三角函数

SPDZ 中的三角函数包括正弦函数、余弦函数、正切函数，以及其他三角函数，位于目录 MP-SPDZ-0.2.9/Compiler/mpc_math.py 中。

（1）SPDZ 中的正弦函数

首先将数据类型转为弧度制，然后利用多项式求值法计算，其核心代码如下。

```
def ssin(w, s):
    # 通过 90 度角度制转化为弧度制，进行迭代
    v = w * (1.0 / pi_over_2)
    v_2 = v ** 2
    # 根据减少的范围调整符号位，用多项式求值法计算 sin
    local_sin = s.if_else( - v, v) * p_eval(p_3307, v_2)
    return local_sin
```

（2）SPDZ 中的余弦函数

首先将数据类型转为弧度制，然后利用多项式求值法计算，其核心代码如下。

```
def scos(w, s):
    v = w
    v_2 = v ** 2
    # 用多项式求值法计算 cos
    tmp = p_eval(p_3508, v_2)
    # 通过减法中的移动来调整符号
```

```
    local_cos = s.if_else( - tmp, tmp)
    return local_cos
```

（3）SPDZ 中的正切函数

首先通过 ssin 和 scos 计算出 sin 和 cos 值，然后根据 tan 公式计算，其核心代码如下。

```
def tan(x):
    # 减少角度到范围 [0,\pi/2)
    w, b1, b2 = sTrigSub(x)
    # 计算 sin 和 cos
    local_sin = ssin(w, b1)
    local_cos = scos(w, b2)
    # 获得本地 tan
    local_tan = local_sin/local_cos
    return local_tan
```

（4）SPDZ 中的其他三角函数

SPDZ 中的其他三角函数包括 atan、asin、acos、tanh，核心代码如下。

```
def atan(x):
    # 返回任意给定分数值的反正切
    # 获得 x 的绝对值
    s = x < 0
    x_abs  = s.if_else( - x, x)
    # 角度隔离
    b = x_abs > 1
    v = 1 / x_abs
    v = b.if_else(v, x_abs)
    v_2 =v*v
    # 多项式系数的范围
    m = max(sum(p_5102), sum(q_5102))
    scale = m / (2 ** (x.k - x.f - 1) - 1)
    P = p_eval([c / scale for c in p_5102], v_2)
    Q = p_eval([c / scale for c in q_5102], v_2)
    y = v * (P / Q)
    y_pi_over_two =  pi_over_2 - y
    # 符号更正
    y = b.if_else(y_pi_over_two, y)
    y = s.if_else(-y, y)
    return y
def asin(x):
    # 返回任意给定分数值的反正弦
    # x 平方
    x_2 = x*x
    # 三等距恒等式
    sqrt_l = sqrt(1 - (x_2))
    x_sqrt_l =x / sqrt_l
```

```
        return atan(x_sqrt_l)
    def acos(x):
        # 返回任意给定分数值的反余弦
        y = asin(x)
        return pi_over_2 - y
    def tanh(x):
        # 为了提高效率，准确性会降低
        limit = math.log(2 ** (x.k - x.f - 2)) / 2
        s = x < -limit
        t = x > limit
        y = pow_fx(math.e, 2 * x)
        return s.if_else(-1, t.if_else(1, (y - 1) / (y + 1)))
```

4.1.15 激活函数

1. CrypTen 中的 Sigmoid 函数和双曲正切函数

CrypTen 使用指数函数和倒数函数计算 Sigmoid 函数 $\sigma(x)=\dfrac{1}{1+\mathrm{e}^{-x}}$。由于 Sigmoid 函数的取值范围是 $[0,1]$，并且其域的正半部分是 $[0.5,1]$，因此，使用 0.75 的初始值和 Newton-Raphson 迭代计算 $\sigma(|x|)$ 以提高收敛性。通过以下公式将结果扩展到整个域：$\sigma(-x)=1-\sigma(x)$。通过 $\tanh(x)=2\sigma(2x)-1$ 计算双曲正切函数，其中 $\mathrm{HardTanh}(x)\begin{cases}1, & x>1\\ -1, & x<-1\\ x, & 其他\end{cases}$。

CrypTen 中的 Sigmoid 函数和双曲正切函数位于目录 src/crypten/common/functions/approximations.py 中，其核心代码如下。

```
    def sigmoid(self):
        method = cfg.functions.sigmoid_tanh_method
        if method == "chebyshev":
            tanh_approx = tanh(self.div(2))
            return tanh_approx.div(2) + 0.5
        elif method == "reciprocal":
            ltz = self._ltz()
            sign = 1 - 2 * ltz
            pos_input = self.mul(sign)
            denominator = pos_input.neg().exp().add(1)
            with cfg.temp_override(
                {
                    "functions.exp_iterations": 9,
                    "functions.reciprocal_nr_iters": 3,
                    "functions.reciprocal_all_pos": True,
                    "functions.reciprocal_initial": 0.75,
                }
```

```
            ):
                pos_output = denominator.reciprocal()
            result = pos_output.where(1 - ltz, 1 - pos_output)
            return result
        else:
            raise ValueError(f"Unrecognized method {method} for
sigmoid")
    def tanh(self):
        method = cfg.functions.sigmoid_tanh_method
        if method == "reciprocal":
            return self.mul(2).sigmoid().mul(2).sub(1)
        elif method == "chebyshev":
            terms = cfg.functions.sigmoid_tanh_terms
            coeffs = crypten.common.util.chebyshev_series(torch.tanh,
 1, terms)[1::2]
            tanh_polys = _chebyshev_polynomials(self, terms)
            tanh_polys_flipped = (
                tanh_polys.unsqueeze(dim= - 1).transpose(0, - 1).
squeeze(dim = 0)
            )
            out = tanh_polys_flipped.matmul(coeffs)
            return out.hardtanh()
        else:
            raise ValueError(f"Unrecognized method {method} for tanh")
    def _chebyshev_polynomials(self, terms):
        if terms % 2 != 0 or terms < 6:
            raise ValueError("Chebyshev terms must be even and >= 6")
        polynomials = [self.clone()]
        y = 4 * self.square() -2
        z = y - 1
        polynomials.append(z.mul(self))
        for k in range(2, terms // 2):
            next_polynomial = y * polynomials[k - 1] - polynomials
[k - 2]
            polynomials.append(next_polynomial)
        return crypten.stack(polynomials)
    # 此函数在 logic.py 目录下
    def hardtanh(self, min_value = - 1, max_value = 1):
        intermediate = crypten.stack([self - min_value, self - max_
value]).relu()
        intermediate = intermediate[0].sub(intermediate[1])
        return intermediate.add_(min_value)
```

2. Rosetta 中的 Sigmoid 函数

Rosetta 中的 Sigmoid 函数位于目录 cc/modules/protocol/mpc/snn/src/internal/ops/snn_internal_nn.cpp 中，采用多项式拟合的方法进行计算，其拟合函数和核心代码分别如下。

$$
\mathrm{Sigmoid}(x)=\begin{cases}0, & x\in(-\infty,-4] \\ 0.0484792x+0.1998976, & x\in[-4,-2) \\ 0.1928931x+0.4761351, & x\in[-2,0) \\ 0.1928931x+0.5238649, & x\in[0,2) \\ 0.0484792x+0.8001024, & x\in[2,4) \\ 1, & x\in[4,\infty)\end{cases}
$$

```
    int SnnInternal::Sigmoid6PieceWise(const vector<mpc_t>& a, vector
<mpc_t>& b) {
      size_t size = a.size();
      DEB("Sigmoid6PieceWise start");
      tlog_debug << "Sigmoid6PieceWise ...";
      const int float_precision = GetMpcContext() -> FLOAT_PRECISION;
      if (THREE_PC) {
        int SEG = 5;
        mpc_t a1 = FloatToMpcType(0.0484792, float_precision);
        mpc_t b1 = FloatToMpcType(0.1998976, float_precision);
        mpc_t a2 = FloatToMpcType(0.1928931, float_precision);
        mpc_t b2 = FloatToMpcType(0.4761351, float_precision);
        mpc_t a3 = FloatToMpcType(0.1928931, float_precision);
        mpc_t b3 = FloatToMpcType(0.5238649, float_precision);
        mpc_t a4 = FloatToMpcType(0.0484792, float_precision);
        mpc_t b4 = FloatToMpcType(0.8001024, float_precision);
        // 矢量化样式只调用一次代价高昂的 funcPrivateCompareMPCEx2
(ReluPrime)
        // [-4,4]: -4, -2, 0, 2, 4
        vector<mpc_t> batch_cmp_C;
        batch_cmp_C.insert(batch_cmp_C.end(), size, FloatToMpcType
(-4, float_precision)/2);
        batch_cmp_C.insert(batch_cmp_C.end(), size, FloatToMpcType
(-2, float_precision)/2);
        batch_cmp_C.insert(batch_cmp_C.end(), size, FloatToMpcType
(0, float_precision)/2);
        batch_cmp_C.insert(batch_cmp_C.end(), size, FloatToMpcType
(2, float_precision)/2);
        batch_cmp_C.insert(batch_cmp_C.end(), size, FloatToMpcType
(4, float_precision)/2);
        const vector<mpc_t>& X = a;
        vector<mpc_t> batch_cmp_X;
        batch_cmp_X.insert(batch_cmp_X.end(), X.begin(), X.end());
        batch_cmp_X.insert(batch_cmp_X.end(), X.begin(), X.end());
        batch_cmp_X.insert(batch_cmp_X.end(), X.begin(), X.end());
        batch_cmp_X.insert(batch_cmp_X.end(), X.begin(), X.end());
        batch_cmp_X.insert(batch_cmp_X.end(), X.begin(), X.end());
```

```
        vector<mpc_t> batch_cmp_res(batch_cmp_X.size());
        GreaterEqual(batch_cmp_C, batch_cmp_X, batch_cmp_res);
        batch_cmp_X.clear();
        batch_cmp_C.clear();
        // 仅调用一次通信成本高昂的 DotProduct 的矢量化
        vector<mpc_t> batch_dot_product;
        vector<mpc_t> linear_temp(size);
        if (PRIMARY)
          LinearMPC(X, 0 - a1, 0 - b1, linear_temp);
        batch_dot_product.insert(batch_dot_product.end(), linear_
temp.begin(), linear_temp.end());
        if (PRIMARY)
          LinearMPC(X, a1 - a2, b1 - b2, linear_temp);
        batch_dot_product.insert(batch_dot_product.end(), linear_
temp.begin(), linear_temp.end());
        if (PRIMARY)
          LinearMPC(X, a2 - a3, b2 - b3, linear_temp);
        batch_dot_product.insert(batch_dot_product.end(), linear_
temp.begin(), linear_temp.end());
        if (PRIMARY)
          LinearMPC(X, a3 - a4, b3 - b4, linear_temp);
        batch_dot_product.insert(batch_dot_product.end(), linear_
temp.begin(), linear_temp.end());
        if (PRIMARY)
          LinearMPC(X, a4 /*-0*/, b4 - FloatToMpcType(double(1.0),
float_precision), linear_temp);
        batch_dot_product.insert(batch_dot_product.end(), linear_
temp.begin(), linear_temp.end());
        vector<mpc_t> batch_dp_res(batch_dot_product.size());
        DotProduct(batch_cmp_res, batch_dot_product, batch_dp_res);
        batch_cmp_res.clear();
        batch_dot_product.clear();
        // 解压缩矢量化结果并求和
        auto& out = b;
        mpc_t lastOne = FloatToMpcType(1.0, float_precision) / 2; //
add last 1
        out.resize(size);
        for (size_t pos = 0; pos < size; ++pos)
          out[pos] = lastOne;
        for(int i = 0; i < SEG; ++i) {
          auto iter_begin = batch_dp_res.begin() + i * size;
          for (size_t pos = 0; pos < size; ++pos)
            out[pos] = out[pos] + *(iter_begin+pos);
        }
      }
      DEB("Sigmoid5PieceWise start");
```

```
    tlog_debug << "Sigmoid6PieceWise ok.";
    return 0;
  }
```

3. TF Encrypted 中的 Sigmoid 函数和双曲正切函数

（1）TF Encrypted 中 ABY 3 协议 Sigmoid 函数

TF Encrypted 中 ABY 3 协议 Sigmoid 函数位于目录 tf_encrypted/tf-encrypted/protocol/aby3/aby3.py 中，采用分段函数的思想进行拟合，其核心代码如下。

```
  def _sigmoid_private(prot, x, approx_type):
      # 分段多项式函数拟合结果
      assert isinstance(x, ABY3PrivateTensor), type(x)
      with tf.name_scope("sigmoid"):
          if approx_type == "piecewise_linear":
              c = (-2.5, 2.5)
              coeffs = ((1e-4,), (0.50, 0.17), (1 - 1e-4,))
          else:
              raise NotImplementedError(
                  "Only support piecewise linear approximation of
sigmoid."
              )
          result = prot.polynomial_piecewise(x, c, coeffs)
      return result
```

（2）TF Encrypted 中 pond 协议 Sigmoid 函数

TF Encrypted 中 pond 协议 Sigmoid 函数位于目录 tf_encrypted/tf-encrypted/protocol/pond/pond.py 中，使用 w 掩盖输入值，并使用了平方计算的思想，其核心代码如下。

```
  def sigmoid(self, x: "PondTensor"):
      # sigmoid 函数的切比雪夫多项式逼近
      assert isinstance(x, PondTensor), type(x)
      w0 = 0.5
      w1 = 0.2159198015
      w3 = -0.0082176259
      w5 = 0.0001825597
      w7 = -0.0000018848
      w9 = 0.0000000072
      with tf.name_scope("sigmoid"):
          # TODO[Morten] try in single round
          x1 = x
          x2 = x1.square()
          x3 = x2 * x
          x5 = x2 * x3
          x7 = x2 * x5
          x9 = x2 * x7
          y1 = x1 * w1
```

```
        y3 = x3 * w3
        y5 = x5 * w5
        y7 = x7 * w7
        y9 = x9 * w9
        z = y9 + y7 + y5 + y3 + y1 + w0
    return z
```

（3）TF Encrypted 中 pond 协议 tanh 函数

TF Encrypted 中 pond 协议 tanh 函数位于目录 tf_encrypted/tf-encrypted/protocol/pond/pond.py 中，使用 w 掩盖输入值，并使用了平方计算的思想，其核心代码如下。

```
def tanh(self, x: "PondTensor"):
    # 双曲正切函数的切比雪夫多项式逼近
    assert isinstance(x, PondTensor), type(x)
    w0 = 0.0
    w1 = 0.852721056
    w3 = -0.12494112
    w5 = 0.010654528
    w7 = -0.000423424
    with tf.name_scope("relu"):
        x1 = x
        x2 = x.square()
        x3 = x2 * x1
        x5 = x2 * x3
        x7 = x2 * x5
        y1 = x1 * w1
        y3 = x3 * w3
        y5 = x5 * w5
        y7 = x7 * w7
        z = y7 + y5 + y3 + y1 + w0
    return z
```

4.1.16 其他函数

1. CrypTen 中的 argmax 和 max 函数

CrypTen 支持两种计算 argmax 和 max 函数的方法，即树约简算法和成对比较法。这两种方法首先使用 One-hot 编码。One-hot 编码是一种采用 N bit 状态寄存器来对 N 个状态编码的方法，并且在任意时候只有一位有效。该编码包含最大元素 $[y]=\text{argmax}([x])$。然后，通过求和获得最大值函数 $[\max x]=\sum_i [y_i][x_i]$ 的结果，其中，求和的过程是沿着同一维度进行计算的。默认情况下，argmax 函数是使用树约简算法计算的，网络时延较高的情况下可使用成对比较法。

（1）树约简算法

通过将输入分成两等份来计算 argmax，然后比较每一份的元素。这会将每轮输入的大小减少一半，需要$O(\log_2 N)$轮通信来计算 argmax 函数。此方法的通信信息量为$O(N^2)$ bit，计算复杂度为$O(N)$。

以下展示了树约简算法的执行过程。

```
    # 使用对数缩减算法返回沿着维度 dim 的最大值
    def _max_helper_log_reduction(enc_tensor, dim = None):
        if enc_tensor.dim() == 0:
            return enc_tensor
        input, dim_used = enc_tensor, dim
        if dim is None:
            dim_used = 0
            input = enc_tensor.flatten()
        n = input.size(dim_used)  # 该维度下的元素个数
        steps = int(math.log(n))
        enc_tensor_reduced = _compute_pairwise_comparisons_for_steps
(input, dim_used, steps)
        # 使用 n^2 算法计算得到约化张量上的最大值
        with cfg.temp_override({"functions.max_method": "pairwise"}):
            enc_max_vec, enc_one_hot_reduced = enc_tensor_reduced.
max(dim = dim_used)
        return enc_max_vec
    # 通过双对数归约算法计算最大值的递归子程序
    def _max_helper_double_log_recursive(enc_tensor, dim):
        n = enc_tensor.size(dim)
        # 计算整数 sqrt（n）和可以从 n 中提取的 sqrt（n）大小向量的整数
        sqrt_n = int(math.sqrt(n))
        count_sqrt_n = n // sqrt_n
        if n == 1:
            return enc_tensor
        else:
            # 分解为张量，可以分解为大小为 sqrt（n）的向量和张量的其余部分
            size_arr = [sqrt_n * count_sqrt_n, n % sqrt_n]
            split_enc_tensor, remainder = enc_tensor.split(size_arr,
 dim = dim)
            # 调整形状，使 dim 保留 sqrt_n，dim + 1 保留 count_sqrt_n
            updated_enc_tensor_size = [sqrt_n, enc_tensor.size(dim +
 1) * count_sqrt_n]
            size_arr = [enc_tensor.size(i) for i in range(enc_tensor.
dim())]
            size_arr[dim], size_arr[dim + 1] = updated_enc_tensor_size
            split_enc_tensor = split_enc_tensor.reshape(size_arr)
            # 重塑张量的递归调用
            split_enc_max = _max_helper_double_log_recursive(split_
enc_tensor, dim)
            # 重新调整使其具有与之前第（dim+1）维相同形状，并连接先前计算的余数
```

```
                size_arr[dim], size_arr[dim + 1] = [count_sqrt_n, enc_
tensor.size(dim + 1)]
                enc_max_tensor = split_enc_max.reshape(size_arr)
                full_max_tensor = crypten.cat([enc_max_tensor, remainder],
 dim = dim)
                # 调用max()函数
                with cfg.temp_override({"functions.max_method":
"pairwise"}):
                    enc_max, enc_arg_max = full_max_tensor.max(dim =
dim, keepdim = True)
                return enc_max
    # 使用双对数缩减算法，返回沿维度dim的最大值
    def _max_helper_double_log_reduction(enc_tensor, dim = None):
        if enc_tensor.dim() == 0:
            return enc_tensor
        input, dim_used, size_arr = enc_tensor, dim, ()
        if dim is None:
            dim_used = 0
            input = enc_tensor.flatten()
        # 将dim_used转换为正数
        dim_used = dim_used + input.dim() if dim_used < 0 else dim_
used
        if input.dim() > 1:
            size_arr = [input.size(i) for i in range(input.dim()) if
 i != dim_used]
        # 添加另一个维度以矢量化双对数缩减
        input = input.unsqueeze(dim_used + 1)
        enc_max_val = _max_helper_double_log_recursive(input, dim_used)
        enc_max_val = enc_max_val.squeeze(dim_used + 1)
        enc_max_val = enc_max_val.reshape(size_arr)
        return enc_max_val
    # 使用加速级联算法，沿维度dim返回最大值
    def _max_helper_accelerated_cascade(enc_tensor, dim = None):
        if enc_tensor.dim() == 0:
            return enc_tensor
        input, dim_used = enc_tensor, dim
        if dim is None:
            dim_used = 0
            input = enc_tensor.flatten()
        n = input.size(dim_used)
        if n < 3:
            with cfg.temp_override({"functions.max_method":
"pairwise"}):
                enc_max, enc_argmax = enc_tensor.max(dim = dim_used)
                return enc_max
```

```
        steps = int(math.log(math.log(math.log(n)))) + 1
        enc_tensor_reduced = _compute_pairwise_comparisons_for_steps(
            enc_tensor, dim_used, steps
        )
        enc_max = _max_helper_double_log_reduction(enc_tensor_reduced,
 dim = dim_used)
        return enc_max
    # 使用指定的缩减方法，沿维度 dim 查找最大值
    def _max_helper_all_tree_reductions(enc_tensor, dim = None,
method = "log_reduction"):
        if method == "log_reduction":
            return _max_helper_log_reduction(enc_tensor, dim)
        elif method == "double_log_reduction":
            return _max_helper_double_log_reduction(enc_tensor, dim)
        elif method == "accelerated_cascade":
            return _max_helper_accelerated_cascade(enc_tensor, dim)
        else:
            raise RuntimeError("Unknown max method")
    # 使用指定的缩减方法，对于在相应字段中具有最大值的所有元素返回 1
    def _argmax_helper_all_tree_reductions(enc_tensor, dim = None,
method = "log_reduction"):
        enc_max_vec = _max_helper_all_tree_reductions(enc_tensor,
dim = dim, method = method)
        # 将形状改回原始大小
        enc_max_vec_orig = enc_max_vec
        if dim is not None:
            enc_max_vec_orig = enc_max_vec.unsqueeze(dim)
        # 计算整个张量上的 One-hot 向量
        enc_one_hot_vec = enc_tensor.eq(enc_max_vec_orig)
        return enc_one_hot_vec, enc_max_vec
```

（2）成对比较法

成对比较法生成矩阵 $[A]$，其行由成对差异构成每对元素的 $\forall i \neq j:[A_{ij}]=[x_i - x_j]$。然后，通过计算 $[A \geqslant 0]$ 评估所有计算结果。最大元素所对应的比较结果均大于 0，因此可以通过计算 $[A]$ 所有列的和来计算 argmax 掩码 $[m]$。但是，如果存在多个最大元素，将导致掩码 $[m]$ 不符合 One-hot 编码性质。为了使它成为 One-hot 编码，取 $[c]$ 作为 $[m]$ 的累积和，并通过 $[c<2][m]$ 来返回第一个最大元素的索引。此方法通信轮数为 $O(1)$，通信信息量为 $O(N^2)$，计算复杂度为 $O(N^2)$。不断循环通信时，这种方法在网络时延很高的情况下比树约简算法更有效。

以下展示了 argmax 和 max 的调用过程和 One-hot 编码的处理过程，代码位于目录 src/crypten/common/functions/maximum.py 中。

```
    # CrypTen 中的 argmax 函数
    # 返回输入张量中所有元素的最大值的索引
    def argmax(self, dim = None, keepdim = False, one_hot = True):
        # 通过配置设置计算方式
        method = cfg.functions.max_method
        if self.dim() == 0:
            result = (
                self.new(torch.ones((), device = self.device))
                if one_hot
                else self.new(torch.zeros((), device = self.device))
            )
            return result
        # 根据计算方式进行 argmax 计算
        result = _argmax_helper(self, dim, one_hot, method, _return_
max = False)
        if not one_hot:
            result = _one_hot_to_index(result, dim, keepdim, self.
device)
        return result
    def max(self, dim = None, keepdim = False, one_hot = True):
        # 通过配置设置计算方式
        method = cfg.functions.max_method
        if dim is None:
            if method in ["log_reduction", "double_log_reduction"]:
                # 可直接获得最大值结果
                max_result = _max_helper_all_tree_reductions(self,
method = method)
            else:
                # 需要通过 argmax 获得最大值结果
                with cfg.temp_override({"functions.max_method":
method}):
                    argmax_result = self.argmax(one_hot = True)
                max_result = self.mul(argmax_result).sum()
            return max_result
        else:
            argmax_result, max_result = _argmax_helper(
                self, dim=dim, one_hot=True, method=method, _return_
max=True
            )
            if max_result is None:
                max_result = (self * argmax_result).sum(dim = dim,
keepdim = keepdim)
            if keepdim:
                max_result = (
                    max_result.unsqueeze(dim)
```

```
                if max_result.dim() < self.dim()
                else max_result
            )
        if one_hot:
            return max_result, argmax_result
        else:
            return (
                max_result,
                _one_hot_to_index(argmax_result, dim, keepdim,
self.device),
            )
    # 选择不同方法，对于在张量的适当维度中具有最大值的所有元素中随机选择的一个元素返回 1
    def _argmax_helper(
        enc_tensor, dim = None, one_hot = True, method = "pairwise",
 _return_max = False
    ):
        if enc_tensor.dim() == 0:
            result = (
                enc_tensor.new(torch.ones(()))
                if one_hot
                else enc_tensor.new(torch.zeros(()))
            )
            if _return_max:
                return result, None
            return result
        updated_enc_tensor = enc_tensor.flatten() if dim is None
else enc_tensor
        if method == "pairwise":
            result_args, result_val = _argmax_helper_pairwise(updated_
enc_tensor, dim)
        elif method in ["log_reduction", "double_log_reduction",
"accelerated_cascade"]:
            result_args, result_val = _argmax_helper_all_tree_
reductions(
                updated_enc_tensor, dim, method
            )
        else:
            raise RuntimeError("Unknown argmax method")
        # 通过在捆绑指数中使用统一加权样本打破捆绑
        result_args = result_args.weighted_index(dim)
        result_args = result_args.view(enc_tensor.size()) if dim is
None else result_args
        if _return_max:
            return result_args, result_val
        else:
```

```
            return result_args
    # 将argmax/argmin函数的One - hot张量输出转换为包含输入张量索引的张量，
从中获得argmax/argmin结果
    def _one_hot_to_index(tensor, dim, keepdim, device = None):
        if dim is None:
            result = tensor.flatten()
            result = result * torch.tensor(list(range(tensor.nelement())),
device = device)
            return result.sum()
        else:
            size = [1] * tensor.dim()
            size[dim] = tensor.size(dim)
            result = tensor * torch.tensor(
                list(range(tensor.size(dim))), device = device
            ).view(size)
            return result.sum(dim, keepdim = keepdim)
```

以下展示了成对比较法的计算过程。

```
    # 成对比较法对于在张量的适当维度中具有最大值的所有元素，返回1。使用O(n^2)
比较和固定数量的通信
    def _argmax_helper_pairwise(enc_tensor, dim = None):
        dim = -1 if dim is None else dim
        row_length = enc_tensor.size(dim) if enc_tensor.size(dim) >
1 else 2
        # 将元素复制（长度 - 1）次，以相互比较
        a = enc_tensor.expand(row_length - 1, *enc_tensor.size())
        # 为每行生成循环置换
        b = crypten.stack([enc_tensor.roll(i + 1, dims = dim) for i
in range(row_length - 1)])
        # 根据长度的不同使用不同的计算方式
        if row_length - 1 < torch.iinfo(torch.long).bits * 2:
            pairwise_comparisons = a.ge(b)
            result = pairwise_comparisons.prod(0)
        else:
            # 所有1的列之和的值将等于（长度-1），使用ge()是因为它比eq()稍快
            pairwise_comparisons = a.ge(b)
            result = pairwise_comparisons.sum(0).ge(row_length - 1)
        return result, None
    # 通过拆分输入张量进行成对比较
    def _compute_pairwise_comparisons_for_steps(input_tensor, dim,
steps):
        enc_tensor_reduced = input_tensor.clone()
        for _ in range(steps):
            m = enc_tensor_reduced.size(dim)
            x, y, remainder = enc_tensor_reduced.split([m // 2, m //
 2, m % 2], dim=dim)
```

```
            pairwise_max = crypten.where(x >= y, x, y)
            enc_tensor_reduced = crypten.cat([pairwise_max, remainder],
dim=dim)
        return enc_tensor_reduced
```

2. CrypTen 中的 argmin 和 min 函数

计算 argmin 和 min 函数可以使用 argmax 函数的否定输入：[argmin] = [argmax($-x$)]。CrypTen 中的 argmin 和 min 函数位于目录 src/crypten/common/functions/maximum.py 中，其调用过程如下。

```
    # 返回输入张量中所有元素的最小值的索引
    def argmin(self, dim = None, keepdim = False, one_hot = True):
        return ( - self).argmax(dim = dim, keepdim = keepdim, one_
hot = one_hot)
    # 返回输入张量中所有元素的最小值
    def min(self, dim = None, keepdim = False, one_hot = True):
        result = (-self).max(dim = dim, keepdim = keepdim, one_hot =
 one_hot)
        if dim is None:
            return -result
        else:
            return -result[0], result[1]
```

3. Rosetta 中的最值函数与最值索引函数

最值函数的功能是计算指定轴上的最大（小）元素，并在用户指定的维度上对输入进行降维。代码存在于目录 cc/modules/protocol/mpc/snn/src/internal/ops/snn_internal_reduce.cpp 中。目前 Rosetta 对此函数最多只支持 5 维度的输入 Tensor。以下代码以最大值函数为例，展示了求最大值函数与求最大值索引函数的执行过程，在执行最大值函数时，采用两两对比的方式进行比较求得最大值。

（1）Rosetta 最大值函数

```
    int SnnInternal::Max(
      const vector<mpc_t>& a,
      vector<mpc_t>& max,
      size_t rows,
      size_t columns) {
      if (THREE_PC) {
        int depth = ceil(log2(columns));
        int curr_L = columns;
        vector<mpc_t> level_data = a;
        vector<mpc_t> first_v;
        vector<mpc_t> second_v;
        vector<mpc_t> diff_v;
        vector<mpc_t> comp_res;
        bool need_pad = false;
        for (size_t i = 0; i < depth; ++i) {
```

```
        int next_L = ceil(curr_L / 2.0);
        vector<mpc_t> new_data;
        first_v.clear();
        second_v.clear();
        diff_v.clear();
        comp_res.clear();
        // 如果行数是奇数，则不需要比较最后一个元素
        if (curr_L % 2 == 1) {
          need_pad = true;
        }
        for (int j = 0; j < rows; ++j) {
          for (int k = 0; k < curr_L - 1; k = k + 2) {
            first_v.push_back(level_data[j * curr_L + k]);
            second_v.push_back(level_data[j * curr_L + k + 1]);
            diff_v.push_back(first_v.back() - second_v.back());
          }
        }
        int comp_size = diff_v.size();
        comp_res.resize(comp_size);
        new_data.resize(comp_size);
        ReluPrime(diff_v, comp_res);
        Select1Of2(first_v, second_v, comp_res, new_data);
        int comp_res_col = comp_size / rows;
        // 执行下一层
        vector<mpc_t> next_level_data;
        for (int j = 0; j < rows; ++j) {
          for (int k = 0; k <= next_L - 1; ++k) {
            if (k == next_L - 1) {
              // 保存可能存在的最后元素
              if (need_pad && (next_L != 1)) {
                next_level_data.push_back(level_data[j * curr_L +
curr_L - 1]);
              } else {
                next_level_data.push_back(new_data[j * comp_res_
col + k]);
              }
            } else {
              next_level_data.push_back(new_data[j * comp_res_col
+ k]);
            }
          }
        }
        level_data = next_level_data;
        curr_L = next_L;
      }
```

```
      max = level_data;
    }
    return 0;
  }
```

（2）Rosetta 最大值索引函数

在执行最大值索引函数时，采用第三参与方辅助的形式求解索引。

```
  int SnnInternal::MaxIndex(
    vector<mpc_t>& a,
    const vector<mpc_t>& maxIndex,
    size_t rows,
    size_t columns) {
    INFO("funcMaxIndexMPC");
    assert(((columns & (columns - 1)) == 0) && "funcMaxIndexMPC
works only for power of 2 columns");
    assert((columns < 257) && "This implementation does not support
larger than 257 columns");
    vector<small_mpc_t> random(rows);
    if (PRIMARY) {
      vector<small_mpc_t> toSend(rows);
      for (size_t i = 0; i < rows; ++i) {
        toSend[i] = (small_mpc_t)maxIndex[i] % columns;
      }
      populateRandomVector<small_mpc_t>(random, rows, "COMMON",
"POSITIVE");
      if (partyNum == PARTY_A) {
        addVectors<small_mpc_t>(toSend, random, toSend, rows);
      }
      sendVector<small_mpc_t>(toSend, PARTY_C, rows);
    }
    if (partyNum == PARTY_C) {
      vector<small_mpc_t> index(rows), temp(rows);
      vector<mpc_t> vector(rows * columns, 0), share_1(rows *
columns), share_2(rows * columns);
      receiveVector<small_mpc_t>(index, PARTY_A, rows);
      receiveVector<small_mpc_t>(temp, PARTY_B, rows);
      addVectors<small_mpc_t>(index, temp, index, rows);
      for (size_t i = 0; i < rows; ++i)
        index[i] = index[i] % columns;
      for (size_t i = 0; i < rows; ++i)
        vector[i * columns + index[i]] = 1;
      splitIntoShares(vector, share_1, share_2, rows * columns);
      sendVector<mpc_t>(share_1, PARTY_A, rows * columns);
      sendVector<mpc_t>(share_2, PARTY_B, rows * columns);
    }
```

```
    if (PRIMARY) {
      receiveVector<mpc_t>(a, PARTY_C, rows * columns);
      size_t offset = 0;
      for (size_t i = 0; i < rows; ++i) {
        rotate(
          a.begin() + offset, a.begin() + offset + (random[i] %
columns),
          a.begin() + offset + columns);
        offset += columns;
      }
    }
    return 0;
  }
```

4.2 同态加密

4.2.1 Paillier

1. 密钥对

generate_paillier_keypair 函数展示了 Paillier 生成密钥对的过程，代码如下。

```
def generate_paillier_keypair(private_keyring = None, n_length =
DEFAULT_KEYSIZE):
    # 返回paillier公钥类和私钥类
    p = q = n = None
    n_len = 0
    while n_len != n_length:# 直到产生符合要求长度的n
        p = getprimeover(n_length // 2)# 使用系统的最佳加密随机源返
回随机n_length // 2 bit素数
        q = p
        while q == p:
            q = getprimeover(n_length // 2)
        n = p * q
        n_len = n.bit_length()
    public_key = PaillierPublicKey(n)
    private_key = PaillierPrivateKey(public_key, p, q)
    if private_keyring is not None:
        private_keyring.add(private_key)
    return public_key, private_key
```

2. 公钥类

公钥类中包含公钥和加密方法，代码如下。

```
class PaillierPublicKey(object):
    def __init__(self, n):
```

```
            self.g = n + 1
            self.n = n
            self.nsquare = n * n
            self.max_int = n // 3 - 1
        def __repr__(self):
            publicKeyHash = hex(hash(self))[2:]
            return "<PaillierPublicKey {}>".format(publicKeyHash[:10])
        def __eq__(self, other):
            return self.n == other.n
        def __hash__(self):
            return hash(self.n)
        def raw_encrypt(self, plaintext, r_value = None):
            # 小于n的正整数明文的Paillier加密
            if not isinstance(plaintext, int):# 验证正整数明文类型
                raise TypeError('Expected int type plaintext but got:
%s' %
                                type(plaintext))
            if self.n - self.max_int <= plaintext < self.n:
                # 非常大的纯文本，使用倒数方便计算
                neg_plaintext = self.n - plaintext  # = abs(plaintext
- nsquare)
                # 当a*b<c时，避免使用gmpy2的mulmod
                neg_ciphertext = (self.n * neg_plaintext + 1) % self
.nsquare
                nude_ciphertext = invert(neg_ciphertext, self.nsquare)
            else:
                # 选择g = n + 1，这样就可以利用 (n + 1)^plaintext = n*
plaintext + 1 mod n^2
                nude_ciphertext = (self.n * plaintext + 1) % self.
nsquare
            r = r_value or self.get_random_lt_n()
            obfuscator = powmod(r, self.n, self.nsquare)
            return mulmod(nude_ciphertext, obfuscator, self.nsquare)
        def get_random_lt_n(self):
            # 返回一个小于n的加密随机数
            return random.SystemRandom().randrange(1, self.n)
        def encrypt(self, value, precision = None, r_value = None):
            # 编码和用Paillier加密一个实数value
            # value 要求是一个绝对值小于 n/3 的整数值，或是一个 value/
precision绝对值小于n/3的值
            if isinstance(value, EncodedNumber):
                encoding = value
            else:
                encoding = EncodedNumber.encode(self, value, precision)
            return self.encrypt_encoded(encoding, r_value)
        def encrypt_encoded(self, encoding, r_value):
```

```
        # Paillier 加密一个编码的值
        # 如果 r_value 值为 None，则混淆中调用 .obfuscate()
        obfuscator = r_value or 1
        ciphertext = self.raw_encrypt(encoding.encoding, r_value
 = obfuscator)
        encrypted_number = EncryptedNumber(self, ciphertext,
encoding.exponent)
        if r_value is None:
            encrypted_number.obfuscate()
        return encrypted_number
```

3. 私钥类

私钥类中包含私钥和解密方法，代码如下。

```
class PaillierPrivateKey(object):
    def __init__(self, public_key, p, q):
        if not p*q == public_key.n:
            raise ValueError('given public key does not match
the given p and q.')
        if p == q:
            # 检查 p 和 q 是否不同，若相同则无法计算 p^(-1) mod q
            raise ValueError('p and q have to be different')
        self.public_key = public_key
        if q < p:
            self.p = q
            self.q = p
        else:
            self.p = p
            self.q = q
        self.psquare = self.p * self.p
        self.qsquare = self.q * self.q
        self.p_inverse = invert(self.p, self.q)
        self.hp = self.h_function(self.p, self.psquare)
        self.hq = self.h_function(self.q, self.qsquare)
    @staticmethod
    def from_totient(public_key, totient):
        # 给定的欧拉函数，可以分解模量
        # 欧拉函数被定义为 totient = (p - 1) * (q - 1)
        # 模量被定义为 modulus = p * q
        p_plus_q = public_key.n - totient + 1
        p_minus_q = isqrt(p_plus_q * p_plus_q - public_key.n * 4)
        q = (p_plus_q - p_minus_q) // 2
        p = p_plus_q - q
        if not p*q == public_key.n:
            raise ValueError('given public key and totient do not
match.')
        return PaillierPrivateKey(public_key, p, q)
```

```
    def __repr__(self):
        pub_repr = repr(self.public_key)
        return "<PaillierPrivateKey for {}>".format(pub_repr)
    def decrypt(self, encrypted_number):
       # 返回 encrypted_number 对应解密后的明文
        encoded = self.decrypt_encoded(encrypted_number)
        return encoded.decode()
    def decrypt_encoded(self, encrypted_number, Encoding = None):
        # 以类 EncodedNumber 的形式返回解密 encrypted_number
        if not isinstance(encrypted_number, EncryptedNumber):
            raise TypeError('Expected encrypted_number to be an
EncryptedNumber'
                            ' not: %s' % type(encrypted_number))
        if self.public_key != encrypted_number.public_key:
            raise ValueError('encrypted_number was encrypted
against a '
                             'different key!')
        if Encoding is None:
            Encoding = EncodedNumber
        encoded = self.raw_decrypt(encrypted_number.ciphertext
(be_secure = False))
        return Encoding(self.public_key, encoded,
                             encrypted_number.exponent)
    def raw_decrypt(self, ciphertext):
        # 解密原始密文并返回原始明文
        if not isinstance(ciphertext, int):
            raise TypeError('Expected ciphertext to be an int,
not: %s' %
                type(ciphertext))
        decrypt_to_p = mulmod(
            self.l_function(powmod(ciphertext, self.p-1, self.
psquare), self.p),
            self.hp,
            self.p)
        decrypt_to_q = mulmod(
            self.l_function(powmod(ciphertext, self.q-1, self.
qsquare), self.q),
            self.hq,
            self.q)
        return self.crt(decrypt_to_p, decrypt_to_q)
    def h_function(self, x, xsquare):
        # 应用中国剩余定理解密
        return invert(self.l_function(powmod(self.public_key.g,
x - 1, xsquare),x), x)
    def l_function(self, x, p):
        # L(x,p) = (x-1)/p
```

```
        return (x - 1) // p
    def crt(self, mp, mq):
        # 解密需要使用中国剩余定理，返回 n = pq 的解
        u = mulmod(mq - mp, self.p_inverse, self.q)
        return mp + (u * self.p)
    def __eq__(self, other):
        return self.p == other.p and self.q == other.q
    def __hash__(self):
        return hash((self.p, self.q))
```

4.2.2 ElGamal

1. ElGamal 生成公钥和私钥

ElGamal 通过 generate_keys 函数生成公钥 $K_1(p,g,h)$ 和私钥 $K_2(p,g,x)$，代码如下。

```
def generate_keys(iNumBits = 256, iConfidence = 32):
    # p 是素数
    # g 是原始根
    # x 是包含 (0, p-1) 中的随机数
    # h = g ^ x mod p
    p = find_prime(iNumBits, iConfidence)
    g = find_primitive_root(p)
    g = modexp(g, 2, p)
    x = random.randint(1, (p - 1) // 2)
    h = modexp(g, x, p)
    publicKey = PublicKey(p, g, h, iNumBits)
    privateKey = PrivateKey(p, g, x, iNumBits)
    return {'privateKey': privateKey, 'publicKey': publicKey}
```

2. ElGamal 加密过程

ElGamal 加密过程使用公钥加密字符串 sPlaintext，并将字节编码为模 p 整数，从文件中读取字节，代码如下。

```
def encode(sPlaintext, iNumBits):
    byte_array = bytearray(sPlaintext, 'utf - 16')
    # z 是 mod p 整数的数组
    z = []
    # 每个编码整数将是 k 个消息字节的线性组合
    # k 必须是素数中的比特数除以 8，因为每个消息字节的长度为 8 bit
    k = iNumBits // 8
    # j 标记第 j 个编码整数
    # j 将从 0 开始，但使其为 - k，因为 j 将在第一次迭代中递增
    j = -1 * k
    # num is the summation of the message bytes
    num = 0
    # i 为迭代字节数组
    for i in range(len(byte_array)):
```

```
            # 如果 i 可被 k 整除，则开始一个新的编码整数
            if i % k == 0:
                j += k
                num = 0
                z.append(0)
            # 将字节乘以 2 得到 8 的倍数
            z[j // k] += byte_array[i] * (2 ** (8 * (i % k)))
        return z
    def encrypt(key, sPlaintext):
        z = encode(sPlaintext, key.iNumBits)
        # cipher_pairs 列表中将会保存对（c, d），每个对与 z 中每个整数对应
        cipher_pairs = []
        # i 是 z 中的一个整数
        for i in z:
            # 随机从包含 (0, p-1) 中选 y
            y = random.randint(0, key.p)
            # c = g^y mod p
            c = modexp(key.g, y, key.p)
            # d = ih^y mod p
            d = (i * modexp(key.h, y, key.p)) % key.p
            # 将密码对添加到密码对列表
            cipher_pairs.append([c, d])
        encryptedStr = ""
        for pair in cipher_pairs:
            encryptedStr += str(pair[0]) + ' ' + str(pair[1]) + ' '
        return encryptedStr
```

3. ElGamal 解密过程

ElGamal 的解密过程使用密码对中的私钥执行解密，并将解密后的值写入明文文件，将整数解码为原始消息字节，代码如下。

```
    def decode(aiPlaintext, iNumBits):
        bytes_array = []
        # 与 encode()中的处理相同
        k = iNumBits // 8
        # num 是列表 aiPlaintext 中的整数
        for num in aiPlaintext:
            # 从整数中获取 k 个消息字节，i 从 0 到 k - 1 计数
            for i in range(k):
                temp = num
                for j in range(i + 1, k):
                    # get remainder from dividing integer by 2^(8*j)
                    temp = temp % (2 ** (8 * j))
                # 表示字母的消息字节等于 temp 除以 2^（8*i）
                letter = temp // (2 ** (8 * i))
                # 将消息字节字母添加到字节数组
                bytes_array.append(letter)
```

```
                # 从 num 中减去字母乘以 2 的幂
                # 因此可以找到下一个消息字节
                num = num - (letter * (2 ** (8 * i)))
        decodedText = bytearray(b for b in bytes_array).decode('utf
- 16')
        return decodedText
    def decrypt(key, cipher):
        # 对每个整数对进行解密，并将解密后的整数添加到明文整数列表中
        plaintext = []
        cipherArray = cipher.split()
        if (not len(cipherArray) % 2 == 0):
            return "Malformed Cipher Text"
        for i in range(0, len(cipherArray), 2):
            c = int(cipherArray[i])
            d = int(cipherArray[i + 1])
            # s = c^x mod p
            s = modexp(c, key.x, key.p)
            # 明文整数 = ds^-1 mod p
            plain = (d * modexp(s, key.p - 2, key.p)) % key.p
            # 将纯文本添加到纯文本整数列表
            plaintext.append(plain)
        decryptedText = decode(plaintext, key.iNumBits)
        # 删除尾随空字节
        decryptedText = "".join([ch for ch in decryptedText if ch !=
 '\x00'])
        return decryptedText
```

4.2.3 RSA

1. RSA 加密过程

在 RSA 加密过程中，使用模为 *n* 的加密密钥 ekey 加密消息，代码如下。

```
    def encrypt_int(message: int, ekey: int, n: int) -> int:
        assert_int(message, "message")
        assert_int(ekey, "ekey")
        assert_int(n, "n")
        if message < 0:
            raise ValueError("Only non - negative numbers are
supported")
        if message > n:
            raise OverflowError("The message %i is too long for n=%i
" % (message, n))
        return pow(message, ekey, n)
```

2. RSA 解密过程

在 RSA 的解密过程中，使用模为 *n* 的解密密钥 dkey 解密密码文本，代码如下。

```
def decrypt_int(cyphertext: int, dkey: int, n: int) -> int:
    assert_int(cyphertext, "cyphertext")
    assert_int(dkey, "dkey")
    assert_int(n, "n")
    message = pow(cyphertext, dkey, n)
    return message
```

3. RSA 生成密钥

RSA 使用多个函数共同协助生成 RSA 密钥，代码如下。

```
def find_p_q(
    nbits: int,
    getprime_func: typing.Callable[[int], int] = rsa.prime.
getprime,
    accurate: bool = True,
) -> typing.Tuple[int, int]:
    # 返回一个元组，该元组由两个不同的素数组成，每个素数为 n bit
    total_bits = nbits * 2
    # 确保 p 和 q 不是太接近，或者分解程序可以分解 n
    shift = nbits // 16
    pbits = nbits + shift
    qbits = nbits - shift
    # 选择两个初始素数
    p = getprime_func(pbits)
    q = getprime_func(qbits)
def is_acceptable(p: int, q: int) -> bool:
    # 返回 True 如果 p 和 q 是可接受的：即 p 和 q 不同且（p*q）具有正确的比特数
        if p == q:
            return False
        if not accurate:
            return True
        # 确保有适当数量的比特
        found_size = rsa.common.bit_size(p * q)
        return total_bits == found_size
        # 继续选择其他素数，直到它们符合要求
    change_p = False
    while not is_acceptable(p, q):
        # Change p on one iteration and q on the other
        if change_p:
            p = getprime_func(pbits)
        else:
            q = getprime_func(qbits)
        change_p = not change_p
    # 让 p>q
    return max(p, q), min(p, q)
def calculate_keys_custom_exponent(p: int, q: int, exponent:
int) -> typing.Tuple[int, int]:
```

```
        # 计算给定p、q和指数的加密和解密密钥，并将其作为元组（e，d）返回
        phi_n = (p - 1) * (q - 1)
        try:
            d = rsa.common.inverse(exponent, phi_n)
        except rsa.common.NotRelativePrimeError as ex:
            raise rsa.common.NotRelativePrimeError(
                exponent,
                phi_n,
                ex.d,
                msg ="e (%d) and phi_n (%d) are not relatively prime
 (divider =% i)"
                % (exponent, phi_n, ex.d),
            ) from ex
        if (exponent * d) % phi_n != 1:
            raise ValueError(
                "e (%d) and d (%d) are not mult. inv. modulo " "phi_n
 (%d)" % (exponent, d, phi_n)
            )
        return exponent, d
    def calculate_keys(p: int, q: int) -> typing.Tuple[int, int]:
        # 计算给定p和q的加密和解密密钥，并将其作为元组（e，d）返回
        return calculate_keys_custom_exponent(p, q, DEFAULT_EXPONENT)
    def gen_keys(
        nbits: int,
        getprime_func: typing.Callable[[int], int],
        accurate: bool = True,
        exponent: int = DEFAULT_EXPONENT,
    ) -> typing.Tuple[int, int, int, int]:
        # 生成nbits bit的RSA密钥，返回（p,q,e,d）
        # 不断生成p和q值，直到calculate_keys不会引发ValueError
        while True:
            (p, q) = find_p_q(nbits // 2, getprime_func, accurate)
            try:
                (e, d) = calculate_keys_custom_exponent(p, q,
exponent = exponent)
                break
            except ValueError:
                pass
        return p, q, e, d
    def newkeys(
        nbits: int,
        accurate: bool = True,
        poolsize: int = 1,
        exponent: int = DEFAULT_EXPONENT,
    ) -> typing.Tuple[PublicKey, PrivateKey]:
        # 生成公钥和私钥，并将其作为（pub，priv）返回
```

```
    if nbits < 16:
        raise ValueError("Key too small")
    if poolsize < 1:
        raise ValueError("Pool size (%i) should be >= 1" %
poolsize)
    # 确定要使用哪个 getprime 函数
    if poolsize > 1:
        from rsa import parallel
        def getprime_func(nbits: int) -> int:
            return parallel.getprime(nbits, poolsize = poolsize)
    else:
        getprime_func = rsa.prime.getprime
    # 生成密钥组件
    (p, q, e, d) = gen_keys(nbits, getprime_func, accurate =
accurate, exponent=exponent)
    # 创建密钥对象
    n = p * q
    return (PublicKey(n, e), PrivateKey(n, e, d, p, q))
```

4.2.4 SEAL

本节展示了 SEAL 中常用的加法与减法函数，乘法函数及其在 BFV、CKKS 和 BGV 3 种方案下的应用。

1. *加法与减法函数*

（1）估算器加法函数

估算器加法函数位于目录 SEAL/native/src/seal/evaluator.cpp 中，其代码如下。

```
    void Evaluator::add_inplace(Ciphertext &encrypted1, const Cipher
text &encrypted2) const
        {
            ...// 验证参数
            ...// 提取加密参数
            // 尺寸检查
            if (!product_fits_in(max_count, coeff_count))
            {
                throw logic_error("invalid parameters");
            }
            if (encrypted1.correction_factor() != encrypted2.
correction_factor())
            {
                // 在使用 BGV 方案加法之前，先平衡校正因子并乘以标量
                auto factors = balance_correction_factors(
                    encrypted1.correction_factor(), encrypted2.
correction_factor(), plain_modulus);
                multiply_poly_scalar_coeffmod(
```

```
                    ConstPolyIter(encrypted1.data(), coeff_count,
coeff_modulus_size), encrypted1.size(), get<1>(factors),
                    coeff_modulus, PolyIter(encrypted1.data(),
coeff_count, coeff_modulus_size));
                Ciphertext encrypted2_copy = encrypted2;
                multiply_poly_scalar_coeffmod(
                    ConstPolyIter(encrypted2.data(), coeff_count,
coeff_modulus_size), encrypted2.size(), get<2>(factors),
                    coeff_modulus, PolyIter(encrypted2_copy.data(),
coeff_count, coeff_modulus_size));
                // 设置新的校正因子
                encrypted1.correction_factor() = get<0>(factors);
                encrypted2_copy.correction_factor() = get<0>(factors);
                add_inplace(encrypted1, encrypted2_copy);
            }
            else
            {
                // 准备目标
                encrypted1.resize(context_, context_data.parms_id(),
 max_count);
                // 添加密文
                add_poly_coeffmod(encrypted1, encrypted2, min_count,
 coeff_modulus, encrypted1);
                // 将较大数组的剩余多项式复制到 encrypted1 中
                if (encrypted1_size < encrypted2_size)
                {
                    set_poly_array(
                        encrypted2.data(min_count), encrypted2_size
- encrypted1_size, coeff_count, coeff_modulus_size,
                        encrypted1.data(encrypted1_size));
                }
            }
```

（2）多项式加法

多项式加法的核心是 add_poly_coeffmod 函数，位于目录 SEAL/native/src/seal/util/polyarithsmallmod.cpp 中，其代码如下。

```
    void add_poly_coeffmod(
                ConstCoeffIter operand1, ConstCoeffIter operand2,
std::size_t coeff_count, const Modulus &modulus,
                CoeffIter result)
            {
    # ifdef SEAL_DEBUG
                ...// 验证变量合法性
    # endif
                const uint64_t modulus_value = modulus.value();
```

```
    # ifdef SEAL_USE_INTEL_HEXL
                intel::hexl::EltwiseAddMod(&result[0], &operand1[0],
 &operand2[0], coeff_count, modulus_value);
    # else
                SEAL_ITERATE(iter(operand1, operand2, result),
coeff_count, [&](auto I) {
    # ifdef SEAL_DEBUG
                    ...// Debug 代码
    # endif
                std::uint64_t sum = get<0>(I) + get<1>(I);
                get<2>(I) = SEAL_COND_SELECT(sum >= modulus_value,
sum - modulus_value, sum);
                });
    # endif
        }
```

（3）估算器减法函数

估算器减法函数位于目录 SEAL/native/src/seal/evaluator.cpp 中，其代码如下。

```
    void Evaluator::sub_inplace(Ciphertext &encrypted1, const Cipher
text &encrypted2) const
        {
            ...// 验证参数
            ...// 提取加密参数
            // 尺寸检查
            if (!product_fits_in(max_count, coeff_count))
            {
                throw logic_error("invalid parameters");
            }

            if (encrypted1.correction_factor() != encrypted2.
correction_factor())
            {
                // 在使用 BGV 方案减法之前，先平衡校正因子并乘以标量
                auto factors = balance_correction_factors(
                    encrypted1.correction_factor(), encrypted2.
correction_factor(), plain_modulus);

                multiply_poly_scalar_coeffmod(
                    ConstPolyIter(encrypted1.data(), coeff_count,
coeff_modulus_size), encrypted1.size(), get<1>(factors),
                    coeff_modulus, PolyIter(encrypted1.data(),
coeff_count, coeff_modulus_size));
                Ciphertext encrypted2_copy = encrypted2;
                multiply_poly_scalar_coeffmod(
                    ConstPolyIter(encrypted2.data(), coeff_count,
coeff_modulus_size), encrypted2.size(), get<2>(factors),
```

```
                coeff_modulus, PolyIter(encrypted2_copy.data(),
coeff_count, coeff_modulus_size));

            // 设置新的校正因子
            encrypted1.correction_factor() = get<0>(factors);
            encrypted2_copy.correction_factor() = get<0>(factors);
            sub_inplace(encrypted1, encrypted2_copy);
        }
        else
        {
            // 准备目标
            encrypted1.resize(context_, context_data.parms_id(),
 max_count);
            // 减去密文
            sub_poly_coeffmod(encrypted1, encrypted2, min_count,
 coeff_modulus, encrypted1);
            // If encrypted2 has larger count, negate remaining
entries
            if (encrypted1_size < encrypted2_size)
            {
                negate_poly_coeffmod(
                    iter(encrypted2) + min_count, encrypted2_
size - min_count, coeff_modulus,
                    iter(encrypted1) + min_count);
            }
        }
```

（4）多项式减法

多项式减法的核心是 sub_poly_coeffmod 函数，位于目录 SEAL/native/src/seal/util/polyarithsmallmod.cpp 中，其代码如下。

```
    void sub_poly_coeffmod(
            ConstCoeffIter operand1, ConstCoeffIter operand2,
std::size_t coeff_count, const Modulus &modulus,
            CoeffIter result)
        {
    # ifdef SEAL_DEBUG
            ...// 验证变量合法性
    # endif
            const uint64_t modulus_value = modulus.value();
    # ifdef SEAL_USE_INTEL_HEXL
            intel::hexl::EltwiseSubMod(result, operand1, operand2,
coeff_count, modulus_value);
    # else
            SEAL_ITERATE(iter(operand1, operand2, result),
coeff_count, [&](auto I) {
```

```
    # ifdef SEAL_DEBUG
                ...// Debug代码
    # endif
                unsigned long long temp_result;
                std::int64_t borrow = sub_uint64(get<0>(I), get<1>
(I), &temp_result);
                    get<2>(I) = temp_result + (modulus_value &
static_cast<std::uint64_t>(-borrow));
                });
    # endif
        }
```

2. 乘法函数

（1）估算器乘法函数

估算器乘法函数代码如下。

```
    void Evaluator::multiply_inplace(Ciphertext &encrypted1, const
Ciphertext &encrypted2, MemoryPoolHandle pool) const
        {
            ...// 验证参数
            auto context_data_ptr = context_.first_context_data();
            switch (context_data_ptr->parms().scheme())
            {
            case scheme_type::bfv:
                bfv_multiply(encrypted1, encrypted2, pool);
                break;
            case scheme_type::ckks:
                ckks_multiply(encrypted1, encrypted2, pool);
                break;
            case scheme_type::bgv:
                bgv_multiply(encrypted1, encrypted2, pool);
                break;
            default:
                throw invalid_argument("unsupported scheme");
            }
        }
```

（2）乘法函数在BFV方案中的应用

在BFV方案中，Microsoft SEAL使用BEHZ-style RNS multiplication。该过程包括以下步骤：① 提高 encrypted1 和 encrypted2 基数；② 通过 Montgomery reduction从结果中删除 q 的额外倍数并转化基数；③ 将数据转换为NTT格式；④ 使用二进乘法计算密文多项式乘积；⑤ 将数据从NTT表单转换回；⑥ 将结果乘以 t（明文模数）；⑦ 使用 divide-and-floor 算法以 q 缩放结果，转变基数为Bsk；⑧ 使用 Shenoy-Kumaresan 方法将结果基数转变为 q。上述过程代码如下。

```
    void Evaluator::bfv_multiply(Ciphertext &encrypted1, const
Ciphertext &encrypted2, MemoryPoolHandle pool) const
        {
            if (encrypted1.is_ntt_form() || encrypted2.is_ntt_form())
            {
                throw invalid_argument("encrypted1 or encrypted2
cannot be in NTT form");
            }
            // 提取加密参数
            auto &context_data = *context_.get_context_data(encrypted1.
parms_id());
            auto &parms = context_data.parms();
            size_t coeff_count = parms.poly_modulus_degree();
            size_t base_q_size = parms.coeff_modulus().size();
            size_t encrypted1_size = encrypted1.size();
            size_t encrypted2_size = encrypted2.size();
            uint64_t plain_modulus = parms.plain_modulus().value();
            auto rns_tool = context_data.rns_tool();
            size_t base_Bsk_size = rns_tool->base_Bsk()->size();
            size_t base_Bsk_m_tilde_size = rns_tool->base_Bsk_m_
tilde()->size();
            // 决定 destination.size()
            size_t dest_size = sub_safe(add_safe(encrypted1_size,
encrypted2_size), size_t(1));
            // 尺寸检查
            if (!product_fits_in(dest_size, coeff_count, base_Bsk_m_
tilde_size))
            {
                throw logic_error("invalid parameters");
            }
            // 设置迭代器
            auto base_q = iter(parms.coeff_modulus());
            auto base_Bsk = iter(rns_tool->base_Bsk()->base());
            // 为 NTT 表设置迭代器
            auto base_q_ntt_tables = iter(context_data.small_ntt_
tables());
            auto base_Bsk_ntt_tables = iter(rns_tool->base_Bsk_ntt_
tables());

            // 调整 encrypted1 为目标大小
            encrypted1.resize(context_, context_data.parms_id(),
dest_size);
            auto behz_extend_base_convert_to_ntt = [&](auto I) {
                set_poly(get<0>(I), coeff_count, base_q_size, get<1>
(I));
```

```
                ntt_negacyclic_harvey_lazy(get<1>(I), base_q_size,
base_q_ntt_tables);
                SEAL_ALLOCATE_GET_RNS_ITER(temp, coeff_count, base_
Bsk_m_tilde_size, pool);
                rns_tool->fastbconv_m_tilde(get<0>(I), temp, pool);
                rns_tool->sm_mrq(temp, get<2>(I), pool);
                ntt_negacyclic_harvey_lazy(get<2>(I), base_Bsk_size,
 base_Bsk_ntt_tables);
            };
            // 分配空间
            SEAL_ALLOCATE_GET_POLY_ITER(encrypted1_q, encrypted1_
size, coeff_count, base_q_size, pool);
            SEAL_ALLOCATE_GET_POLY_ITER(encrypted1_Bsk, encrypted1_
size, coeff_count, base_Bsk_size, pool);
            SEAL_ITERATE(iter(encrypted1, encrypted1_q, encrypted1_
Bsk), encrypted1_size, behz_extend_base_convert_to_ntt);
            SEAL_ALLOCATE_GET_POLY_ITER(encrypted2_q, encrypted2_
size, coeff_count, base_q_size, pool);
            SEAL_ALLOCATE_GET_POLY_ITER(encrypted2_Bsk, encrypted2_
size, coeff_count, base_Bsk_size, pool);
            SEAL_ITERATE(iter(encrypted2, encrypted2_q, encrypted2_
Bsk), encrypted2_size, behz_extend_base_convert_to_ntt);
            SEAL_ALLOCATE_ZERO_GET_POLY_ITER(temp_dest_q, dest_size,
 coeff_count, base_q_size, pool);
            SEAL_ALLOCATE_ZERO_GET_POLY_ITER(temp_dest_Bsk, dest_
size, coeff_count, base_Bsk_size, pool);
            SEAL_ITERATE(iter(size_t(0)), dest_size, [&](auto I) {
                size_t curr_encrypted1_last = min<size_t>(I,
encrypted1_size - 1);
                size_t curr_encrypted2_first = min<size_t>(I, encrypted2_
size - 1);
                size_t curr_encrypted1_first = I - curr_encrypted2_
first;
                size_t steps = curr_encrypted1_last - curr_encrypted1_
first + 1;
                auto behz_ciphertext_product = [&](ConstPolyIter in1_
iter, ConstPolyIter in2_iter,
                                                   ConstModulusIter
base_iter, size_t base_size, PolyIter out_iter) {
                    // 创建移位迭代器
                    auto shifted_in1_iter = in1_iter + curr_
encrypted1_first;
                    auto shifted_reversed_in2_iter = reverse_iter
(in2_iter + curr_encrypted2_first);
                    auto shifted_out_iter = out_iter[I];
                    SEAL_ITERATE(iter(shifted_in1_iter, shifted_
```

```
reversed_in2_iter), steps, [&](auto J) {
                        SEAL_ITERATE(iter(J, base_iter, shifted_out_
iter), base_size, [&](auto K) {
                            SEAL_ALLOCATE_GET_COEFF_ITER(temp, coeff_
count, pool);
                            dyadic_product_coeffmod(get<0, 0>(K),
get<0, 1>(K), coeff_count, get<1>(K), temp);
                            add_poly_coeffmod(temp, get<2>(K), coeff_
count, get<1>(K), get<2>(K));
                        });
                    });
                };
                behz_ciphertext_product(encrypted1_q, encrypted2_q,
base_q, base_q_size, temp_dest_q);
                behz_ciphertext_product(encrypted1_Bsk, encrypted2_
Bsk, base_Bsk, base_Bsk_size, temp_dest_Bsk);
            });
            inverse_ntt_negacyclic_harvey_lazy(temp_dest_q, dest_
size, base_q_ntt_tables);
            inverse_ntt_negacyclic_harvey_lazy(temp_dest_Bsk, dest_
size, base_Bsk_ntt_tables);
            SEAL_ITERATE(iter(temp_dest_q, temp_dest_Bsk, encrypted1),
dest_size, [&](auto I) {
                SEAL_ALLOCATE_GET_RNS_ITER(temp_q_Bsk, coeff_count,
base_q_size + base_Bsk_size, pool);
                multiply_poly_scalar_coeffmod(get<0>(I), base_q_size,
plain_modulus, base_q, temp_q_Bsk);
                multiply_poly_scalar_coeffmod(get<1>(I), base_Bsk_
size, plain_modulus, base_Bsk, temp_q_Bsk + base_q_size);
                SEAL_ALLOCATE_GET_RNS_ITER(temp_Bsk, coeff_count,
base_Bsk_size, pool);
                rns_tool->fast_floor(temp_q_Bsk, temp_Bsk, pool);
                rns_tool->fastbconv_sk(temp_Bsk, get<2>(I), pool);
            });
        }
```

（3）乘法函数在 CKKS 方案中应用

乘法函数在 CKKS 方案中的应用代码如下。

```
    void Evaluator::ckks_multiply(Ciphertext &encrypted1, const
Ciphertext &encrypted2, MemoryPoolHandle pool) const
    {
        if (!(encrypted1.is_ntt_form() && encrypted2.is_ntt_form
()))
        {
            throw invalid_argument("encrypted1 or encrypted2
must be in NTT form");
```

```
        }
        // 提取加密参数
        auto &context_data = *context_.get_context_data(encrypted1.
parms_id());
        auto &parms = context_data.parms();
        size_t coeff_count = parms.poly_modulus_degree();
        size_t coeff_modulus_size = parms.coeff_modulus().size();
        size_t encrypted1_size = encrypted1.size();
        size_t encrypted2_size = encrypted2.size();
        // 决定 destination.size()
        // 默认 3 (c_0, c_1, c_2)
        size_t dest_size = sub_safe(add_safe(encrypted1_size,
encrypted2_size), size_t(1));
        // 尺寸检查
        if (!product_fits_in(dest_size, coeff_count, coeff_
modulus_size))
        {
            throw logic_error("invalid parameters");
        }
        // 设置迭代器
        auto coeff_modulus = iter(parms.coeff_modulus());
        // 准备目标
        encrypted1.resize(context_, context_data.parms_id(),
dest_size);
        // 为输入密文设置迭代器
        PolyIter encrypted1_iter = iter(encrypted1);
        ConstPolyIter encrypted2_iter = iter(encrypted2);
        if (dest_size == 3)
        {
            // 希望在 L1 缓存中保留 6 个多项式：x[0]，x[1]，x[2]，y[0]，
y[1]，temp
            // 对于 32 KiB 缓存，每个多项式可以存储 32768÷8÷6=682.67 个
系数，应该将大小保持在 682 个系数或以下
            // tile 大小必须除以 coeff_count，即 2 的幂。一些测试显示，tile
大小为 256 个系数和 512 个系数时的性能相似，而较小的 tile 上的性能较差
            // 选择两者中较小的一个，以防止 L1 缓存在小于 32 KiB 的处理器上
丢失
            size_t tile_size = min<size_t>(coeff_count, size_t
(256));
            size_t num_tiles = coeff_count / tile_size;
  # ifdef SEAL_DEBUG
            if (coeff_count % tile_size != 0)
            {
                throw invalid_argument("tile_size does not
divide coeff_count");
            }
```

```
    # endif
                ConstRNSIter encrypted2_0_iter(*encrypted2_iter[0], 
tile_size);
                ConstRNSIter encrypted2_1_iter(*encrypted2_iter[1], 
tile_size);
                RNSIter encrypted1_0_iter(*encrypted1_iter[0], tile_
size);
                RNSIter encrypted1_1_iter(*encrypted1_iter[1], tile_
size);
                RNSIter encrypted1_2_iter(*encrypted1_iter[2], tile_
size);

                // 用于存储中间结果的临时缓冲区
                SEAL_ALLOCATE_GET_COEFF_ITER(temp, tile_size, pool);
                // 一次计算出结果tile_size coefficients
                // 给定的多项式输入元组 x = (x[0], x[1], x[2]), y = (y
[0], y[1])
                // 进行适当模块缩减计算x = (x[0] * y[0], x[0] * y[1] + 
x[1] * y[0], x[1] * y[1])
                SEAL_ITERATE(coeff_modulus, coeff_modulus_size, [&]
(auto I) {
                    SEAL_ITERATE(iter(size_t(0)), num_tiles, [&]
(SEAL_MAYBE_UNUSED auto J) {
                        // 计算第三个输出多项式，覆盖输入
                        // x[2] = x[1] * y[1]
                        dyadic_product_coeffmod(
                            encrypted1_1_iter[0], encrypted2_1_iter
[0], tile_size, I, encrypted1_2_iter[0]);
                        // 计算第二个输出多项式，覆盖输入
                        // temp = x[1] * y[0]
                        dyadic_product_coeffmod(encrypted1_1_iter[0], 
 encrypted2_0_iter[0], tile_size, I, temp);
                        // x[1] = x[0] * y[1]
                        dyadic_product_coeffmod(
                            encrypted1_0_iter[0], encrypted2_1_iter
[0], tile_size, I, encrypted1_1_iter[0]);
                        // x[1] += temp
                        add_poly_coeffmod(encrypted1_1_iter[0], temp, 
tile_size, I, encrypted1_1_iter[0]);
                        // 计算第一个输出多项式，覆盖输入
                        // x[0] = x[0] * y[0]
                        dyadic_product_coeffmod(
                            encrypted1_0_iter[0], encrypted2_0_iter
[0], tile_size, I, encrypted1_0_iter[0]);
                        // 手动递增迭代器
                        encrypted1_0_iter++;
```

```
                    encrypted1_1_iter++;
                    encrypted1_2_iter++;
                    encrypted2_0_iter++;
                    encrypted2_1_iter++;
                 });
             });
         }
         else
         {
             // 为结果分配临时空间
             SEAL_ALLOCATE_ZERO_GET_POLY_ITER(temp, dest_size,
coeff_count, coeff_modulus_size, pool);
             SEAL_ITERATE(iter(size_t(0)), dest_size, [&](auto I) {
                 // 对encrypted1和encrypted2的相关组件按递增顺序进行迭代
                 // 对encryptd2按相反（递减）顺序进行迭代
                 size_t curr_encrypted1_last = min<size_t>(I,
encrypted1_size - 1);
                 size_t curr_encrypted2_first = min<size_t>(I,
encrypted2_size - 1);
                 size_t curr_encrypted1_first = I - curr_encrypted2_
first;

                 // 二元乘积的总数现在很容易计算
                 size_t steps = curr_encrypted1_last - curr_
encrypted1_first + 1;
                 // 为第一个输入创建移位迭代器
                 auto shifted_encrypted1_iter = encrypted1_iter +
curr_encrypted1_first;
                 // 为第二个输入创建移位的反向迭代器
                 auto shifted_reversed_encrypted2_iter = reverse_
iter(encrypted2_iter + curr_encrypted2_first);
                 SEAL_ITERATE(iter(shifted_encrypted1_iter,
shifted_reversed_encrypted2_iter), steps, [&](auto J) {
                     SEAL_ITERATE(iter(J, coeff_modulus, temp[I]),
coeff_modulus_size, [&](auto K) {
                         SEAL_ALLOCATE_GET_COEFF_ITER(prod, coeff_
count, pool);
                         dyadic_product_coeffmod(get<0, 0>(K),
get<0, 1>(K), coeff_count, get<1>(K), prod);
                         add_poly_coeffmod(prod, get<2>(K), coeff_
count, get<1>(K), get<2>(K));
                     });
                 });
             });
             // 设置最终结果
             set_poly_array(temp, dest_size, coeff_count, coeff_
modulus_size, encrypted1.data());
```

```
            }
            // 设置比例
            encrypted1.scale() *= encrypted2.scale();
            if (!is_scale_within_bounds(encrypted1.scale(), context_
data))
            {
                throw invalid_argument("scale out of bounds");
            }
        }
```

（4）乘法函数在 BGV 方案中的应用

乘法函数在 BGV 方案中的应用代码如下。

```
        void Evaluator::bgv_multiply(Ciphertext &encrypted1, const
Ciphertext &encrypted2, MemoryPoolHandle pool) const
        {
            if (encrypted1.is_ntt_form() || encrypted2.is_ntt_form())
            {
                throw invalid_argument("encryped1 or encrypted2 must
be not in NTT form");
            }
            // 提取加密参数
            auto &context_data = *context_.get_context_data(encrypted1.
parms_id());
            auto &parms = context_data.parms();
            size_t coeff_count = parms.poly_modulus_degree();
            size_t coeff_modulus_size = parms.coeff_modulus().size();
            size_t encrypted1_size = encrypted1.size();
            size_t encrypted2_size = encrypted2.size();
            auto ntt_table = context_data.small_ntt_tables();
            // 决定 destination.size()
            // Default is 3 (c_0, c_1, c_2)
            size_t dest_size = sub_safe(add_safe(encrypted1_size,
encrypted2_size), size_t(1));
            // 设置迭代器
            auto coeff_modulus = iter(parms.coeff_modulus());
            // 准备目标
            encrypted1.resize(context_, context_data.parms_id(),
dest_size);
            // 将 c0 和 c1 转换为 NTT
            // 为输入密文设置迭代器
            PolyIter encrypted1_iter = iter(encrypted1);
            ntt_negacyclic_harvey(encrypted1, encrypted1_size, ntt_
table);
            PolyIter encrypted2_iter;
            Ciphertext encrypted2_cpy;
            if (&encrypted1 == &encrypted2)
```

```
        {
            encrypted2_iter = iter(encrypted1);
        }
        else
        {
            encrypted2_cpy = encrypted2;
            ntt_negacyclic_harvey(encrypted2_cpy, encrypted2_
size, ntt_table);
            encrypted2_iter = iter(encrypted2_cpy);
        }
        // 为结果分配临时空间
        SEAL_ALLOCATE_ZERO_GET_POLY_ITER(temp, dest_size, coeff_
count, coeff_modulus_size, pool);

        SEAL_ITERATE(iter(size_t(0)), dest_size, [&](auto I) {
            // 对 encrypted1 和 encrypted2 的相关组件按递增顺序进行迭代
            // 对 encryptd2 按相反（递减）顺序进行迭代
            size_t curr_encrypted1_last = min<size_t>(I,
encrypted1_size - 1);
            size_t curr_encrypted2_first = min<size_t>(I,
encrypted2_size - 1);
            size_t curr_encrypted1_first = I - curr_encrypted2_
first;
            // 二元乘积的总数现在很容易计算
            size_t steps = curr_encrypted1_last - curr_encrypted1_
first + 1;
            // 为第一个输入创建移位迭代器
            auto shifted_encrypted1_iter = encrypted1_iter +
curr_encrypted1_first;
            // 为第二个输入创建移位的反向迭代器
            auto shifted_reversed_encrypted2_iter = reverse_
iter(encrypted2_iter + curr_encrypted2_first);
            SEAL_ITERATE(iter(shifted_encrypted1_iter, shifted_
reversed_encrypted2_iter), steps, [&](auto J) {
                SEAL_ITERATE(iter(J, coeff_modulus, temp[I]),
coeff_modulus_size, [&](auto K) {
                    SEAL_ALLOCATE_GET_COEFF_ITER(prod, coeff_
count, pool);
                    dyadic_product_coeffmod(get<0, 0>(K), get<0,
1>(K), coeff_count, get<1>(K), prod);
                    add_poly_coeffmod(prod, get<2>(K), coeff_
count, get<1>(K), get<2>(K));
                });
            });
        });
        // 设置最终结果
```

```
            set_poly_array(temp, dest_size, coeff_count, coeff_modulus_
size, encrypted1.data());
            // 将结果（和原始密文）转换回非 NTT
            inverse_ntt_negacyclic_harvey(encrypted1, encrypted1.size(),
ntt_table);
            // 设置校正系数
            encrypted1.correction_factor() =
                multiply_uint_mod(encrypted1.correction_factor(),
encrypted2.correction_factor(), parms.plain_modulus());
        }
```

4.2.5 TFHE

TFHE 中的门自举操作常常与布尔电路结合，每通过一个门电路前或后进行一次自举操作，以下是 TFHE 的门电路自举操作代码。

1. NAND 门

```
    EXPORT void
    bootsNAND(LweSample *result, const LweSample *ca, const LweSample
*cb, const TFheGateBootstrappingCloudKeySet *bk) {
        static const Torus32 MU = modSwitchToTorus32(1, 8);
        const LweParams *in_out_params = bk->params->in_out_params;
        LweSample *temp_result = new_LweSample(in_out_params);
        // 计算: (0,1/8) - ca - cb
        static const Torus32 NandConst = modSwitchToTorus32(1, 8);
        lweNoiselessTrivial(temp_result, NandConst, in_out_params);
        lweSubTo(temp_result, ca, in_out_params);
        lweSubTo(temp_result, cb, in_out_params);
        // 如果phase是正的, 结果是1/8; 否则结果是-1/8
        tfhe_bootstrap_FFT(result, bk->bkFFT, MU, temp_result);
        delete_LweSample(temp_result);
    }
```

2. OR 门

```
    EXPORT void
    bootsOR(LweSample *result, const LweSample *ca, const LweSample
*cb, const TFheGateBootstrappingCloudKeySet *bk) {
        static const Torus32 MU = modSwitchToTorus32(1, 8);
        const LweParams *in_out_params = bk->params->in_out_params;
        LweSample *temp_result = new_LweSample(in_out_params);
        // 计算: (0,1/8) + ca + cb
        static const Torus32 OrConst = modSwitchToTorus32(1, 8);
        lweNoiselessTrivial(temp_result, OrConst, in_out_params);
        lweAddTo(temp_result, ca, in_out_params);
        lweAddTo(temp_result, cb, in_out_params);
```

```
        // 如果phase是正的，结果是1/8；否则结果是-1/8
        tfhe_bootstrap_FFT(result, bk->bkFFT, MU, temp_result);
        delete_LweSample(temp_result);
    }
```

3. AND 门

```
    EXPORT void
    bootsAND(LweSample *result, const LweSample *ca, const LweSample
*cb, const TFheGateBootstrappingCloudKeySet *bk) {
        static const Torus32 MU = modSwitchToTorus32(1, 8);
        const LweParams *in_out_params = bk->params->in_out_params;
        LweSample *temp_result = new_LweSample(in_out_params);
        // 计算: (0,-1/8) + ca + cb
        static const Torus32 AndConst = modSwitchToTorus32(-1, 8);
        lweNoiselessTrivial(temp_result, AndConst, in_out_params);
        lweAddTo(temp_result, ca, in_out_params);
        lweAddTo(temp_result, cb, in_out_params);
        // 如果phase是正的，结果是1/8；否则结果是-1/8
        tfhe_bootstrap_FFT(result, bk->bkFFT, MU, temp_result);
        delete_LweSample(temp_result);
    }
```

4. XOR 门

```
    EXPORT void
    bootsXOR(LweSample *result, const LweSample *ca, const LweSample
*cb, const TFheGateBootstrappingCloudKeySet *bk) {
        static const Torus32 MU = modSwitchToTorus32(1, 8);
        const LweParams *in_out_params = bk->params->in_out_params;
        LweSample *temp_result = new_LweSample(in_out_params);
        // 计算: (0,1/4) + 2*(ca + cb)
        static const Torus32 XorConst = modSwitchToTorus32(1, 4);
        lweNoiselessTrivial(temp_result, XorConst, in_out_params);
        lweAddMulTo(temp_result, 2, ca, in_out_params);
        lweAddMulTo(temp_result, 2, cb, in_out_params);
        // 如果phase是正的，结果是1/8；否则结果是-1/8
        tfhe_bootstrap_FFT(result, bk->bkFFT, MU, temp_result);
        delete_LweSample(temp_result);
    }
```

5. XNOR 门

```
    EXPORT void
    bootsXNOR(LweSample *result, const LweSample *ca, const LweSample
*cb, const TFheGateBootstrappingCloudKeySet *bk) {
        static const Torus32 MU = modSwitchToTorus32(1, 8);
        const LweParams *in_out_params = bk->params->in_out_params;
```

```
        LweSample *temp_result = new_LweSample(in_out_params);
        // 计算: (0,-1/4) + 2*(-ca-cb)
        static const Torus32 XnorConst = modSwitchToTorus32(-1, 4);
        lweNoiselessTrivial(temp_result, XnorConst, in_out_params);
        lweSubMulTo(temp_result, 2, ca, in_out_params);
        lweSubMulTo(temp_result, 2, cb, in_out_params);
        // 如果phase是正的，结果是1/8；否则结果是-1/8
        tfhe_bootstrap_FFT(result, bk->bkFFT, MU, temp_result);
        delete_LweSample(temp_result);
    }
```

6. NOT门

```
    EXPORT void
    bootsNOT(LweSample *result, const LweSample *ca, const TFheGate
BootstrappingCloudKeySet *bk) {
        const LweParams *in_out_params = bk->params->in_out_params;
        lweNegate(result, ca, in_out_params);
    }
```

4.3 本章小结

本章通过介绍不同框架中的隐私保护计算原语，让读者了解不同框架下相同原语的实现方法和相同框架下不同原语的实现方法。在秘密共享技术中，通过对不同原语运算进行分类，对逻辑运算、线性运算、非线性运算和其他数值操作运算进行了详细解释，通过文字与代码相结合的方式，让读者了解不同框架中的实现细节，为隐私保护计算框架的探索与开发奠定了基础。在同态加密中，根据不同的加密技术框架，以框架为单位对重点使用函数进行了相关介绍。在每个框架中展示了主要运算的实现细节，并附上了代码注释。相信通过本章的学习，读者可以对现有隐私保护计算框架有更详细的了解和认识。

参考文献

[1] BEAVER D. Efficient multiparty protocols using circuit randomization[C]//Proceedings of Advances in Cryptology. Berlin: Springer, 2007: 420-432.

[2] ASHOK K C, STEVEN F, RICHARD J L. Lower bounds for constant depth circuits for prefix problems[C]//Proceedings of International Colloquium on Automata, Languages and Programming. Berlin: Springer, 1983: 109-117.

[3] WAGH S, TOPLE S, BENHAMOUDA F, et al. Falcon: honest-majority maliciously secure

framework for private deep learning[J]. Proceedings on Privacy Enhancing Technologies, 2021, 2021(1): 188-208.

[4] KHAN W A, NOOR M A, RAUF A. Higher-order iterative methods by using Householder's method for solving certain nonlinear equations[J]. Mathematical Sciences Letters, 2013, 2(2): 107-120.

第 5 章 面向分子性质预测模型 SMC 框架的探究

本章通过阐述安全多方计算（SMC）协议的相关算法并展示相应代码，介绍了一种面向分子性质预测模型 SMC 框架。

5.1 引言

图神经网络（Graph Neural Network，GNN）是利用图的数据格式特点，在多种图结构领域下进行的数据处理方式。在图神经网络结构中，节点可以用来表示组成网络的个体，边可以用来表示个体之间的联系。图神经网络结构丰富的属性和良好的扩展性为计算机通信领域、社交传播领域、分子结构领域等方面提供了新的研究思路。以图卷积网络（Graph Convolutional Network，GCN）为例，研究人员运用卷积等计算方式将图中的节点和边相结合，在研究问题中得出更可靠、更具解释性的解决方法。图卷积网络根据卷积方式不同一般分为两种，一种是基于谱的卷积，另一种是基于空间域的卷积。2013 年，Bruna 等[1]提出了图神经网络的概念；2016 年，Kpif 等[2]将图卷积网络应用在图数据中。

消息传递神经网络（Message Passing Neural Network，MPNN）是一种结合 GCN 特点、在 GNN 基础上发展而来的神经网络框架，由 Gilmer 等[3]提出。值得注意的是，MPNN 严格上是一种神经网络框架，而不是神经网络模型。文献[3]列举了多种适合进行化学分子研究的神经网络模型，包括 Duvenaud 等[4]提出的图上卷积网络，Li 等[5]提出的门控图序列神经网络，Battaglia 等[6]提出的用于学习对象、关系和物理的交互网络和 Kearnes 等[7]提出的分子图卷积网络。这些网络模型具有相似的建图和计算流程，整体可分为以下 3 个函数：消息函数、更新函数和读出函数。具体的函数计算过程将在后文中介绍。

在传统的分子性质预测方法中，科学家们开发了一系列接近量子力学的方法，在速度和精度之间进行了的权衡，来解决物理定律导致方程难以精确求解的问题。例如，密度泛函理论（Density Functional Theory，DFT）[8]已被广泛使用，但由于速度太慢等原因无法在大规模系统中应用，无法适应现代分子实验需要。为了提高DFT的精度，Hu等提出交换相关电位方法，使用神经网络近似DFT[9]。然而，这种方法不能提高DFT的效率，并且依赖于大量特殊的原子描述符。

随着GNN、MPNN等神经网络模型的提出，将这些模型框架应用于分子性质预测被认为是理想的方法。与传统的分子性质预测方法相比，神经网络模型具有预测效率高、预测操作方便、预测结果准确等多方面优点。与其他分子预测模型相比，MPNN具有更好的预测性能和解释性，因而受到分子实验室的青睐。实验室可以利用MPNN的检测结果来了解新型分子的性质，进而在药物研发、材料研究等多项领域取得领先进展、做出更有效的改进。然而，训练一个具有预测新型分子性质的MPNN模型，其对存储容量和计算能力的要求是相当惊人的。以单一药物分子为例，MPNN模型需要尺寸为20的批处理数据，在540轮的循环中进行近300万步的训练，此外，分子数据样本可以超过130 000个[3]。因此，与构建自己的服务器相比，分子实验室更倾向于使用云计算技术构建MPNN模型，并将新研究的分子外包给云服务器。除此之外，由于新型分子涉及的药物发现领域、材料分子领域，从发现到市场应用的成本巨大、损耗率高，在短时间内很少有成果能进入市场，因此无论是研究人员还是实验室都不希望泄露新型分子的信息。安全性成为分子实验室利用模型优势快速发展的关注重点。基于以上场景和设想，分子信息作为分子实验室的宝贵商业资源，为MPNN建立一个安全的隐私保护计算框架来预测新型分子的性质是必要的。

为了解决上述问题，本章着眼于分子实验室高精度和安全性的要求，采用比特分解方法来设计多方协议，在MPNN模型的基础上搭建了面向分子性质预测模型的SMC框架，命名为安全消息传递神经网络（SMPNN）框架。这项工作的主要贡献如下。

（1）设计了SMPNN框架，允许分子实验室安全共享分子数据，并使用安全高精度的计算框架为分子研究提供帮助。在这个框架中，分子实验室不必担心研究数据泄露给云计算服务器。

（2）设计了安全乘法、安全比较及其他计算子协议，允许多个计算方在执行安全协议的情况下，在不泄露原始数据的条件下完成预测过程。与传统方法相比，所设计的协议能够适应不同数量的计算参与方和不同数据长度的加密要求。

（3）通过综合分析，证明了SMPNN的正确性和安全性。实验结果表明，该框架可以提高通信效率，降低计算误差。

5.2 问题阐述

本节主要从 SMPNN 的系统模型、安全模型和设计目标 3 个方面进行阐述。系统模型介绍了 SMPNN 的框架结构，说明了系统的设计理念和假设条件。安全模型描述了场景基于的安全条件，并对攻击对手的能力进行适当假设，这些是安全理论的基础前提。设计目标表达了 SMPNN 需要达到的目标，尽可能满足多种实际需求。

5.2.1 系统模型

在 SMPNN 的系统模型中，系统内假设有两种不同身份的参与者，分别为分子实验室和云计算服务器。SMPNN 的系统模型如图 5-1 所示。

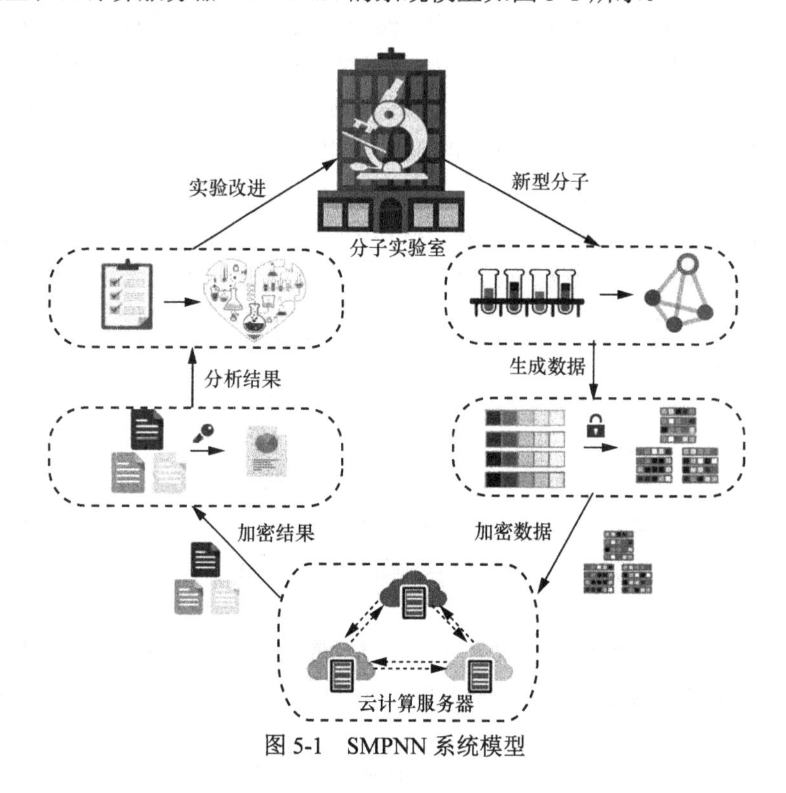

图 5-1　SMPNN 系统模型

分子实验室希望使用 MPNN 对新型分子进行性质预测，他们借助于云计算服务器提供的计算能力，并且不愿意与云计算服务提供商共享他们的新型分子数据研究成果。在 SMPNN 框架中，分子实验室通过简单的加密计算，将需要输入模型的数据随机分成与云计算服务器相同数量的份数，形成加密数据分别发送给云计算服务器进行安全计算预测。

云计算服务器是多个具有存储和计算能力的算力提供者，具有 3 个特点：第一，能够通过统一的随机种子列表同时生成统一的随机值；第二，云计算服务器间不会同时相互勾结；第三，能够准确地执行计算任务，并在计算过程中无法得知新型分子相关数据。在经过预测计算后，云计算服务器将各自拥有的加密结果返回给分子实验室，分子实验室通过简单的解密得出分子预测结果。

5.2.2　安全模型

在 SMPNN 中，本场景适用诚实且好奇的安全模型。这意味着云计算服务器都是诚实且好奇的计算方。值得注意的是，诚实体现在云计算服务器能够准确无误地执行安全协议中的每个步骤；好奇体现在云计算服务器不会拒绝任何有利的数据。在该场景中，分子实验室的新型分子信息就属于对云计算服务器有利的数据。除此之外，安全模型中假设了这样一个模拟器 ζ，它可以获得安全协议的真实视图并生成随机值。对于真实视图，ζ 尝试在多项式时间内生成模拟视图。如果可以找到概率多项式算法来区分真实视图和模拟视图，则对手 $\mathcal{A}$ 被视为执行了成功的攻击。此外，该场景中假设云计算服务器不能同时被破坏或相互勾结。

5.2.3　设计目标

为满足分子实验室的现实需求，SMPNN 框架需要达到以下目标。

- 适应性。该框架应当满足使用不同数量云计算服务器和不同加密数据长度的场景需求，这在分子实验室的应用场景中十分重要。
- 正确性。对于分子实验室的正确输入形式和数据内容，正确的协议执行要保证有序的计算序列任务和正确的序列转化任务，云计算服务器可以获得正确的转化输出序列，计算结果合理正确。
- 安全性。在协议执行过程中，对于任何阶段的计算结果，只要不是所有云计算服务器参与共谋，就无法获取关于分子实验室输入的有效信息。
- 高效性。高效性与其他目标同样重要。为确保分子实验室能够在实际场景中保持竞争优势，过长的预测时间是不被允许的。因此，在框架中，协议需要尽可能降低云计算服务器间的通信开销和云计算服务器内的计算开销。

5.3　准备工作

本节从 MPNN 基本架构、符号定义和基础安全协议 3 个方面进行介绍。MPNN 基本架构包括 3 个函数：消息函数、更新函数和读出函数。符号定义分为数据形式、数据切分和协议形式。在基础安全协议中，列举了目前常见的安全多方计算基础协议，这些协议是安全多方计算协议设计的基石，其实现方法多样、实现过程简单。

5.3.1 基本架构

MPNN 是从输入层转换到输出层的一系列连接层序列，每一层都由一组神经元组成。在 MPNN 中，常见的连接层有两种：全连接层（Fully Connected Layer，FCL）和激活层（Activation Layer，AL）。其中 AL 主要包括线性整流（Rectified Linear Unit，ReLU）函数、Tanh 函数和 Sigmoid 函数。MPNN 具有 3 个函数：消息函数、更新函数和读出函数，MPNN 架构如图 5-2 所示。

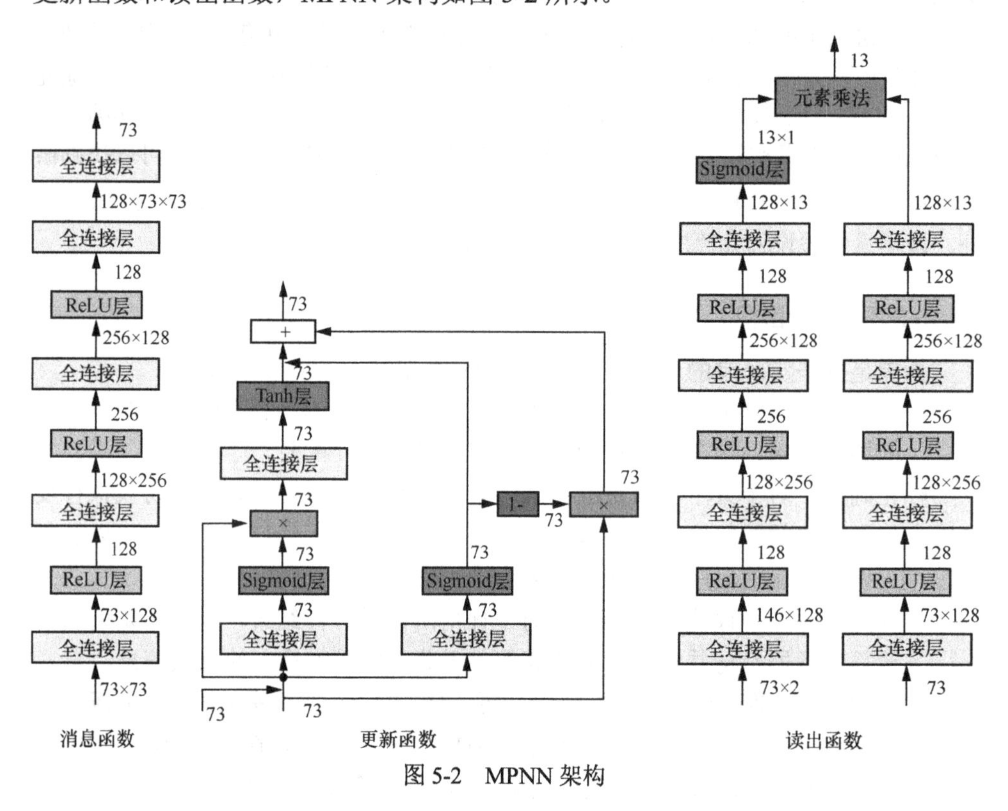

图 5-2　MPNN 架构

（1）消息函数

在图 G 中，时间点 t 的每一个节点 v 包含信息 h_v^t。在消息函数执行时，v 结合包含连边信息的神经网络层 $A_{e_{vw}}$ 和邻居节点 w 在时间点 t 的信息 h_w^t，其中 $w \in N(v)$。具体来说，$A_{e_{vw}}$ 具有以下模式。

$$\text{Input} \rightarrow [\text{FC} \rightarrow \text{ReLU}] \times r \rightarrow \text{FC}$$

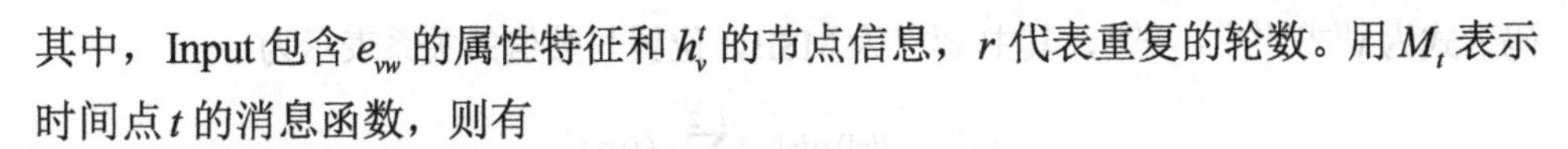

其中，Input 包含 e_{vw} 的属性特征和 h_v^t 的节点信息，r 代表重复的轮数。用 M_t 表示时间点 t 的消息函数，则有

$$m_v^{t+1}=\sum_{w\in N(v)}M_t\left(h_v^t,h_w^t,e_{vw}\right)=\sum_{w\in N(v)}A_{e_{vw}}h_w^t$$

（2）更新函数

h_v^t 根据信息 m_v^{t+1} 从时间点 t 更新到时间点 $t+1$，更新函数采用门控循环单元（Gated Recurrent Unit，GRU），可表示为

$$h_v^{t+1}=U_t\left(h_v^t,m_v^{t+1}\right)=\mathrm{GRU}(h_v^t,m_v^{t+1})$$

下列计算式表示了 GRU 的具体过程，其中，W_{mz}、W_{hz}、W_{mr}、W_{hr}、W_{mn} 和 W_{hn} 为神经网络权重，b_{mz}、b_{hz}、b_{mr}、b_{hr}、b_{mn} 和 b_{hn} 为偏移量，$\odot$ 表示元素乘法。

$$z_v^{t+1}=\mathrm{Sigmoid}\left(W_{mz}m_v^{t+1}+b_{mz}+W_{hz}h_v^t+b_{hz}\right)$$
$$r_v^{t+1}=\mathrm{Sigmoid}\left(W_{mr}m_v^{t+1}+b_{mr}+W_{hr}h_v^t+b_{hr}\right)$$
$$n_v^{t+1}=\tanh\left(W_{mn}m_v^{t+1}+b_{mn}+r_v^{t+1}\odot(W_{hn}h_v^t+b_{hn})\right)$$
$$h_v^{t+1}=\left(1-z_v^{t+1}\right)\odot n_v^{t+1}+z_v^{t+1}\odot h_v^t$$

（3）读出函数

在经过 T 个时间点后，从当前状态的稳定节点信息和初始节点信息中，通过读出函数获取图信息 $\hat{y}$，计算式如下

$$\hat{y}=R\left(\left\{h_v^T\mid v\in G\right\}\right)=\sum_{v\in G}\mathrm{Sigmoid}\left(i(h_v^T,h_v^0)\odot j(h_v^T)\right)$$

在预测中，分子实验室将分子图信息作为模型输入，经过模型计算后，获得图信息 $\hat{y}$ 的分子性质预测结果。

5.3.2　符号定义

符号定义包括数据形式、数据切分和协议形式。

（1）数据形式

在 SMPNN 中，将浮点数转换为整数的方式是乘以 10 的倍数并删除小数部分，即 $\bar{x}=\lfloor x10^p\rfloor$，其中 $\lfloor\ \rfloor$ 表示向下舍入操作。为了简化符号，如果没有混淆，将省略下面的 $\lfloor\ \rfloor$ 符号。

为了执行逐比特运算，SMPNN 中使用数字的二进制补码来进行表示和计算。除了最高有效比特（Most Significant Bit，MSB），每个二进制比特的权重都与 2 的幂有关。对于 MSB，其对应 2 的幂权重是负数。具体来说，对于 l bit 有符号整数 x，其补

码形式为$x^{(l-1)}x^{(l-2)}\cdots x^{(0)}$，其中$x^{(l-1)}$为MSB，位置与数值的关系表示为

$$x = -x^{(l-1)}2^{l-1} + \sum_{j=0}^{l-2} x^{(j)}2^{j}$$

值得注意的是，l是用于性能基准测试的参数之一，SMPNN中所提出的所有协议都适用于l的任何选择。

（2）数据切分

为了方便表示，假设SMPNN场景中有n个云计算服务器，用$S_i(i \in N_{n-1})$表示，其中$N_{n-1} = \{0,1,\cdots,n-1\}$。对于一个数$a$，$S_i$持有的共享值表示为$a_i$，并满足$\sum_i a_i = a$。同时，用$[a] = \{a_i \mid i \in N_{n-1}\}$表示$a_i$的集合。

（3）协议形式

本文中所有的安全协议都遵循正式的定义。假设$\mathcal{P}(\mathcal{I},\mathcal{S})$是任意的安全协议，对于给定输入$\mathcal{I} = (\{[a],[b],\cdots\})$和$n$个云计算服务器$S_i(i \in N_{n-1})$，$\mathcal{P}$输出分别属于$n$个云计算服务器$S_i(i \in N_{n-1})$的关于计算结果的随机共享值$\{f_i \mid i \in N_{n-1}\}$。对于正确的明文计算结果$f$，满足$\sum_i f_i = f$。

5.3.3 基础安全协议

本节介绍的基础安全协议是SMPNN中执行各函数的基本组件，它们在云计算服务器之间运行，具有流程简单、使用频繁和足够安全等特点。

（1）重置共享协议Π_{Reshare}

重置共享协议的作用是在保证明文总和不变的情况下，改变各个云计算服务器所持有的共享值。这在SMPNN执行过程中是经常需要的，其作用有两个：① 在加性秘密共享计算过程中，由于各个共享值的大小差距可能随着计算次数的增加而增大，需要一个具有削峰填谷作用的协议；② 云计算服务器的原始共享值是极其敏感的，中间计算过程的共享值也可能反映原始共享值的某些特征，因此在多数计算协议前需要对上一次的计算结果进行共享值重置，来保证更高的安全性。实行该协议有多种方法，其中较有效的方法是所有云计算服务器都各自生成一个随机数r，统一让次序在前（或后）的服务器加（或减）该随机数r，并在自身的共享值中减去（或加上）该随机数r，从而实现在明文总和不变的情况下改变各个云计算服务器所持有的共享值。

（2）揭示协议Π_{Reveal}

揭示协议用于某个值被允许向所有云计算服务器透露的情况，其执行过程需要保证没有一方云计算服务器能够收到所有其他云计算服务器的原始共享值。这个过程容易实现，可以在共享值合并前对服务器执行Π_{Reshare}，以此来保障各个云计算服务器原始共享值的保密性，再由其中一个服务器对所有共享值求和，并告

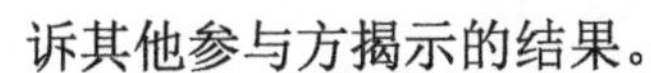

诉其他参与方揭示的结果。

（3）安全加法协议 Π_{SecAdd}

在此协议中，云计算服务器需要计算两个明文的和或差，表示 $a \pm b$，根据以下计算式

$$a \pm b = \sum_{i=0}^{n-1} a_i \pm \sum_{i=0}^{n-1} b_i = \sum_{i=0}^{n-1} (a_i \pm b_i)$$

容易发现每个云计算服务器可以安全地在本地进行各自共享值的加减，从而保证结果的正确。

5.4　安全多方计算协议

本节将详细介绍适用于多参与方的安全乘法协议、安全比较协议和非线性计算处理方法。其中，对安全乘法协议进行了单独的介绍；详细介绍了构成安全比较协议的各个子协议，这些协议之间具有一定的拓扑关系；非线性计算处理方法是在安全乘法协议和安全比较协议的基础上进行的。

5.4.1　安全乘法协议

为了大大减少计算和通信开销，基于以下观察，设计了适用于多参与方的安全乘法协议。两个值 a 和 b 具有以下性质

$$a \cdot b = \sum_{i=0}^{n-1} \sum_{j=0}^{n-1} a_i \cdot b_j$$

$a_i \cdot b_i$ 形式的加数可以由云计算服务器 S_i 执行本地计算。对于 $a_i \cdot b_j (i \neq j)$，安全乘法协议设计了一种有序的分配方式，让共享值 a_i 和 b_j 在一定范围内共享，同时保证每个服务器不能获得集合 $[a]$ 或 $[b]$ 的全部信息。为了获得通用的可组合性，集合 $[a]$ 和 $[b]$ 在执行前后仍然需要执行 Π_{Reveal}，否则，服务器可以根据先前信息推断原始数据。协议 5-1 介绍了 3 个或更多云计算服务器参与下的安全乘法协议。

协议 5-1　安全乘法协议 Π_{SecMul}

输入　共享值集合 $[a]$ 和 $[b]$

输出　共享值集合 $[f]$ 且满足 $f' = ab$

（1）$[a'] \leftarrow \Pi_{\text{Reshare}}([a])$

（2）$[b'] \leftarrow \Pi_{\text{Reshare}}([b])$

（3）S_i 发送 a'_i 给服务器 $S_{(i+n-1)\%n}, \cdots, S_{(i+n-\lfloor (n-1)/2 \rfloor)\%n}$

（4）S_i 发送 b'_i 给服务器 $S_{(i+n-1)\%n},\cdots,S_{(i+n-\lfloor n/2 \rfloor)\%n}$

（5）S_i 计算 $f'_i \leftarrow a'_i \cdot b'_i + \sum_{j=1}^{\lfloor n/2 \rfloor} a'_i \cdot b'_{(i+j)\%n} + \sum_{j=1}^{\lfloor (n-1)/2 \rfloor} b'_i \cdot a'_{(i+j)\%n}$

（6）$[f] \leftarrow \Pi_{\text{Reshare}}([f'])$

返回 $[f]$

实现安全乘法协议的代码如下。

```
def SecMul(a, b, N ,n):
    c = [0] * n
    for i in range(n):
        c[i] = c[i]+a[i]*b[i]
        for j in range(1,n//2 +1):
            c[i] = c[i] + a[i]*b[(i + j)%n]
        for j in range(1, (n - 1) // 2 + 1):
            c[i] = c[i] + a[(i + j) % n]*b[i]
    a = CheckSharing(a,N,n)
    b = CheckSharing(b,N,n)
    c = CheckSharing(c,N,n)
    return a,b,c
def CheckSharing(a,N,n):
    n = len(a)
    c = [0 for i in range(n)]
    r0 = random.randint(-2**N,2**N)
    rn_1 = random.randint(-2**N,2**N)
    tmp = r0 - a[0] - rn_1
    a[0] = r0
    for i in range(1,n - 1):
        a[i] -= tmp
        r_now = random.randint(-2**N,2**N)
        tmp = r_now - a[i]
        a[i] = r_now
    a[n - 1] = a[n - 1] - tmp - rn_1
    return a
```

5.4.2 安全比较协议

安全比较协议 Π_{SecCmp} 是 SMPNN 框架中最重要的协议，其比较过程需要执行多个安全子协议，包括随机比特协议 $\Pi_{\text{RandomBit}}$、随机数比特生成协议 $\Pi_{\text{RandomSolvedBits}}$、比特加协议 Π_{BitAdd}、比特分解协议 Π_{Bits} 和比特比较协议 Π_{BitCmp}。

1．随机比特协议 $\Pi_{\text{RandomBit}}$

随机比特协议 $\Pi_{\text{RandomBit}}$ 能够安全地生成均匀随机比特共享值。该协议没有输入，输出是均匀随机比特 r 的共享值集合 $[r]$，其中 $r \in \{0,1\}$。$\Pi_{\text{RandomBit}}$ 基于如下

事实：非零元素平方计算是一个 2 对 1 的映射。对于给定的 $A=\sqrt{a^2}$，由于不知道原始值 a 是正数还是负数，因此用 a 的符号作为生成随机比特的依据。值得注意的是，在进行明文除法运算时，因为要保持共享值的整数性质，所以需要通过传递余数的方式调整共享值结构。具体如协议 5-2 所示。

协议 5-2　随机比特协议 $\Pi_{\text{RandomBit}}$

输入　无

输出　共享值集合 $[r]$ 且满足 $r\in\{0,1\}$

（1）repeat

（2）S_i 生成随机数 $a_i \leftarrow \mathbb{Z}_{2^l}$

（3）$[a^2]=\Pi_{\text{SecMul}}([a],[a])$

（4）$A^2=\Pi_{\text{Reveal}}([a^2])$

（5）until $A^2\neq 0$

（6）$A\leftarrow\sqrt{A^2}$

（7）随机选择整数 $j\in N_{n-1}$

（8）S_i 生成随机数 $b_i\leftarrow\mathbb{Z}_{2^l}$ 且满足 $i\neq j$

（9）S_i 计算 $x_i\leftarrow b_iA-a_i$ 并发送 x_i 给 S_j 并满足 $i\neq j$

（10）S_j 计算 $b_j\leftarrow\left(a_j-\sum_{i\in N_{n-1}}^{i\neq j}x_i\right)/A$

（11）$[c]\leftarrow[b]+1$

（12）S_i 计算 $y_i\leftarrow c_i\%2$ 并发送 y_i 给 S_j 并满足 $i\neq j$

（13）S_i 计算 $r_i\leftarrow(c_i-y_i)/2$ 并满足 $i\neq j$

（14）S_j 计算 $r_j\leftarrow\left(c_j+\sum_{i\in N_{n-1}}^{i\neq j}y_i\right)/2$

返回 $[r]$

随机比特协议实现代码如下。

```
def RandomBit(N,n):
    flag = 0
    while flag == 0:
        a = []
        for i in range(n):
            mid = random.randint(-2**N,2**N)
            a.append(mid)
        a,a,A = SecMul(a,a,N,n)
        A = Reconstruct(A,N)
        flag = (A! = 0)
    A = bin_sqrt(A)
```

```
        tmp = 0
        for i in range(n):
            if i == 0:
                now = random.randint(-2**N,2**N)
                tmp = now*A-a[i]
                a[i] = now
            elif i == n-1:
                a[i] = int(a[i] - tmp)//A
            else:
                a[i] -= tmp
                now = random.randint(-2**N,2**N)
                tmp = now*A-a[i]
                a[i] = now
        one = CreateExactNumber(1,N,n)
        for i in range(n):
            a[i] += one[i]
        for i in range(n):
            if I == 0:
                tmp = a[i]%2
                a[i]// = 2
            else:
                a[i] += tmp
                tmp = a[i]%2
                a[i]// = 2
        return a
    def bin_sqrt(A):
        low = 1
        up = A//2
        while low <= up:
            mid = (low + up)//2
            if mid*mid ==A :
                return mid
            elif mid*mid >A:
                up = mid - 1
            else:
                low = mid + 1
        return -1
```

2．随机数比特生成协议$\Pi_{\text{RandomSolvedBits}}$

随机数比特生成协议$\Pi_{\text{RandomSolvedBits}}$没有输入，输出是一个随机数$r$的共享值集合$[r]$和该随机数补码比特串的共享值集合$[r^{(l-1)}]\cdots[r^{(0)}]$，其中$r \in \mathbb{Z}_{2^l}$。在该协议中，云计算服务器需要调用$l$次$\Pi_{\text{RandomBit}}$。具体如协议 5-3 所示。

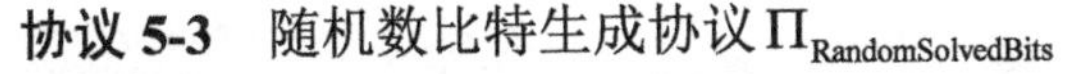

协议 5-3 随机数比特生成协议$\Pi_{\text{RandomSolvedBits}}$

输入 无

输出 随机数r的共享值集合$[r]$和r的补码比特串的共享值集合$[r^{(l-1)}]\cdots[r^{(0)}]$

（1）for $i=0 \to l-1$ do

（2） $[r^{(i)}] \leftarrow \Pi_{\text{RandomBit}}$

（3）end for

（4）$[r] \leftarrow \sum_{i=0}^{l-2} 2^i \cdot [r^{(i)}] - [r^{(l-1)}] \cdot 2^{(l-1)}$

返回$[r],[r^{(l-1)}]\cdots[r^{(0)}]$

随机数比特生成协议实现代码如下。

```
def RandomSolvedBits(N, n):
    ran_r = [[0 for i in range(n)] for i in range(N + 1)]
    for i in range(N+1):
        ran_r[i] = RandomBit(N,n)
    now = 1
    num_r = [0 for i in range(n)]
    for i in range(n):# 求总体 r 的分片值表示（不包含符号位）
        now = 1
        for j in range(N):
            num_r[i] += now*ran_r[N - j][i]
            now* = 2
    # num_r = CheckSharing(num_r,N,n)
    for i in range(n):
        num_r[i] = -1*ran_r[0][i]*now + num_r[i]
    return num_r,ran_r
```

3．比特加协议Π_{BitAdd}

比特加协议Π_{BitAdd}基于行波进位加法器（Ripple-Carry Adder，RCA）的计算原理，通过从最低有效比特到最高有效比特的迭代来计算进位。给定两个相同长度的比特串$[a^{(l-1)}]\cdots[a^{(0)}]$和$[b^{(l-1)}]\cdots[b^{(0)}]$，进行如下运算实现比特进位加法，其中，$j$为当前比特位置，$c$为进位，$d$为结果，$\oplus$为异或运算，可通过$[a]\oplus[b]=[a]+[b]-2[a][b]$，即执行安全加法协议和安全乘法协议计算，具体如协议 5-4 所示。

$$c^{(j+1)} = (a^{(j)}b^{(j)}) \oplus ((a^{(j)} \oplus b^{(j)})c^{(j)})$$
$$d^{(j)} = a^{(j)} \oplus b^{(j)} \oplus c^{(j)}$$

协议 5-4 比特加协议Π_{BitAdd}

输入 比特共享值集合$[a^{(l-1)}]\cdots[a^{(0)}]$和$[b^{(l-1)}]\cdots[b^{(0)}]$

输出 比特求和结果共享值集合$[d^{(l-1)}]\cdots[d^{(0)}]$

（1）形成$c^{(0)}=0$的共享值集合$[c^{(0)}]$

（2）for $i=0 \to l-1$ do

（3）　　$[c^{(j+1)}]=([a^{(j)}][b^{(j)}])\oplus(([a^{(j)}]\oplus[b^{(j)}])[c^{(j)}])$

（4）　　$[d^{(j)}]=[a^{(j)}]\oplus[b^{(j)}]\oplus[c^{(j)}]$

（5）end for

返回$[d^{(l-1)}]\cdots[d^{(0)}]$

比特加协议实现代码如下。

```
def BitAdd(a, b, N, n):# 不含符号位相加 l + l = l + 1
    l = len(a)
    d = [[0 for i in range(n)] for i in range(l + 1)]
    c = [0 for i in range(n)]
    for i in range(l):
        a[l - i - 1],b[l - i- 1],temp_mul = SecMul(a[l - i - 1],
b[l - i - 1],N,n)
        temp_u1 = [a[l - i - 1][j] + b[l - i - 1][j]-2*temp_mul
[j] for j in range(n)]
        temp_u1,c,temp_mul = SecMul(temp_u1, c, N,n)
        u = [temp_u1[j] + c[j]-2*temp_mul[j] for j in range(n)]
        a[l - i - 1],b[l - i - 1],temp_c1 = SecMul(a[l - i - 1],
b[l - i - 1], N,n)
        a[l - i - 1],b[l - i - 1],temp_mul = SecMul(a[l - i - 1],
b[l - i - 1], N,n)
        temp_c2 = [a[l - i - 1][j] + b[l - i - 1][j]-2*temp_mul
[j] for j in range(n)]
        temp_c2,c,temp_c3 = SecMul(temp_c2, c,N,n)
        temp_c1,temp_c3,temp_mul = SecMul(temp_c1,temp_c3,N,n)
        c = [temp_c1[j]+temp_c3[j]-2*temp_mul[j] for j in range(n)]
        for j in range(n):
            d[l - i][j] = u[j]
    for j in range(n):
        d[0][j] = c[j]
    return a,b,d
```

4. 比特分解协议Π_{Bits}

比特分解协议Π_{Bits}的作用是将给定的共享值集合$[a]$安全转化为对应补码的共享值集合$[a^{(l-1)}]\cdots[a^{(0)}]$，以实现比特分解。在输入$[a]$之后，云计算服务器通过计算$[c]=[a]-[r]$对$[a]$进行真实值的掩盖，得到$[c]$的补码后，使用$\Pi_{\text{BitAdd}}$将$[c]$的补码比特串的共享值集合与$[r]$的补码比特串的共享值集合相加，以获得$[a]$的补码比特串的共享值集合，具体如协议5-5所示。

协议5-5　比特分解协议Π_{Bits}

输入　共享值集合$[a]$

输出　a对应补码比特串的共享值集合$[a^{(l-1)}]\cdots[a^{(0)}]$

（1）$[r],[r^{(l-1)}]\cdots[r^{(0)}]\leftarrow\Pi_{\text{RandomSolvedBits}}$

（2）$[c]\leftarrow[a]-[r]$

（3）$C\leftarrow\Pi_{\text{Reveal}}([c])$

（4）生成补码比特串的共享值集合$[C^{(l_C)}]\cdots[C^{(0)}]$，其中$C(l_C\geqslant l-1)$

（5）将$[r^{(l-1)}]\cdots[r^{(0)}]$添加前缀为 0 的共享值集合$[0]$至$[r^{(l_C)}]\cdots[r^{(0)}]$

（6）$[a^{(l_C+1)}]\cdots[a^{(0)}]\leftarrow\Pi_{\text{BitAdd}}([C^{(l_C)}]\cdots[C^{(0)}],[r^{(l_C)}]\cdots[r^{(0)}])$

（7）改变$[a^{(l_C+1)}]\cdots[a^{(0)}]$至固定长度$[a^{(l-1)}]\cdots[a^{(0)}]$

返回$[a^{(l-1)}]\cdots[a^{(0)}]$

值得注意的是，该协议在掩盖过程中先采用减法，得到$[c]$的补码后采用加法，而不是先加后减，这样可以有效避免比特串减法时进位计算困难，更符合计算机原理的底层逻辑。同时，在执行Π_{BitAdd}前后通过增加前缀 0 的方式来防止溢出的问题。

比特分解协议实现代码如下。

```
def Bits(a, N, n):
    r, bin_r = RandomSolvedBits(N,n)
    a_sum = []
    for i in range(N + 1):
        a_sum.append(Reconstruct(bin_r[i],N))
    c = [0 for i in range(n)]
    for i in range(n):
        c[i] = a[i] - r[i]
    cc = Reconstruct(c,N)
    c = abs(cc)
    temp_bin_c = []
    while c:
        temp_bin_c.append(c % 2)
        c = c // 2
    temp_bin_c.reverse()
    l = len(temp_bin_c)
    sharing_bin_c = []
    for i in range(N-l):
        sharing_bin_c.append(CreateExactNumber(0,N,n))
    for i in range(l):# c二进制长度的加密
        sharing_bin_c.append(CreateExactNumber(temp_bin_c[i], N,
n))
    c_bu_temp = Complement(sharing_bin_c,N,n)# 补码转换
    c_bu = [[0 for j in range(n)]for i in range(len(c_bu_temp) +
1)]
    if cc> = 0:
        First = CreateExactNumber(0,N,n)
```

```
        for i in range(n):
            c_bu[0][i] = First[i]
        for i in range(len(sharing_bin_c)):
            for j in range(n):
                c_bu[i + 1][j] = sharing_bin_c[i][j]
    else:
        First = CreateExactNumber(1, N, n)
        for i in range(n):
            c_bu[0][i] = First[i]
        for i in range(len(c_bu_temp)):
            for j in range(n):
                c_bu[i+1][j] = c_bu_temp[i][j]
    a_sum = []
    for i in range(len(c_bu)):
        a_sum.append(Reconstruct(c_bu[i],N))
    now_bin_r = []
    for i in range(len(c_bu) - len(bin_r)):
        now_bin_r.append(CreateExactNumber(0,N,n))
    now_bin_r.append(bin_r[0])
    for i in range(1,len(bin_r)):
        now_bin_r.append(bin_r[i])
    c_bu,now_bin_r,d=BitAdd(c_bu,now_bin_r,N,n)
    ans = []
    for i in range(len(d) - N - 1, len(d)):
        ans.append(d[i])
    return ans
```

5. 比特比较协议Π_{BitCmp}

比特比较协议Π_{BitCmp}包含了寻找一个比特串第一个值为 1 的有效比特方法，其主要思想是应用数位间的差分性质，其结果用来与其中一个输入的比特串比较。观察第一个值为 1 的有效比特的位置是否与其相同，进而得出比较结果。具体过程如协议 5-6 所示。

协议 5-6 比特比较协议Π_{BitCmp}

输入 比特共享值集合$[a^{(l-1)}]\cdots[a^{(0)}]$和$[b^{(l-1)}]\cdots[b^{(0)}]$

输出 共享值集合$[e]$，当$[a^{(l-1)}]\cdots[a^{(0)}]>[b^{(l-1)}]\cdots[b^{(0)}]$时$e=1$，其他情况$e=0$

（1）构造共享值集合$[c^l]$且令$c^l=1$

（2）for $i=l-1\to 0$ do

（3） $[c^{(i)}]\leftarrow[c^{(i+1)}](1-[a^{(i)}]\oplus[b^{(i)}])$

（4） $[d^{(i)}]\leftarrow[a^{(i)}]([c^{(i+1)}]-[c^{(i)}])$

（5）end for

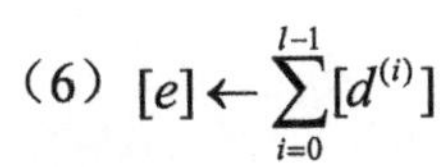

（6）$[e] \leftarrow \sum_{i=0}^{l-1}[d^{(i)}]$

返回$[e]$

比特比较协议实现代码如下。

```
def BitCompare(a, b, n, N): # 不含符号位比较
    l = len(a)
    c = [[0 for i in range(n)] for i in range(l)]
    for i in range(l):
        a[i],b[i],temp_mid = (SecMul(a[i], b[i], N,n))
        temp_c = [j*(-2) for j in temp_mid]
        for j in range(n):
            c[i][j] = a[i][j] + b[i][j] + temp_c[j]
    d = Most_Significant_one(c,N,n,l)
    e = [[0 for i in range(n)] for i in range(l)]
    for i in range(l):
        a[i],d[i],e[i] = (SecMul(a[i], d[i], N,n))
    c = [0 for i in range(n)]
    for i in range(n):
        for j in range(l):
            c[i] = c[i] + e[j][i]
    return a,b,c

def Most_Significant_one(c,N, n,l):
    f = [[0 for i in range(n)] for i in range(l + 1)]
    temp_1 = CreateExactNumber(1,N,n)
    for i in range(n):
        f[0][i] = temp_1[i]
    temp_1_c = [0 for i in range(n)]
    for i in range(l):
        temp = [0 for i in range(n)]
        for j in range(n):
            temp[j] = temp_1[j] - c[i][j]
        f[i],temp,f[i + 1] = SecMul(f[i],temp,N,n)
    ans = [[0 for i in range(n)] for i in range(l)]
    for i in range(l):
        for j in range(n):
            ans[i][j] = f[i][j] - f[i + 1][j]
    return ans
```

通过前文所述的安全子协议，可以实现安全比较协议Π_{SecCmp}的比较过程，如协议 5-7 所示。注意，在通过Π_{Bits}得到两个补码比特串后，对补码进行原码意义上的比特比较协议Π_{BitCmp}。由于符号位计算为二进制最高幂权重，因此比较结果的正确性与比较数符号位存在一定逻辑关系，需要对Π_{BitCmp}的结果和比较数符号位进行异或计算。

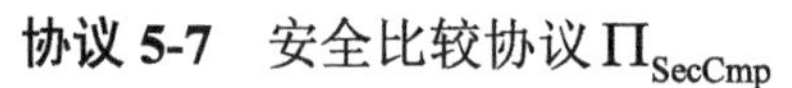

协议 5-7 安全比较协议Π_{SecCmp}

输入 共享值集合$[a]$和$[b]$

输出 共享值集合$[c]$，当$[a]>[b]$时$c=1$，其他情况$c=0$

（1）$[a^{(l-1)}]\cdots[a^{(0)}]\leftarrow\Pi_{\text{Bits}}([a])$

（2）$[b^{(l-1)}]\cdots[b^{(0)}]\leftarrow\Pi_{\text{Bits}}([b])$

（3）$[c]\leftarrow\Pi_{\text{BitCmp}}([a^{(l-1)}]\cdots[a^{(0)}],[b^{(l-1)}]\cdots[b^{(0)}])\oplus([a^{(l-1)}]\oplus[b^{(l-1)}])$

返回$[c]$

安全比较协议的实现代码如下。

```
def Compare(a,b,N,n):
    mid_a = Bits(a,N + 1,n)
    mid_b = Bits(b,N + 1,n)
    mid_a,mid_b,ans = BitCompare(mid_a,mid_b,n,N)
    mid_a[0],mid_b[0],f = XOR(mid_a[0],mid_b[0],N,n)
    ans,f,aans = XOR(ans, f, N, n)
    return aans
```

5.4.3 非线性计算处理方法

对于除法运算、指数运算等非线性计算方法，SMPNN 框架从实际需求出发，结合实际应用中精确度高、专业性强的特点，对需要采用非线性计算的部分采用分段多项式近似方法，如下所示。

$$f(x)=\begin{cases}P_0(x),x_0\leqslant x\leqslant x_1\\P_1(x),x_1\leqslant x\leqslant x_2\\\cdots\\P_{k-1}(x),x_{k-1}\leqslant x\leqslant x_k\end{cases}$$

其中，$P(x)$是p次多项式，表示为$P(x)=a_0+a_1x+\cdots+a_px^p$，系数$a$为非隐私保护的公共权重。高次多项式能够给出更好的近似值。为了进一步保护元素x的隐私，使用Π_{SecMul}计算x的幂次，并通过Π_{SecCmp}找出合适范围的高次多项式。

5.5 SMPNN 框架描述

SMPNN 框架由 3 个函数组成，即安全消息函数（Secure Message Function，SMF）、安全更新函数（Secure Update Function，SUF）和安全读出函数（Secure Readout Function，SRF）。在 SMPNN 框架中，新型分子数据首先被分成随机共享

值并上传到云计算服务器，随后执行 3 个函数。SMPNN 框架如图 5-3 所示。

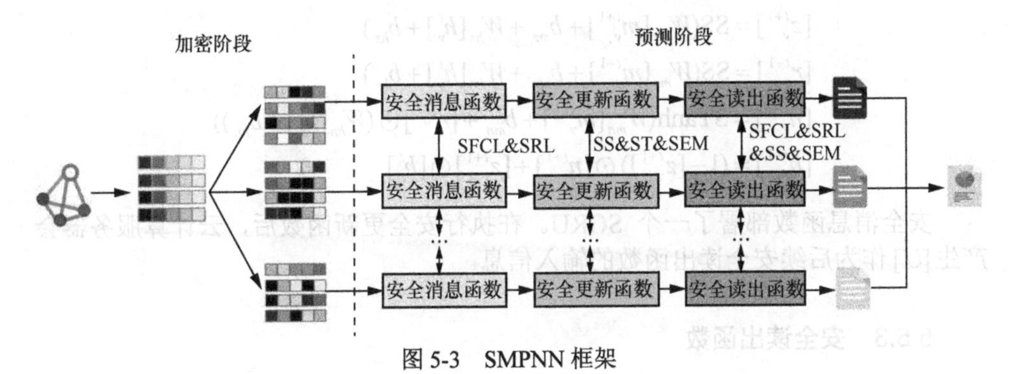

图 5-3　SMPNN 框架

5.5.1　安全消息函数

通过使用安全消息函数，可以在确保没有明文信息泄露给云计算服务器的情况下，提取新型分子中的节点特征。安全消息函数的输入是分子中化学键的共同特征，由分子实验室上传，且具有较为固定的数据大小。安全消息函数由以下两种神经网络层组成：安全连接层（Secure Fully Connected Layer，SFCL）和安全 ReLU 层（Secure ReLU Layer，SRL）。

在 SFCL 中，神经元与前一层中的所有神经元完全连接，可以通过矩阵乘法和偏移来计算，这也满足关联性和分布性。因此，基于安全加法协议 Π_{SecAdd} 和安全乘法协议 Π_{SecMul}，可以在 n 个云计算服务器中执行安全连接层的前向传递。以下计算式表示 SFCL 中神经元的计算过程，其中，W 为权重，b 为偏移量，属于公开信息。

$$[y]=\sum W[x]+b$$

在 SRL 中，使用安全比较协议 Π_{SecCmp} 进行输入和 0 的比较，并以此确定符号。

安全消息函数一共部署了 3 层 SFCL 和 2 层 SRL。在执行安全消息函数后，云计算服务器输出消息 $[M]$ 并执行安全更新函数。

5.5.2　安全更新函数

安全更新函数最重要的部分是安全门控循环单元（Secure Gated Recurrent Unit，SGRU）。安全更新函数的目标是在不泄露任何新型分子特征信息的情况下，更新每个分子结构中的每个节点特征，其输入是安全消息函数中的节点特征输出 $[M]$。安全更新函数通过安全 Sigmoid（Secure Sigmoid，SS）函数设置安全更新门和安全重置门，使用安全双曲正切（STanh，ST）函数和安全元素乘法（Secure Element Multiplication，SEM）计算两个门的更新状态。安全更新函数的计算过程如下。

$$
\begin{aligned}
&[z_v^{t+1}] = \mathrm{SS}(W_{mz}[m_v^{t+1}] + b_{mz} + W_{hz}[h_v^t] + b_{hz}) \\
&[r_v^{t+1}] = \mathrm{SS}(W_{mr}[m_v^{t+1}] + b_{mr} + W_{hr}[h_v^t] + b_{hr}) \\
&[n_v^{t+1}] = \mathrm{STanh}(W_{mn}[m_v^{t+1}] + b_{mn} + [r_v^{t+1}] \odot (W_{hn}[h_v^t] + b_{hn})) \\
&[h_v^{t+1}] = (1 - [z_v^{t+1}]) \odot [n_v^{t+1}] + [z_v^{t+1}] \odot [h_v^t]
\end{aligned}
$$

安全消息函数部署了一个 SGRU。在执行安全更新函数后，云计算服务器会产生$[U]$作为后续安全读出函数的输入信息。

5.5.3 安全读出函数

在执行安全读出函数之前，SMPNN 框架会执行多次安全消息函数和安全更新函数。安全读出函数的目的是从特征图中完成性质预测结果的提取。在安全读出函数中，包含 SFCL 和 SRL 两种神经网络层，它们可以像安全消息函数中的计算过程一样安全地执行，之后安全读出函数利用 SS 函数和 SEM 连接两个神经网络层的结果，它们可以像安全更新函数中的计算方式一样安全地执行。安全读出函数的计算过程如下。

$$
[R] = \sum_{v \in V} \mathrm{SS}(i([h_v^T],[h_v^0])) \odot (j([h_v^T]))
$$

安全读出函数部署了 6 个 SFCL、3 个 SRL、1 个 SS 和 1 个 SEM。在执行安全更新函数之后，输出的共享值$[R]$将被安全地发送到分子实验室。分子实验室对$[R]$进行求和，得到新型分子的性质预测结果。

5.6 安全性分析

本节对 SMPNN 框架的正确性、安全性和高效性进行理论分析，从而证明该框架能够出色完成目标，满足分子实验室在实际应用中的需要。正确性方面，通过对 SMPNN 框架中 3 个安全函数的组成分析，对数值方面的正确性进行分析。安全性方面，主要通过通用可组合框架证明各项协议，并对框架中的 3 个函数进行安全性论证。高效性方面，通过对通信量的理论分析和与其他提出的协议进行对比，进行高效性相关论证比较。

通过通用可组合框架[10]，证明本章中各项协议的安全性。在诚实且好奇模型（半诚实模型）中，允许对手破坏云计算服务器中的任意一个，通过证明在给定输入和输出的情况下，被破坏的计算参与方视图是可模拟的，来证明各项协议的安全性。具体来说，使用以下定义和引理。

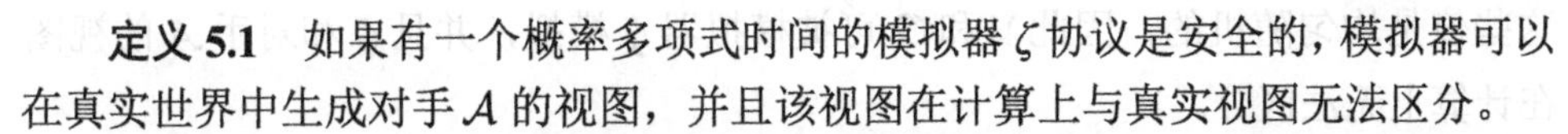

定义 5.1　如果有一个概率多项式时间的模拟器 ζ 协议是安全的，模拟器可以在真实世界中生成对手 $\mathcal{A}$ 的视图，并且该视图在计算上与真实视图无法区分。

引理 5.1　如果一个协议的所有子协议都是完全可模拟的，那么该协议也是完全可模拟的[11]。

引理 5.2　如果随机元素 r 均匀分布在 $\mathbb{Z}_n$ 上，并且有不受任何影响的变量 $x \in \mathbb{Z}_n$，则 $r \pm x$ 也是均匀随机的，并且独立于 x[12]。

引理 5.3　重置共享协议 Π_{Reshare}、揭示协议 Π_{Reveal} 和安全加法协议 Π_{SecAdd} 在诚实且好奇模型（半诚实模型）中是安全的[13]。

由于本地计算是能够被完全模拟的，因此接下来的证明主要针对 SMPNN 框架中云计算服务器网络交互部分进行说明。

证明 5.1　安全乘法协议 Π_{SecMul} 在诚实且好奇模型中是安全的。

对于任意一个云计算服务器 $S_i(i \in N_{n-1})$，其在安全乘法协议中的执行视图是 $\mathcal{V}_i = (a'_i, \cdots, a'_{(i+\lfloor (n-1)/2 \rfloor)\%n}, b'_i, \cdots, b'_{(i+\lfloor n/2 \rfloor)\%n})$。视图中的数值包含自身的共享值和一部分其他云计算服务器的共享值，这些共享值通过 Π_{Reshare} 获得。根据引理 5.1 和引理 5.3，云计算服务器不会暴露原始持有的共享值。由于每个云计算服务器只能持有半数以下其他云计算服务器的共享值，任何云计算服务器也无法将其解密并获得有用信息，因此，$\mathcal{V}_i$ 是可由模拟器 ζ 进行模拟的。S_i 在安全乘法协议中的输出为 $\mathcal{O}_i = (f_i)$，其中 $f_i = a'_i \cdot b'_i + \sum_{j=1}^{\lfloor n/2 \rfloor} a'_i \cdot b'_{(i+j)\%n} + \sum_{j=1}^{\lfloor (n-1)/2 \rfloor} b'_i \cdot a'_{(i+j)\%n}$。由于计算操作都是在 S_i 本地执行，因此模拟器也可以模拟 $\mathcal{O}_i$。

综上所述，由于安全乘法协议 Π_{SecMul} 视图在计算上与真实视图无法区分，因此安全乘法协议 Π_{SecMul} 在诚实且好奇模型中是安全的。

证明 5.2　随机比特协议 $\Pi_{\text{RandomBit}}$ 在诚实且好奇模型中是安全的。

在随机比特协议中，对于每个云计算服务器 $S_i(i \in N_{n-1}, i \neq j)$，其执行视图可以视为 $\mathcal{V}_i = (A, a_i, x_i, b_i, c_i, y_i)$。$S_j$ 视图可以视为 $\mathcal{V}_j = (A, a_j, [x], b_j, c_j, y_j)$。其中，$A$ 是明文数据，且由 Π_{SecMul} 获得，$[a]$ 为随机值，$[b]$ 和 $[y]$ 是除以明文的计算结果，同样具有独立随机的特性，根据引理 5.2，$[c]$ 属于分布均匀的随机数。在输出方面，S_i 的输出视图为 $\mathcal{O}_i = (r_i)$，$r_i = (c_i - y_i)/2$，同理可得是均匀随机的。

综上所述，由于随机比特协议 $\Pi_{\text{RandomBit}}$ 视图在计算上与真实视图无法区分，因此随机比特协议 $\Pi_{\text{RandomBit}}$ 在诚实且好奇模型中是安全的。

证明 5.3　随机数比特生成协议 $\Pi_{\text{RandomSolvedBits}}$ 在诚实且好奇模型中是安全的。

在随机数比特生成协议中，云计算服务器 $S_i(i \in N_{n-1})$ 的执行视图和输出视图为 $\mathcal{V}_i = \mathcal{O}_i = (r_i^{(j)}, r_i)$，其中，$j \in N_{l-1}$。在视图中，$r_i^{(j)}$ 由 $\Pi_{\text{RandomBit}}$ 获得，并具备完全可模拟的性质，r_i 由本地获得。根据证明 5.2、引理 5.1 和引理 5.2，可以看出

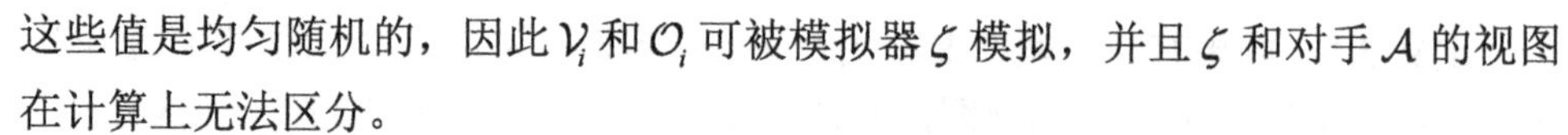

这些值是均匀随机的，因此$\mathcal{V}_i$和$\mathcal{O}_i$可被模拟器ζ模拟，并且ζ和对手$\mathcal{A}$的视图在计算上无法区分。

综上所述，随机数比特生成协议$\Pi_{\text{RandomSolvedBits}}$在诚实且好奇模型中是安全的。

证明 5.4 比特加协议Π_{BitAdd}在诚实且好奇模型中是安全的。

在比特加协议Π_{BitAdd}中，云计算服务器$S_i(i \in N_{n-1})$的执行视图是$\mathcal{V}_i = (a_i^{(j)}, b_i^{(j)}, c_i^{(j)})$。在输出视图中，$\mathcal{O}_i = (d_i^{(j)})$，其中$j \in N_{l-1}$。在视图中，$[a^{(j)}]$和$[b^{(j)}]$为协议输入，具备均匀随机性质，$[c^{(j+1)}] = ([a^{(j)}][b^{(j)}]) \oplus (([a^{(j)}] \oplus [b^{(j)}])[c^{(j)}])$，且$[d^{(j)}] = [a^{(j)}] \oplus [b^{(j)}] \oplus [c^{(j)}]$，其中的安全异或运算包含安全乘法协议$\Pi_{\text{SecMul}}$和安全加法协议$\Pi_{\text{SecAdd}}$。根据证明 5.1、引理 5.1 和引理 5.3，可以得出比特加协议Π_{BitAdd}在诚实且好奇模型中是安全的。

证明 5.5 比特分解协议Π_{Bits}在诚实且好奇模型中是安全的。

对于云计算服务器$S_i(i \in N_{n-1})$，比特分解协议的执行视图为$\mathcal{V}_i = (a_i, r_i^{(j)}, r_i, c_i, C, C_i^{(j)}, a_i^{(k)})$，其中$j \in N_{l_C-1}$，$k \in N_{l_C+1}$。由于$([r^{(j)}],[r])$由随机数比特生成协议$\Pi_{\text{RandomSolvedBits}}$生成，$[a]$为协议输入，$[c]$、$C$、$C^{(j)}$和$[a^{(k)}]$可由安全计算、揭示协议$\Pi_{\text{Reveal}}$和比特加协议$\Pi_{\text{BitAdd}}$得出。根据证明 5.3、引理 5.1、引理 5.2 和引理 5.3 可以得出$\mathcal{V}_i$具有安全性。比特分解协议Π_{Bits}的输出视图是$\mathcal{O}_i = (a_i^{(j)})$，由于$[a^{(j)}]$进行$[a^{(k)}]$的截断操作，因此同样具备均匀随机性质。根据以上推理，因为v_i和$\mathcal{O}_i$在对手$\mathcal{A}$的视图中无法在计算上区分，比特分解协议Π_{Bits}在诚实且好奇模型中是安全的。

证明 5.6 比特比较协议Π_{BitCmp}在诚实且好奇模型中是安全的。

在Π_{BitCmp}中，对于协议参与方$S_i(i \in N_{n-1})$，$\mathcal{V}_i = (a_i^{(j)}, b_i^{(j)}, c_i^{(j)}, d_i^{(j)})$是其执行视图，其中$j \in N_{l-1}$。$[a^{(j)}]$和$[b^{(j)}]$是随机数值，$[c^{(j)}]$和$[d^{(j)}]$由安全乘法协议$\Pi_{\text{SecMul}}$和安全加法协议$\Pi_{\text{SecAdd}}$执行产生，根据证明 5.1、引理 5.1 和引理 5.3，该视图可被模拟器ζ模拟，并且ζ和对手$\mathcal{A}$的视图将在计算上无法区分。$\mathcal{O}_i = (e_i)$是Π_{BitCmp}输出视图，且$[e]$仅涉及本地计算$[e] = \sum_{j=0}^{l-1}[d^{(j)}]$，因此无法进行计算上的区分。综上所述，比特比较协议Π_{BitCmp}在诚实且好奇模型中是安全的。

证明 5.7 安全比较协议Π_{SecCmp}在诚实且好奇模型中是安全的。

安全比较协议Π_{SecCmp}由比特分解协议Π_{Bits}和比特比较协议Π_{BitCmp}组成。根据证明 5.5，比特分解协议Π_{Bits}在诚实且好奇模型中是安全的、完全可模拟的；根据证明 5.6，比特比较协议Π_{BitCmp}在诚实且好奇模型中是安全的、完全可模拟的。结合以上条件，根据引理 5.1 可以得出安全比较协议Π_{SecCmp}在诚实且好奇模型中是安全的。

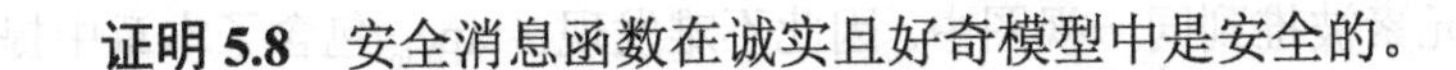

证明 5.8　安全消息函数在诚实且好奇模型中是安全的。

分析安全消息函数的安全性，首先需要分析安全消息函数的构成。安全消息函数部署了安全连接层和安全 ReLU 层。安全 ReLU 层使用的激活函数为安全 ReLU 函数。在安全连接层中，数据通过安全加法协议 Π_{SecAdd} 和安全乘法协议 Π_{SecMul} 执行安全的全连接计算。这两个协议的安全性已在引理 5.3 和证明 5.1 中证明。安全 ReLU 层中的安全 ReLU 函数是由安全比较协议 Π_{SecCmp} 构成的，通过对数据与 0 的共享值集合执行安全比较协议，保证在安全条件下执行 ReLU 函数，实现数据在神经网络中的激活作用。综合以上分析，结合已有证明和引理，容易推出安全消息函数在诚实且好奇模型中是安全的。

证明 5.9　安全更新函数在诚实且好奇模型中是安全的。

安全更新函数安全性的关键在于安全门控循环单元是否安全。安全门控循环单元需要在安全的条件下结合不同权重和偏移量进行神经网络计算，并使用安全 Sigmoid 函数、安全 Tanh 函数和安全元素乘法。对于神经网络计算而言，由于权重和偏移量已经给定，可以通过安全加法协议 Π_{SecAdd} 和安全乘法协议 Π_{SecMul} 实现。对于安全 Sigmoid 函数和安全 Tanh 函数，采用分段多项拟合执行。其中涉及对安全比较协议 Π_{SecCmp} 进行多次的数值范围确定和选择合适的多项拟合式，同时在多项拟合中采用多次安全加法协议 Π_{SecAdd} 和安全乘法协议 Π_{SecMul}。值得注意的是，数值范围的确定不会缩小云计算服务器对该数值的安全范围，因为可以通过安全比较结果与多项拟合式的逻辑关系获得对应的选择函数，所以使用安全乘法协议 Π_{SecMul} 即可实现。对于元素乘法，由于其主要涉及数据对应比特相乘的计算而没有数值方面的变化，因此其对整体安全性没有影响。综上所述，安全门控循环单元的所有协议构成和执行过程都是安全的，由于安全更新函数一共部署了一个安全门控循环单元，因此安全更新函数在诚实且好奇模型中是安全的。

证明 5.10　安全读出函数在诚实且好奇模型中是安全的。

安全读出函数是由安全连接层、安全 ReLU 层、安全 Sigmoid 函数和安全元素乘法组成的。对于安全连接层和安全 ReLU 层，其安全性分析已在证明 5.8 的安全消息函数安全性证明中进行阐述。对于安全 Sigmoid 函数和安全元素乘法，其安全性分析已在证明 5.9 的安全更新函数安全性证明中进行阐述。同理分析可得，安全读出函数在诚实且好奇模型中是安全的。

证明 5.11　SMPNN 框架在诚实且好奇模型中是安全的。

在攻击场景中，对手 $\mathcal{A}$ 窃听云计算服务器之间的传输信道，并记录有关交互协议的信息。对于协议输入信息，对手 $\mathcal{A}$ 将其保存在 tape_{in} 中，对于协议输出信息，将其保存在 tape_{out} 中。根据交互协议的定义，此时，对手 $\mathcal{A}$ 拥有视图 $\text{tape}_{\text{in}} = \mathcal{V}_{\text{SecAdd}} \cup \mathcal{V}_{\text{SecMul}} \cup \mathcal{V}_{\text{SecCmp}}$ 和 $\text{tape}_{\text{out}} = \mathcal{O}_{\text{SecAdd}} \cup \mathcal{O}_{\text{SecMul}} \cup \mathcal{O}_{\text{SecCmp}}$。根据协议构成，

属于同一子协议的元素被推到同一视图中。因此不难发现，$tape_{in}$ 包含了本章中提到的所有协议的执行视图，$tape_{out}$ 包含了本章中提到的所有协议的输出视图。根据基于引理 5.1，$tape_{in}$ 和 $tape_{out}$ 是可模拟的，结合证明 5.8、证明 5.9 和证明 5.10，能够推断 SMPNN 框架在诚实且好奇模型中是安全的。

5.7 实验评估

本节通过实验从运行时间、通信开销和预测准确率 3 个方面对 SMPNN 框架进行性能评估，实验数据来自公开数据集 QM9[14]。在实验中，SMPNN 框架将分子数据的 SMILES（Simplified Molecular Input Line Entry System）[15]字符串编码作为输入，然后使用 RDKit 集成库将其转换为相应分子指纹数据，对分子指纹进行加密后，将其发送到多个云计算服务器执行相应计算。测试了不同云计算服务器数量和加密数据长度下，SMPNN 框架的性能。每个云计算服务器配置为 Intel（R）Core（TM）i5-9500 CPU@3.00 GHz 和 8.00 GB RAM。

1. 运行时间

SMPNN 框架中安全多方计算协议是基于比特分解的。本节在不同的云计算服务器数量和加密数据长度下进行测试，不同协议的运行时间如表 5-1～表 5-6 所示。可以看出，各协议的运行时间都随着云计算服务器数量 n 和加密数据长度 l 的增加而线性增加。然而，各协议的运行时间都为毫秒级，在可接受范围内。此外，由于安全乘法协议的运行时间很短，为毫秒级以下，此处未列表说明。

表 5-1　随机比特协议运行时间

l/bit	运行时间/ms			
	n=3	n=5	n=7	n=9
64	0.00	0.00	0.00	0.00
128	0.00	1.03	0.00	0.00
256	0.99	0.00	1.00	0.00
512	2.00	1.00	1.00	1.99
1 024	7.98	6.98	7.98	7.98

表 5-2　随机数比特生成协议运行时间

l/bit	运行时间/ms			
	n=3	n=5	n=7	n=9
64	7.95	11.97	14.96	0.00

续表

l/bit	运行时间/ms			
	n=3	n=5	n=7	n=9
128	16.96	24.93	32.91	0.00
256	38.90	54.88	73.80	0.00
512	96.30	144.16	199.47	1.99
1 024	309.73	492.72	716.27	7.98

表 5-3　比特加协议执行运行时间

l/bit	运行时间/ms			
	n=3	n=5	n=7	n=9
64	5.27	8.56	13.37	16.46
128	13.97	18.66	27.72	36.65
256	25.92	40.37	56.57	75.54
512	58.36	98.46	147.37	221.58
1 024	179.12	346.38	533.77	752.58

表 5-4　比特分解协议运行时间

l/bit	运行时间/ms			
	n=3	n=5	n=7	n=9
64	27.92	42.86	59.87	78.82
128	64.82	98.63	133.73	172.57
256	190.46	266.32	352.62	444.38
512	931.93	1 144.73	1 385.34	1 632.50
1 024	8 277.73	9 072.39	9 960.58	10 941.43

表 5-5　比特比较协议运行时间

l/bit	运行时间/ms			
	n=3	n=5	n=7	n=9
64	4.99	7.95	11.97	14.96
128	11.00	16.96	24.93	32.91
256	22.94	38.90	54.88	73.80
512	54.85	96.30	144.16	199.47
1 024	162.11	309.73	492.72	716.27

表 5-6　安全比较协议运行时间

l/bit	运行时间/ms			
	n=3	n=5	n=7	n=9
64	60.84	97.28	133.64	173.50
128	138.66	235.72	300.20	386.47
256	404.65	589.43	766.18	1022.83
512	1 920.78	2 435.75	3 052.52	3 542.96
1 024	17 064.68	19 124.58	21 224.31	23 288.41

2. 通信开销

在 SMPNN 框架中，根据加性秘密共享的性质，分子实验室对新型分子信息加密阶段和解密阶段的时间成本是几乎可以忽略不计的。要证明 SMPNN 框架的高效性，需要对 SMPNN 框架中的 3 个安全函数，即安全消息函数、安全更新函数和安全读出函数进行效率评估。在进行效率评估时，调整不同云计算服务器数量 n 和加密数据长度 l 观察性能变化。从图 5-4 可以看到，安全函数的通信开销随着云计算服务器数量的增加和加密数据长度的增加而增加，这个结果是符合预期的。当 $l = 64$ bit 时，在 3 个云计算服务器共同执行 SMPNN 的条件下，每个云计算服务器仅需要约 33 GB 的通信开销，以当前 4G/5G 网络时代下的通信效率来看，该通信开销是可接受的。

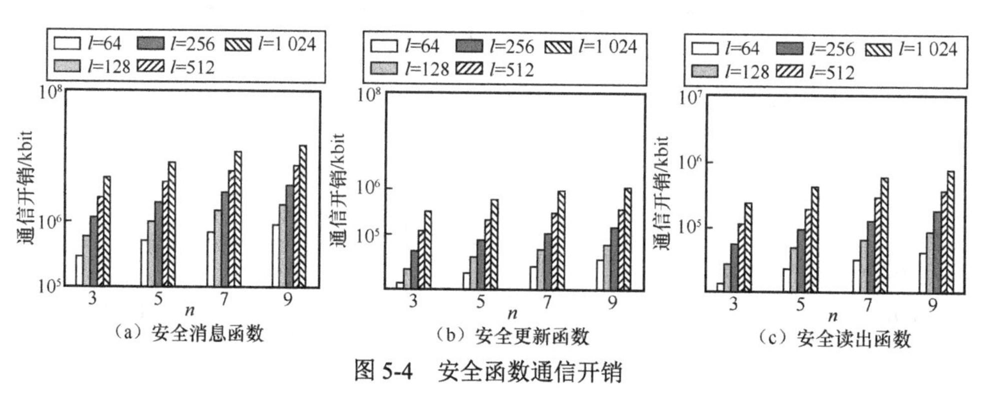

图 5-4　安全函数通信开销

3. 预测准确率

由于 SMPNN 框架所依赖的安全协议致力于支持近乎无限长度的加密比特计算，因此在预测准确率方面有足够的支持和保障。在 SMPNN 框架的预测准确率实验中，对验证集中的 50 个分子配方进行预测，将预测值和标准值进行对比，并计算误差结果的平均值。根据实验结果，在分段拟合多项式最高次项为 44 项时，SMPNN 框架平均计算误差为 4.64%，即预测准确率达到 95.36%。

对于存在的计算误差，SMPNN 中的计算原语并不是产生误差的主要原因。

因为它可以根据实际需要对加密数据进行扩充来缩小误差。实验结果存在的计算误差主要来自对于非线性计算所使用的分段拟合多项式逼近引起的近似误差。该误差在理论上是能够缩小的，但设计更加精确的分段拟合多项式和更大的计算量。

与现有的相似框架进行比较，文献[16]提出的隐私保护和可验证的联合学习框架的预测准确率为 87.74%。相比之下，本章提出的 SMPNN 框架可以高精度地预测新型分子性质。

5.8 本章小结

本章首先介绍了消息传递神经网络的发展历程，并介绍了当前分子研究的客观成本和发展前景，表明了分子实验室借助神经网络的可操作性，对基于分子预测模型的安全多方计算框架进行了概述。然后，介绍了安全消息传递神经网络的系统模型、安全模型和设计目标，这对基于分子预测模型的安全多方计算框架具有重要的指导意义；从消息传递神经网络的基本架构、符号定义和基础安全协议 3 个方面出发，对所设计的基于分子预测模型安全多方计算框架进行了知识性的准备；介绍了安全乘法协议、安全比较协议和非线性计算的处理方法。最后，详细介绍了 SMPNN 框架，并通过理论分析证明了 SMPNN 框架的正确性、安全性和高效性，实验评估了 SMPNN 框架的性能。

参考文献

[1] BRUNA J, ZAREMBA W, SZLAM A, et al. Spectral networks and locally connected networks on graphs[J]. arXiv Preprint, arXiv:1312.6203, 2013.

[2] KIPF T N, WELLING M. Semi-supervised classification with graph convolutional networks[J]. arXiv Preprint, arXiv:1609.02907, 2016.

[3] GILMER J, SCHOENHOLZ S S, RILEY P F, et al. Neural message passing for quantum chemistry[C]//Proceedings of International Conference on Machine Learning. New York: PMLR, 2017: 1263-1272.

[4] DUVENAUD D K, MACLAURIN D, IPARRAGUIRRE J, et al. Convolutional networks on graphs for learning molecular fingerprints[C]//Proceedings of the 28th International Conference on Neural Information Processing Systems. Massachusetts: MIT Press, 2015: 2224-2232.

[5] LI Y, TARLOW D, BROCKSCHMIDT M, et al. Gated graph sequence neural networks[J]. arXiv Preprint, arXiv: 1511.05493, 2015.

[6] BATTAGLIA P, PASCANU R, LAI M, et al. Interaction networks for learning about objects, relations and physics[J]. arXiv Preprint, arXiv: 1612.00222, 2016.

[7] KEARNES S, MCCLOSKEY K, BERNDL M, et al. Molecular graph convolutions: moving beyond fingerprints[J]. Journal of Computer-Aided Molecular Design, 2016, 30(8): 595-608.

[8] BECKE A D. Density-functional thermochemistry. I. The effect of the exchange-only gradient correction[J]. The Journal of Chemical Physics, 1992, 96(3): 2155-2160.

[9] HU L H, WANG X J, WONG L, et al. Combined first-principles calculation and neural-network correction approach for heat of formation[J]. The Journal of Chemical Physics, 2003, 119(22): 11501-11507.

[10] CANETTI R. Universally composable security: a new paradigm for cryptographic protocols[C]//Proceedings 42nd IEEE Symposium on Foundations of Computer Science. Piscataway: IEEE Press, 2002: 136-145.

[11] BOGDANOV D, NIITSOO M, TOFT T, et al. High-performance secure multi-party computation for data mining applications[J]. International Journal of Information Security, 2012, 11(6): 403-418.

[12] BOGDANOV D, LAUR S, WILLEMSON J. Sharemind: a framework for fast privacy-preserving computations[C]//Proceedings of European Symposium on Research in Computer Security. Berlin: Springer, 2008: 192-206.

[13] CRAMER R, DAMGARD I B, NIELSEN J B. Secure multiparty computation and secret sharing[M]. Cambridge: Cambridge University Press, 2015.

[14] RAMAKRISHNAN R, DRAL P O, RUPP M, et al. Quantum chemistry structures and properties of 134 kilo molecules[J]. Scientific Data, 2014(1): 140022.

[15] WEININGER D. SMILES, a chemical language and information system. 1. Introduction to methodology and encoding rules[J]. Journal of Chemical Information and Computer Sciences, 1988, 28(1): 31-36.

[16] XU G W, LI H W, LIU S, et al. VerifyNet: secure and verifiable federated learning[J]. IEEE Transactions on Information Forensics and Security, 2020(15): 911-926.

第 6 章 面向神经网络训练模型 SMC 框架的改进

本章详细介绍了如何将现有的协议整合融入 SMC 框架 CrypTen 中，并附上相应代码，展示了隐私保护计算框架的改进流程。

6.1 引言

近年来，随着网络强国战略和国家大数据战略的提出，大数据中心的建设成为新型基础设施建设的重要一环，其可以为社会各方提供数据支持服务，其中包括数据计算服务、数据存储服务、数据迁移服务等。然而，在数据转移过程中，出现数据信息资源利用与数据隐私保护之间的矛盾，这在数据计算服务中体现尤为明显。一方面，数据资源具有私有性，其具备一定的数据价值，是数据拥有者不希望与他人共享的资源。另一方面，大数据具有数据价值密度低、数据量大等特点，多方数据融合共享，并借助一定程度的数字技术计算，能够更好地发挥已有数据的价值。数据的隐私属性与数据的融合价值之间矛盾推动了隐私保护计算技术的发展，即考虑通过一定方式在保证数据隐私的条件下满足数据融合的需求，实现两者兼顾的结果。目前，隐私保护计算在大数据中的应用已经有可见的进步和成效，然而，在数据隐私保护的利用上仍存在诸多不足，包括以下几个方面。一是可信性不足。用户难以信任现有的数据服务提供商，这主要是因为现在市场上还缺乏规模足够大、市场份额占比多的品牌，已有的开发框架市场检验度不高，时间沉淀不足，因此用户很难接受将私有数据交给数据服务提供商使用。二是多样性不够。机器学习与神经网络的模型变化快、样式多，而隐私保护策略往往是在神经网络模型提出之后提出的，具有滞后性，且隐私保护方案对于不同模型的适应性不同，因此在具备隐私保护的数据融合方面，隐私保护方案经常难以满足用户的多样性需求。三是计算效率不尽如人意。基于同态加密等方式进行的隐私保护计算方案需要复杂的信息交换流程和繁重的信息计算过程，遥遥无期的数据利用成果让数据拥有者对数据融合望而却步。因此，亟待研究可信度高、满足用户多样性需求、隐私保护方案轻量的安全多方计算框架，这对于保障数据拥有者权益的同时充分利用神经网络等机器学习技术以发挥数据价值，具有十分重要的意义。

在机器学习方面，现有的神经网络主流框架主要在 TensorFlow 或 PyTorch 的基础上进行研究，这在一定程度上有利于隐私保护计算的开发与探究。而事实上现有的主流隐私保护计算框架也大部分基于已有的神经网络训练基础技术进行重构和改造，将已有的算子改造为能够进行隐私保护计算的算子，这些做法仍然存在一些问题，包括以下几个方面。

（1）隐私保护计算框架的性能难以提升。由于隐私保护常常涉及密码学计算，这对于初始计算来说是较复杂的，其复杂通常表现为计算次数多、计算流程长、计算方式多样，这使传统主流框架中所进行的操作系统层面和硬件层面的优化难以在隐私保护计算中使用，即难以实现隐私保护情况下的并行优化，长期的研究成果难以复用，因此隐私保护计算效率仍具有很大的提升空间。

（2）隐私保护协议开发成本高。开发协议的成本往往与框架本身的复杂程度有关。目前由于隐私保护需求多样，面对不同的隐私保护需求，需要不同的隐私保护算法，这便要求协议在开发过程中需要考虑框架与协议间的耦合关系，即需要防止协议对框架本身的自洽破坏，并考虑可能存在的逻辑层面冲突。

（3）对于开发人员要求高。这主要体现在协议的开发者不仅需要清楚加密协议的使用条件、实现要求和实际细节，同时需要熟练掌握原有计算框架的底层原理，熟悉框架中各类接口。即使能够厘清框架实现逻辑，在隐私保护计算框架的开发过程中往往也会遇到意想不到的困难，因此隐私保护计算框架对开发人员的要求很高。

CrypTen 是一个以 PyTorch 为底层技术依托，主要加密技术采用秘密共享的隐私保护机器学习框架，旨在为没有密码学知识背景的研究人员和开发人员提供具有现代安全 MPC 技术的软件框架，同时致力于更改尽可能少的语句来实现具备隐私保护性质的机器学习计算。然而，该框架依旧存在性能优势不明显，机器学习隐私保护适用性不强等问题。基于上述情况，本章结合 CrypTen 底层逻辑，改进了具有神经网络训练功能的安全多方计算框架 CrypTen，称为 Fast-CrypTen 框架。本章提出的改进框架具有如下优点。

（1）该框架使用了更高效的协议进行隐私保护计算原语的替换，这些协议的使用提升了框架的整体性能，为研究者提供了更多的便利。

（2）该框架完美适配了原有逻辑。该框架遵循 CryptTen 原有的系统架构特点，充分应用其中可信第一方和可信第三方的架构性质，在遵循原有两方计算协议的条件下，拓展为三方计算方法，且比原框架拥有更高的安全性和可拓展性。

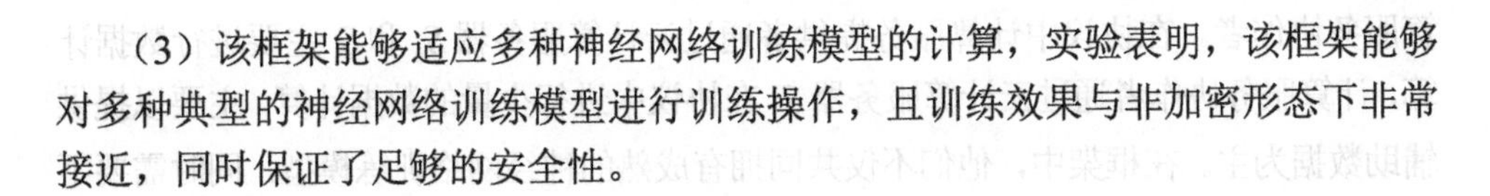

（3）该框架能够适应多种神经网络训练模型的计算，实验表明，该框架能够对多种典型的神经网络训练模型进行训练操作，且训练效果与非加密形态下非常接近，同时保证了足够的安全性。

6.2　系统模型

如图 6-1 所示，在 Fast-CrypTen 系统模型中，假设有两种不同身份的参与方，分别为用户和计算服务参与方。

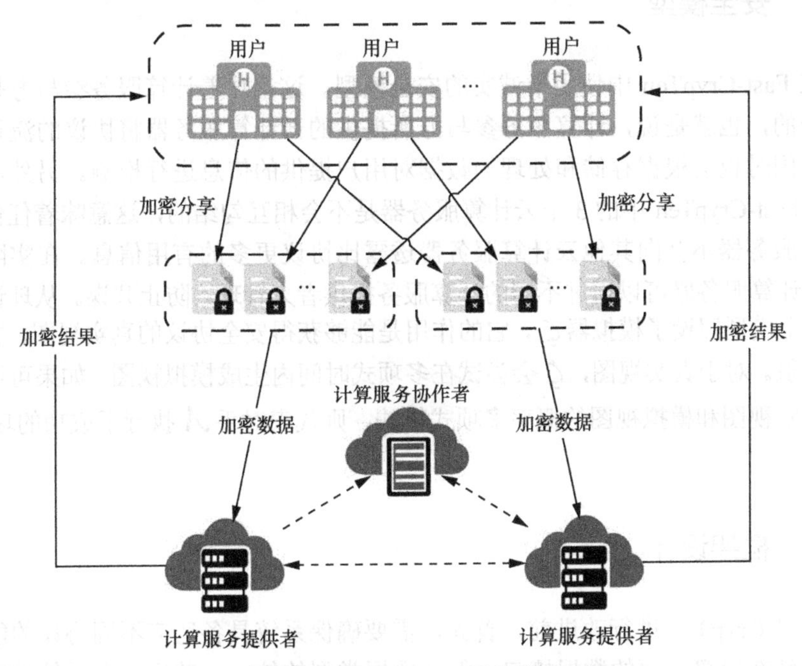

图 6-1　Fast-CrypTen 系统模型

用户在系统模型中是一群拥有数据，而且希望通过已有数据和训练模型更好地发挥数据价值的数据拥有者。在不泄露自身数据的前提下，他们不介意训练模型利用自己的数据进行模型参数的更新。需要注意的是，为了更好地发挥不同用户所拥有数据的价值，同时保障用户的权益，系统模型尽可能使用联合训练的模型更新模型参数，并为用户带来更可靠的训练结果，保证用户数据的安全性。在 Fast-CrypTen 框架中，用户只需要将数据随机分片，形成加密数据后分别发送给计算服务提供者进行安全计算训练。

计算服务参与方是多个具有存储和计算能力的服务商，分为计算服务提供者和计算服务协作者。在协议中计算服务提供者通过云计算服务器 S_0 和 S_1 主要进行数据计算，计算服务协作者通过云计算服务器 S_2 在协议中进行少量的数据计算，主要以提供辅助数据为主。在框架中，他们不仅共同拥有成熟的神经网络训练模型，同时需要不断更新已有模型的参数水平。他们共同遵守用户的数据保密安全规则，不会相互勾结损害用户的利益，并且共同协作，准确地进行计算任务。在经过训练计算后，他们将用户需要的预测结果以加密的形式返回给用户，同时更新共同拥有的神经网络训练模型，在不泄露用户数据隐私的前提下，完成用户间共同的数据挖掘需求。

6.3 安全模型

在 Fast-CrypTen 中使用半诚实的安全模型。这意味着计算服务参与方是诚实且好奇的，也就是说，计算服务参与方所提供的云计算服务器将协议的流程进行计算，同时也会根据存储和处理的数据对用户提供的信息进行推测。另外，在假设中，Fast-CrypTen 中的 3 个云计算服务器是不会相互勾结的，这意味着任何一个云计算服务器不会向其他云计算服务器透露比协议更多的有用信息。在实际应用中，云计算服务器可以通过不同的计算服务提供者来管理，防止共谋。从理论上来讲，安全模型假设了模拟器 ζ，它的作用是能够获得安全协议的真实视图，并且产生随机值。对于真实视图，ζ 会尝试在多项式时间内生成模拟视图。如果可以找到区分真实视图和模拟视图的概率多项式算法，则代表对手 $\mathcal{A}$ 执行了成功的攻击。

6.4 框架设计

在对 CrypTen 进行改进前，首先，需要确保系统具备适应不同协议的能力，统一系统在运算方面的数据接口，保证数据类型的统一；其次，在系统的部分运算函数中开设分支模块，通过设计不同原语的运算模块来为系统提供不同协议运行过程，在不同原语的运算模块设计过程中，应该注意数据类型的转化问题。具体来说，改进的 CrypTen 协议主要进行了以下几个方面的工作。

6.4.1 系统架构的改进

在对 CrypTen 系统设计中，为方便不同协议之间的替换，在 mpc 目录分支下使用了 protocol 目录。在协议中保证了统一的输入输出接口，这样能够方便协议模块内部的设计。此外，还统一了数据类型，从而确保系统的整体功能不会发生变化。具体而言，以 CrypTen 比较协议为例，实现代码如下。

```
    def eqz_2PC(x):
        """Returns self == 0"""
        """
            这个是用于 CrypTen 两方时，比较 x 是否等于 0，会调用 BinaryShared
Tensor 的比较方法
        """
        # Create BinarySharedTensors from shares
        x0 = BinarySharedTensor(x.share, src = 0)
        x1 = BinarySharedTensor(-x.share, src = 1)
        # Perform equality testing using binary shares
        x0 = x0.eq(x1)
        x0.encoder = x.encoder
        # Convert to Arithmetic sharing
        result = convert(x0, Ptype.arithmetic, bits = 1)
        result.encoder._scale = 1
        return result
    class CrypTenProtocol(BaseProtocol):
    """
        CrypTen 的 MPC 协议封装类，乘法基于 beaver_protocol，比较基于符号位或
者 BinarySharedTensor（两方）
        """
        @staticmethod
        def mul(x, y):
            return beaver_protocol("mul", x, y)
        @staticmethod
        def matmul(x, y):
            return beaver_protocol("matmul", x, y)
        @staticmethod
        def conv1d(x, y, **kwargs):
            return beaver_protocol("conv1d", x, y, **kwargs)
        @staticmethod
        def conv2d(x, y, **kwargs):
            return beaver_protocol("conv2d", x, y, **kwargs)
        @staticmethod
        def conv_transpose1d(x, y, **kwargs):
            return beaver_protocol("conv_transpose1d", x, y, **kwargs)
        @staticmethod
        def conv_transpose2d(x, y, **kwargs):
            return beaver_protocol("conv_transpose2d", x, y, **kwargs)
        @staticmethod
        def ltz(x):
            """Returns 1 for elements that are < 0 and 0 otherwise"""
            shift = torch.iinfo(torch.long).bits - 1
            precision = 0 if x.encoder.scale == 1 else None
            result = convert(x, Ptype.binary)
        result.share >>= shift
```

```
            result = convert(result, Ptype.arithmetic, precision =
precision, bits = 1)
            result.encoder._scale = 1
            return result
        @staticmethod
        def ge(x, y):
            """Returns x >= y"""
            return 1 - CrypTenProtocol.lt(x, y)
        @staticmethod
        def gt(x, y):
            """Returns x > y"""
            return CrypTenProtocol.ltz(-x + y)
        @staticmethod
        def le(x, y):
            """Returns x <= y"""
            return 1 - CrypTenProtocol.gt(x, y)
        @staticmethod
        def lt(x, y):
            """Returns x < y"""
            return CrypTenProtocol.ltz(x - y)
        @staticmethod
        def eq(x, y):
        """Returns x == y"""
        if comm.get().get_world_size() == 2:
            return eqz_2PC(x - y)
        return 1 - CrypTenProtocol.ne(x, y)
        @staticmethod
        def ne(x, y):
            """Returns x != y"""
            if comm.get().get_world_size() == 2:
                return 1 - CrypTenProtocol.eq(x, y)
            difference = x - y
            difference.share = torch_stack([difference.share,
-difference.share])
            return CrypTenProtocol.ltz(difference).sum(0)
```

6.4.2 可信方的扩展

CrypTen 采用的系统架构需要两个云计算服务器进行计算，如果需要第三个云计算服务器参与计算，则需要重新搭建一个新的云计算服务器，这会比较困难。因此，CrypTen 可通过扩展可信第一方（FTP）和可信第三方（TTP）的功能来解决这个问题。以 SecureNN 为例，当需要第三个云计算服务器进行结果校验时，就需要对 TTP 进行功能扩展，以下是部分代码。

```
    def Securenn_PC_Reconst(d_enc, l):
```

```
        list_ = d_enc.get_plain_text()
        zero_ = torch.zeros(d_enc.share.shape, dtype = torch.int32)
        one_ = torch.ones(d_enc.share.shape, dtype = torch.int32)
        ans_ = torch.where(list_ == 0, one_, zero_)
        ans_add = torch.zeros(d_enc.share.shape[:-1], dtype = torch.
int32)
        for i in range(l):
            ans_add += ans_[..., i]
        zero = torch.zeros(ans_add.size(), dtype = torch.int32)
        one = torch.ones(ans_add.size(), dtype = torch.int32)
        ans = torch.where(ans_add > 0, one, zero)
        result = ArithmeticSharedTensor(ans)
        return result
```

6.4.3　数据类型的适配

CrypTen底层是基于PyTorch开发的。由于PyTorch具有保证效率的特性，在进行大数计算时往往不能得到精确的结果，因此，在某些情况下，计算可能无法准确执行。在一些协议（如SecureNN和Falcon）中，协议的正确性取决于计算的精度，为此，协议源框架采用C语言来实现。在PyTorch环境中，需要确保精度在原有的精度基础上计算。这样做的好处是能够完成数据类型的适配，但代价是牺牲一定的精度。以SecureNN为例，CrypTen的底层具有32 bit精度，但在执行此协议时，只能保留18～22 bit的精度。

6.5　协议应用

本节介绍了秘密共享算法SecureNN、Falcon、SPDZ和FSS在CrypTen中的应用，以及一种安全比较协议在CrypTen中的应用。

1. SecureNN在CrypTen中的应用

```
    def PrivateCompare(x: ArithmeticSharedTensor, r: torch, beta:
ArithmeticSharedTensor, l) -> ArithmeticSharedTensor:
        """Get belta_ = belta xor (x>r)"""
        t = r + 1
        r_bin = torch.rand(r.shape)
        for i in range(l):
            if i == 0:
                r_bin = r % 2
                r //= 2
                r_bin = r_bin.unsqueeze(-1)
            else:
```

```
                mid = r % 2
                r //= 2
                mid = mid.unsqueeze(-1)
                r_bin = torch.cat((mid, r_bin), dim = -1)
        t_bin = torch.rand(r.shape)
        for i in range(l):
            if i == 0:
                t_bin = t % 2
                t //= 2
                t_bin = t_bin.unsqueeze(-1)
            else:
                mid = t % 2
                t //= 2
                mid = mid.unsqueeze(-1)
                t_bin = torch.cat((mid, t_bin), dim = -1)
        w_enc = ArithmeticSharedTensor(torch.zeros(x.share.shape,
dtype = torch.int32))
        w_sum = ArithmeticSharedTensor(torch.zeros(x.share.shape
[:-1], dtype = torch.int32))
        c_enc = ArithmeticSharedTensor(torch.zeros(x.share.shape,
dtype = torch.int32))
        for i in range(0, l):
            if beta.get_plain_text().item() == 0:
                w_enc[..., i] = x[..., i] + r_bin[..., i] - 2 *
x[..., i] * r_bin[..., i]
                c_enc[..., i] = r_bin[..., i] - x[..., i] + 1 + w_sum
                w_sum = w_sum + w_enc[..., i]
            else:
                w_enc[..., i] = x[..., i] + t_bin[..., i] - 2 *
x[..., i] * t_bin[..., i]
                c_enc[..., i] = x[..., i] - t_bin[..., i] + 1 + w_sum
                w_sum = w_sum + w_enc[..., i]
        perm = [l - i - 1 for i in range(l)]
        d_enc = ArithmeticSharedTensor.from_shares(torch.zeros(c_enc.
share.shape, dtype = torch.int32))
        for i in range(l):
            d_enc[..., i] = c_enc[..., perm[i]]
        beta_ = TrustedThirdParty.Securenn_PC_Reconst(d_enc, l)
        return beta_
def ltz(x):
        """Returns 1 for elements that are < 0 and 0 otherwise"""
        import crypten.mpc.primitives.beaver as beaver
        x = -x
        l = 32
        r = generate_random_positive_ring_element(x.share.shape, 2 ** 32)
        rr = ArithmeticSharedTensor(r)
```

```
        x_ = (x + rr)
        enc_x_bit = TrustedThirdParty.Securenn_Reveal(x_, l)
        beta = ArithmeticSharedTensor(random.randint(0, 1))
        beta_ = PrivateCompare(enc_x_bit, rr.reveal(), beta, l)
        gamma = beta + beta_ - beta * beta_ * 2
        return gamma
```

2. Falcon 在 CrypTen 中的应用

```
    def ltz(x):
        """Returns 1 for elements that are < 0 and 0 otherwise"""
        x = -x
        l = 64
        r = generate_random_positive_ring_element(x.share.shape,2**63)
        rr = ArithmeticSharedTensor.from_shares(r)
        x_ = (x + rr)
        enc_x_bit = TrustedThirdParty.Securenn_Reveal(x_,l)
        beta = ArithmeticSharedTensor(torch.randint(0, 1,x.share.shape))
        gamma = PrivateCompare(enc_x_bit, rr.reveal(), beta, 64)
        return gamma
    def PrivateCompare(x: ArithmeticSharedTensor, r: torch, beta:
ArithmeticSharedTensor, l) -> ArithmeticSharedTensor:
        """Get belta_=belta xor (x>r)"""
        r_bin = torch.rand(r.shape)
        for i in range(l):
            if i == 0:
                r_bin = r % 2
                r //= 2
                r_bin = r_bin.unsqueeze(-1)
            else:
                mid = r % 2
                r //= 2
                mid = mid.unsqueeze(-1)
                r_bin = torch.cat((mid, r_bin), dim = -1)
        w_enc = ArithmeticSharedTensor(torch.zeros(x.share.shape,
dtype = torch.int32))
        w_sum = ArithmeticSharedTensor(torch.zeros(x.share.shape[:-1],
dtype = torch.int32))
        c_enc = ArithmeticSharedTensor(torch.zeros(x.share.shape,
dtype = torch.int32))
        for i in range(0, l):
            w_enc[..., i] = x[..., i] + r_bin[..., i] - x[..., i] *
r_bin[..., i]*2
            c_enc[..., i] = (beta * 2 -1) * (r_bin[..., i] - x[...,
i])  + w_sum + 1
            w_sum = w_sum + w_enc[..., i]
        m = generate_random_positive_ring_element(c_enc[..., 0].share.
```

```
shape,2**64)
        for i in range(l):
            m = c_enc[..., i]*m
        beta_ = TrustedThirdParty.Falcon_PC_Reconst(m)
        gamma = beta + beta_ - beta * beta_ * 2
        return gamma
```

3. SPDZ 在 CrypTen 中的应用

```
    def BitLT(a:torch ,enc_b_bin: ArithmeticSharedTensor ,l:int):
        # 生成a的二进制
        a_bin = 0
        for i in range(l):
            if i == 0:
               a_bin = a % 2
                a //= 2
                a_bin = a_bin.unsqueeze(-1)
            else:
                mid = a % 2
                a //= 2
                mid = mid.unsqueeze(-1)
                a_bin = torch.cat((mid, a_bin), dim = -1)
        # d = a xor b
        d = ArithmeticSharedTensor(torch.zeros(enc_b_bin.share.shape))
        for i in range(l):
            d[...,i] = -enc_b_bin[...,i] * a_bin[...,i] * 2 + a_bin[...,
i] + enc_b_bin[...,i]
        # 连乘得到p
        enc_p_bin = ArithmeticSharedTensor(torch.zeros(enc_b_bin.
share.shape))
        for i in range(l):
            if i == 0:
                enc_p_bin[...,i] = d[...,i] + 1
            else:
                enc_p_bin[..., i] = enc_p_bin[...,i-1] * (d[..., i] + 1)
        # 得到sk
        enc_s_bin = ArithmeticSharedTensor(torch.zeros(enc_b_bin.
share.shape))
        for i in range(l):
            if i == 0:
                enc_s_bin[...,i] = enc_p_bin[...,i] - 1
            else:
                enc_s_bin[..., i] = enc_p_bin[...,i] -enc_p_bin[...,i-1]
        # 计算s
        enc_s = ArithmeticSharedTensor(torch.zeros(a.shape))
        for i in range(l):
            enc_s += enc_s_bin[...,i]*(-a_bin[...,i] + 1)
```

```
        # 这里避开 s 对 2 取模 （精度问题），先生成一个随机数 ran 及其二进制，揭露
s+ran 的奇偶性，与 ran 二进制的末位异或得到 s 的奇偶性，安全性不受影响
        enc_ran_bin = ArithmeticSharedTensor(torch.zeros(enc_b_bin.
share.shape))
        enc_ran = ArithmeticSharedTensor(torch.zeros(a.shape))
        for i in range(20):
            r = torch.randint(0,2,a.shape)
            enc_ran_bin[...,i] = ArithmeticSharedTensor(r)
            enc_ran += 2**i*r
        c = (enc_s + enc_ran).get_plain_text()
        c_0 = c%2
        result = c_0 + enc_ran_bin[...,0] - enc_ran_bin[...,0]*c_0*2
        return result
    def ltz(x):
        """Returns 1 for elements that are < 0 and 0 otherwise"""
        l = 64
        rr,enc_r_bit = TrustedThirdParty.Get_Rand_Bit(x,l)
        x_ = (x + rr)
        return BitLT(x_.reveal(),enc_r_bit,l)
```

4. FSS 在 CrypTen 中的应用

```
    def fss_op(x: ArithmeticSharedTensor, op = "eq") -> Arithmetic
SharedTensor:
        """
            使用函数秘密共享定义二进制操作的工作流
            当前支持的操作数为 = & <= ，分别对应于
            op = "eq"   if x == 0, return 1, else return 0
            op = "comp"  if x <= 0, return 1, else return 0
        """
        device = x.device
        rank = dist.get_rank()
        origin_shape = x.share.shape
        n_values = origin_shape.numel()
        # 从提供程序获取密钥
        # TODO:现在键只支持 tfp，需要添加 http 支持
        provider = crypten.mpc.get_default_provider()
        keys = provider.generate_fss_keys(rank = rank, n_values =
n_values, op = op).numpy()
        # 通过 keys 掩盖 x
        alpha = np.frombuffer(np.ascontiguousarray(keys[:, 0:n // 8]),
dtype = np.uint32)
        x._tensor += torch.tensor(alpha.astype(np.int64)).reshape
(origin_shape)
        x_masked = x.reveal()
        x_masked = x_masked.numpy().reshape(-1)
        if op == "eq":
```

```
            flat_result = dpf.eval(rank, x_masked, keys)
        elif op == "comp":
            flat_result = dif.eval(rank, x_masked, keys)
        else:
            raise ValueError(f"{op} is an FSS unsupported operation.")
        # 将结果构建为ArithmeticSharedTensor
        result_share = flat_result.astype(np.int32).astype(np.int64).
reshape(origin_shape)
        result_tensor = torch.tensor(result_share, dtype = torch.int64)
        result = ArithmeticSharedTensor.from_shares(result_tensor,
precision = 0, device = device)
        return result
def ltz(x):
        """Retuens x < 0"""
        return 1 - fss_op(-x, op = "comp"
        )
```

5. 一种安全比较协议在 CrypTen 中的应用

安全比较协议如协议 6-1 所示。

协议 6-1 安全比较协议 Π_{Scmp}

输入 算术秘密共享$[a]$和$[b]$

输出 算术秘密共享$[\text{ans}]$，如果$a \geqslant b$，$\text{ans}=1$，其他情况$\text{ans}=0$

（1）云计算服务器S_2生成随机数的共享值$[r] \in Z_{2^n}$，并产生与符号位相同比特的共享值$[\alpha] \in \{0,1\}$，将共享值发送给对应的云计算服务器S_0和S_1

（2）云计算服务器S_0和S_1共同计算$[c] \leftarrow ([a]-[b]) \times [r]$

（3）S_0和S_1合并计算c的明文值，并共同生成与c相同符号的比特共享值$[d]$

（4）$[\text{ans}] \leftarrow [d] \oplus [\alpha]$

返回$[Z]$

此安全比较协议通过巧妙的设计使云计算服务器快速得出比较结果，同时保证没有云计算服务器能够掌握比较结果的信息，具体步骤如下。

步骤 1 云计算服务器S_2生成一个随机数r，并生成一个与其符号位相同的比特α，将两者的共享值分别发送给云计算服务器S_0和S_1。

步骤 2 比特α和随机数r拥有不同的功能，随机数r通过与差值相乘的方式来掩盖a与b的差值，同时掩盖差值的符号，防止S_0和S_1在还原时推断出更多的敏感信息。

步骤 3 S_0和S_1联合还原c的明文值，同时产生相应符号的比特共享值。

步骤 4 将还原的符号与比特α进行异或，从而得到原本比较差值所具备的符号。

需要注意的是，S_0和S_1在执行计算协议的时候，使用的是定点整数，即将框架中浮点数移位成足够长度的整数，如此能够保证在计算a与b时获得的是最小精度差，减小不同运算方式带来的误差，同时满足结果的正确性，也较好地处理等号的问题。在整个过程中，3 个云计算服务器都不能掌握最终的比较结果，当云计算服务器严格遵循执行操作时，安全比较协议能够安全地比较出 a 与 b 的大小。

安全比较协议的输入和输出同样保证了比较结果的共享值掌握在两个云计算服务器中，保证了整体框架协议输入输出的一致性，并且该安全比较协议能够拓展到矩阵运算中，为并行计算提供了条件。安全比较协议在 CrypTen 中应用的代码如下。

```
def ltz(x):
    """Returns 1 for elements that are < 0 and 0 otherwise"""
    alpha = torch.randint(0, 2, x.share.shape)
    alpha = ArithmeticSharedTensor(alpha)
    r = ArithmeticSharedTensor.from_shares(generate_random_
positive_ring_element(x.share.shape, 2 ** 32))
    mid = (alpha * x + (-alpha + 1) * (- x + (2 ** -16))) * r
    alpha_ = TrustedThirdParty.testnn_Check(mid)
    result = alpha + alpha_ - alpha * alpha_ * 2
    return result
```

安全性分析。假设对手 $\mathcal{A}_0$ 、 $\mathcal{A}_1$ 和 $\mathcal{A}_2$ 分别破坏云计算服务器 S_0 、 S_1 和 S_2，则构造模拟器 Sim_0 、 Sim_1 和 Sim_2 在理想世界中执行，具体构造如下。在 Sim_0 中，安全比较协议 Π_{Scmp} 的执行视图为 $\mathrm{view}_0^{\Pi_{\mathrm{Scmp}}}=\left([a]_0,[b]_0,[r]_0,[c],[d],[\alpha]_0,[\mathrm{ans}]_0\right)$ 。在 Sim_1 中，安全比较协议 Π_{Scmp} 的执行视图为 $\mathrm{view}_1^{\Pi_{\mathrm{Scmp}}}=\left([a]_1,[b]_1,[r]_1,[c],[d],[\alpha]_1,[\mathrm{ans}]_1\right)$ 。在 Sim_2 中，安全比较协议 Π_{Scmp} 的执行视图为 $\mathrm{view}_2^{\Pi_{\mathrm{Scmp}}}=\left([r],[\alpha]\right)$ 。由于 $[r]$ 和 $[\alpha]$ 由 S_2 生成并发送，与输入相互独立，根据引理 5.2 可知它们是安全的。在计算 $[c]$ 和 $[\mathrm{ans}]$ 时采用安全乘法协议 Π_{SceMul}，根据引理 5.1 和证明 5.1 可知，Sim_0 中的计算结果 $[\mathrm{ans}]_0$ 和 Sim_1 中的计算结果 $[\mathrm{ans}]_1$ 是安全的。综合以上分析，模拟器 Sim_0 、 Sim_1 和 Sim_2 将生成一种在计算上与实际无法区分的视图，安全比较协议 Π_{Scmp} 在真实世界和理想世界中无法区分，因此安全比较协议 Π_{Scmp} 在诚实且好奇模型中是安全的。

6.6 实验评估

本节将 Fast-CrypTen 框架在云计算服务器上实现，该云计算服务器具有 16 个 64 位 Intel（R）Xeon（R）Gold 5218 内核，2.3 GHz，128 GB 内存，安装了 Ubuntu 16.04。实验使用了 3 个数据集：（1）MNIST 数据集[1]，包括 70×10^3 幅 28 像素×28 像素的手写图像；（2）CIFAR10 数据集[2]，包括 60×10^3 幅 32 像素×

32 像素的彩色图像。（3）QM9 数据集[3]，包括由 CHONF 组成的 134×10^3 个稳定的小有机分子数据。

实验使用了 4 种类型的网络模型进行训练。网络 A 由全连接层和激活功能组成，网络使用 MNIST 数据集；网络 B 是一个使用 CIFAR10 数据集的 LeNet5 网络，主要包括连接层、池化层、ReLU 函数和卷积层；网络 C 使用 MNIST 数据集，包括全连接层、池化层、ReLU 函数和卷积层；网络 D 采用 MPNN，由全连接层、激活层和一个 GRU 网络组成。

将本章提出的 Fast-CrypTen 框架与 CrypTen[4]、SecureNN[5]、AriaNN[6]、Falcon[7]进行对比，不同计算框架的单次预测时间对比如表 6-1 所示。在不同网络中，Fast-CrypTen 框架与其他计算框架相比预测速度均有不同程度的提升，但不如单个协议比较提升多，原因在于训练过程包含大量的乘法和加法运算，这些运算本身已经趋于最优解，效率提升的贡献主要来自非线性协议的计算。

表 6-1　不同计算框架的单次预测时间对比

计算框架	预测时间/s		
	网络 A	网络 B	网络 C
CrypTen[4]	0.69	7.81	12.43
SecureNN[5]	0.42	5.67	10.39
AriaNN[6]	0.27	6.21	9.84
Falcon[7]	0.20	4.88	10.27
Fast-CrypTen	0.14	4.62	7.34

Fast-CrypTen 框架在不同网络中的预测准确率对比如表 6-2 所示。从表 6-2 中可以看出，对于网络 A，Fast-CrypTen 框架的预测准确率仅比明文预测准确率低 0.11%。对于网络 B，Fast-CrypTen 框架的预测准确率仅比明文预测准确率低 0.03%。对于网络 C，Fast-CrypTen 框架的预测准确率仅比明文预测准确率低 0.66%。对于更复杂的网络 D，Fast-CrypTen 框架的预测准确率比明文预测准确率低 1.51%。计算误差主要来自整数相同的数据格式导致的截断误差。

表 6-2　Fast-CrypTen 框架在不同网络中的预测准确率对比

网络	训练准确率	明文预测准确率	Fast-CrypTen 框架预测准确率
网络 A	94.96%	94.23%	94.12%
网络 B	97.81%	95.50%	95.47%
网络 C	96.16%	80.02%	79.36%
网络 D	97.33%	95.93%	94.42%

6.7 本章小结

本章首先介绍了当前大数据联合应用的背景和面临的难题，通过对 CrypTen 设计理念的描述和简要介绍，引入对当前数据联合训练的框架方法。然后，介绍了联合训练的系统模型和安全模型；给出了 CrypTen 框架的改进思路，以及在两个计算方条件下对可信方进行拓展的方法，并介绍了数据类型的适配内容；通过展示现有算法在新框架中的复现过程，对现有算法进行进一步探索，还介绍了一种安全比较协议在 CrypTen 中的应用，并进行了安全性分析；最后，将 Fast-CrypTen 框架在云计算服务器上实现，通过实验评估了 Fast-CrypTen 框架的性能。

参考文献

[1] LECUN Y, BOTTOU L, BENGIO Y, et al. Gradient-based learning applied to document recognition[J]. Proceedings of the IEEE, 1998, 86(11): 2278-2324.

[2] KRIZHEVSKY A, NAIR V, HINTON G. The CIFAR-10 dataset[R]. 2014.

[3] RAMAKRISHNAN R, DRAL P O, RUPP M, et al. Quantum chemistry structures and properties of 134 kilo molecules[J]. Scientific Data, 2014(1): 140022.

[4] KNOTT B, VENKATARAMAN S, HANNUN A, et al. CrypTen: secure multi-party computation meets machine learning[J]. arXiv Preprint, arXiv: 2109.00984, 2021.

[5] WAGH S, GUPTA D, CHANDRAN N. SecureNN: efficient and private neural network training[J]. IACR Cryptol EPrint Arch, 2018: 442.

[6] RYFFEL T, THOLONIAT P, POINTCHEVAL D, et al. ARIANN: low-interaction privacy-preserving deep learning via function secret sharing[J]. arXiv Preprint, arXiv: 2006.04593, 2020.

[7] WAGH S, TOPLE S, BENHAMOUDA F, et al. FALCON: honest-majority maliciously secure framework for private deep learning[J]. arXiv Preprint, arXiv: 2004.02229, 2020.

隐私保护计算实战

Privacy Preserving Computing in Practice

分类建议：网络安全
人民邮电出版社网址：www.ptpress.com.cn

定价：149.80元